高等职业教育数控技术专业教学改革成果系列教材

气压与液压传动控制技术

徐益清　胡小玲　主编

朱仁盛　主审

电子工业出版社

Publishing House of Electronics Industry

北京·BEIJING

内 容 简 介

本书根据高等职业院校机械和近机类专业教学改革的精神，围绕"气压和液压技术"课程核心知识点和技能要求，精心选择内容并以项目体例呈现。本书主要内容包括：认识气压与液压传动控制技术，大型运输带的张力控制，两段压力控制，全自动包装机中压力装置的控制，给煤机二次风门控制，流水线上检测装置控制，工件拾放，启动系统安全启动装置，平面磨床工作台的控制，半自动车床的夹紧控制，组合机床动力滑台的控制，典型气压与液压系统的分析与维护。

本书可作为高等职业院校机电一体化、数控技术等专业教材，也可作为企业人员的培训用书。

图书在版编目（CIP）数据

气压与液压传动控制技术 / 徐益清，胡小玲主编. —北京：电子工业出版社，2014.1

高等职业教育数控技术专业教学改革成果系列教材

ISBN 978-7-121-22080-7

Ⅰ．①气…　Ⅱ．①徐…　②胡…　Ⅲ．①气压传动－高等职业教育－教材　②液压传动－高等职业教育－教材　Ⅳ．①TH13

中国版本图书馆 CIP 数据核字（2013）第 291526 号

策划编辑：朱怀永

责任编辑：朱怀永　　特约编辑：王　纲

印　　刷：北京虎彩文化传播有限公司

装　　订：北京虎彩文化传播有限公司

出版发行：电子工业出版社

　　　　　北京市海淀区万寿路 173 信箱　邮编：100036

开　　本：787×1 092　1/16　印张：16.75　字数：428 千字

版　　次：2014 年 1 月第 1 版

印　　次：2024 年 12 月第 13 次印刷

定　　价：33.80 元

前　　言

本书根据高等职业技术教育机械类和近机类专业的教学要求编写。全书内容结合数控车、铣的中级工技能等级中有关气压、液压的基本要求，选取数控机床中典型气压和液压系统的实例、一些机电设备中气压和液压系统的实例，以实际项目为体现形式，以换向控制回路、压力与力控制回路、速度控制回路、位置控制回路、行程程序控制回路、真空吸附回路、安全保护回路和其他回路为主线展开。其中，项目二到项目八为气压传动技术，项目九到项目十一为液压传动技术。每个项目包括项目任务引入、基础知识、实例分析、实训操作、习题与思考等环节，实训操作采用德国 FESTO 公司 Fluid SIM-P 和 Fluid SIM-H 软件设计仿真回路，运用亚龙公司实训装置搭建调试回路，注重基本分析方法和基本技能的培养与训练，注重引入新的技术内容，体现高等职业教育的特点。

本书在编写过程中，注重理论联系实际，加强针对性、实用性和先进性。全书配有大量工业应用图例，在编写理念上力求内容简洁明了、层次清楚、通俗易懂，以有利于学生自学。本书配有电子教案，需要者可与出版社联系，或登录 www.hxedu.com.cn 免费下载。

本书可作为高等职业技术院校机电一体化专业、数控技术专业教材，也可作为成人高校机电类专业教材和机电一体化专业工程技术人员的参考书。

根据不同区域、不同学校的实际，本书的学时可以在 60～100 之间机动选择。

本书的项目一到项目八的内容由徐益清、胡小玲、孙晓东编写，项目九由陈文编写，项目十由邬建忠和沈晓燕编写，项目十一、项目十二和附录由石建梅和陆石磊编写，全书由徐益清、胡小玲担任主编并统稿，朱仁盛担任主审并提出了宝贵意见。

由于编者时间和水平有限，书中难免存在疏漏和不妥之处，恳请读者提出宝贵意见，以便在适当的时候进行修订，使之更加完善。

编　者
2013 年 8 月

目　　录

项目一 认识气压与液压传动控制技术
——走进气动液压控制

教学提示：本项目介绍气动技术、液压技术、电气控制技术的基本知识。在教学中，对于气动元件、液压元件、电器元件的介绍可结合实物或在实验、实习现场展开教学，并结合气动（或液压）控制技术举例说明。

教学目标：通过本项目的学习，熟悉气动与液压传动的概念、气动与液压系统工作原理及其组成，了解气动与液压传动系统的优缺点、传动介质（流体）的基本知识、气动与液压传动系统应用、控制电器结构原理等基本知识；教学中通过实物展示，加深对元器件的感性认识。

1.1 任务引入

无论气压传动还是液压传动，都是一门新兴的技术。它是以流体（气体或液压油）作为工作介质进行能量传递和控制的一种传动方式。由于流体具有独特的物理性能，在能量传递、系统控制等方面发挥着十分重要的作用。随着现代科学技术的迅速发展和制造工艺水平的提高，气动与液压元件的性能日益完善，气动与液压技术广泛应用于工业、农业、国防等领域。如图 1-1 所示为气动与液压技术的应用实例。图 1-1（a）是通过液压回路使磨床工作台实现直线往复运动，在运动中变速、换向和在任意位置停留；图 1-1（b）是利用气动机械手实现水平运动、竖直运动及摆动运动。

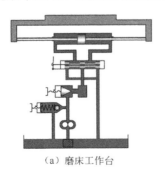
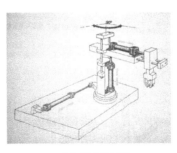

（a）磨床工作台　　　　　　　　　（b）气动机械手

图 1-1　气动与液压技术的应用实例

1.2 气压与液压传动的工作原理及其组成

气压与液压传动技术实现传动和控制的方法基本相同，都是利用各种元件组成具有所需功能的基本控制回路，再将若干基本回路加以综合利用构成能完成特定任务的传动和控制系统，从而实现能量的转换、传递和控制的技术。下面仅以图 1-2 所示客车门控制的工作原理为例来加以介绍。

图 1-2 所示为客车门控制的工作原理图，它利用压缩空气来驱动汽缸，从而带动车门的启闭。图 1-2（b）和图 1-2（c）所示分别为用职能符号来表示的两种不同的控制方式，图 1-2（b）是纯气动控制方式，图 1-2（c）是气动与电气控制相结合的一种控制方法。在纯气动控制方式下，当按下启动按钮 S1，气源 1 输出的压缩空气通过两位三通常开式按钮阀 2 的左位进入两位五通单气控换向阀 3 的气控口，使该换向阀左位接入回路，此时气源输出的压缩空气经过该阀左位，进入双作用汽缸 4 的无杆腔，汽缸活塞杆伸出，使车门关闭，汽缸有杆腔的空气经过换向阀 3 左位排入大气；当松开启动按钮 S1 时，两位三通换向阀 2 复位，换向阀 3 气控口的空气经过换向阀 2 右位排入大气，换向阀 3 复位，气源输出的压缩空气经过换向阀 3 的右位进入汽缸有杆腔，汽缸活塞杆缩回，使车门打开，汽缸无杆腔的空气经过换向阀 3 的右位排入大气。在电气动控制方式下，通过按下按钮 SB，使两位五通电磁换向阀电磁线圈 Y1 得电，汽缸活塞杆伸出；松开 SB，汽缸活塞杆返回。

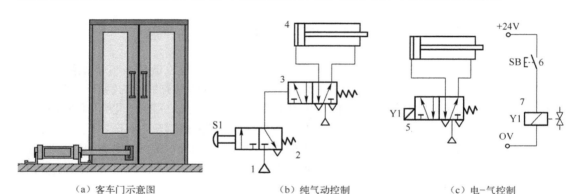

（a）客车门示意图　　　　（b）纯气动控制　　　　（c）电-气控制

1—气源；2—两位三通常开式按钮阀；3—两位五通单气控换向阀；4—双作用汽缸；

5—两位五通单电控换向阀；6—按钮；7—两位五通单电控换向阀电磁线圈

图 1-2　客车门控制示意图

从这两种控制方式可以把气动、液压传动系统的基本组成归纳如下。

（1）动力元件：气源装置或液压泵，主要是为气动、液压系统提供一定流量的压力流体的装置，将原动机输入的机械能转换为流体的压力能。

（2）执行元件：汽缸或液压缸、气马达或液压马达，它是将流体的压力能转换成机械能的一种能量转换装置，以克服负载阻力，驱动工作部件做功。实现直线运动的执行元件是汽缸或液压缸，它输出力和速度；实现回转运动或摆动的是气马达、摆动马达或液压马达，它输出转矩和转速。

（3）控制元件：方向、压力、流量控制阀，它们是用来调节和控制流体的压力、流量和流动方向的装置，以及进行信号转换、逻辑运算和放大等的信号控制元件，以保证执行元件运动的各项要求。

（4）辅助元件：连接元件所需的一些元件，以及系统进行消声、密封、蓄能、冷却、测量等方面的一些元件。

以上各类气动、液压元件和装置都要按照国家标准规定、以代表职能的符号绘出，具体画法将在后续内容中详细介绍。

1.3　气压与液压传动的优缺点

1.3.1　气压传动的特点

1. 气压传动的优点

（1）空气作为气压传动的工作介质，来源方便，使用后直接排入大气，不会污染环境，且可少设置或不设置回气管道。

（2）工作环境适应性好。在易燃、易爆、多尘埃、辐射、强磁、振动、冲击等恶劣的环境中，气压传动系统都是安全可靠的，对于要求高净化、无污染的场合，如食品加工、印刷、精密检测等更具有独特的适应能力，优于液压控制。

（3）空气黏度小，只有油的万分之一，流动阻力小，管路损失仅为油路损失的千分之一，便于介质集中供应和远距离输送。

（4）气动控制动作迅速，反应快，可在较短的时间内达到所需的压力和速度。在一定的超载运行下也能保证系统安全工作，并且不易发生过热现象。

（5）维护简单，管道不易堵塞，不存在介质变质、补充和更换等问题。

（6）空气具有可压缩性，气动系统能实现自动过载保护。

2. 气压传动的缺点

（1）由于空气压缩性大，汽缸的动作速度易随负载的变化而变化，稳定性较差，给位置控制和速度控制精度带来较大影响。

（2）气动系统的工作压力不高（一般小于 0.8MPa），系统输出力较小，传动效率较低。

（3）工作介质——空气没有润滑性，系统中必须采取措施进行给油润滑。

（4）噪声大，尤其在超声速排气时，需要加装消声器。

1.3.2　液压传动的特点

1. 液压传动的优点

（1）液压传动可以输出大的推力或大转矩，可实现低速大吨位运动，这是其他传动方式所不能比拟的突出优点。

（2）液压传动能很方便地实现无级调速，调速范围大，且可在系统运行过程中调速。

（3）在相同功率条件下，液压传动装置体积小、重量轻、结构紧凑。液压元件之间可采用管道连接，或采用集成式连接，其布局、安装有很大的灵活性，可以构成用其他传动方式难以组成的复杂系统。

（4）液压传动能使执行元件的运动十分均匀稳定，可使运动部件换向时无换向冲击，而且由于其反应速度快，故可实现频繁换向。

（5）操作简单，调整控制方便，易于实现自动化，特别是和机、电联合使用时，能方便地实现复杂的自动工作循环。

（6）液压系统便于实现过载保护，使用安全、可靠。由于各液压元件中的运动件均在油液中工作，能自行润滑，故元件的使用寿命长。

2．液压传动的缺点

（1）油的泄漏和液体的可压缩性会影响执行元件运动的准确性，故无法保证严格的传动比。

（2）对油温的变化比较敏感，不宜在很高或很低的温度条件下工作。

（3）能量损失（泄漏损失、溢流损失、节流损失、摩擦损失等）较大，传动效率较低，也不适宜用于远距离传动。

（4）系统出现故障时，不易查找原因。

1.4　气压与液压传动技术的应用和发展

1.4.1　气压与液压传动技术的应用

我国液压气动工业经过 40 余年的发展，已形成了门类齐全，有一定技术水平并初具规模的生产科研体系，为机床、工程机械、冶金机械、矿山机械、农业机械、汽车、铁路、船舶、电子、石油化工、国防、纺织、轻工等行业机械设备提供了种类比较齐全的产品。应当指出，我国液压气动工业在产品品种、数量及技术水平上，与国际水平以及主机行业的需求还有不少差距，每年还要进口大量液压气动元件。因而，国家十分重视液压气动工业的发展，在产业政策中，把液压气动等基础元件产品列入机械工业技术改造和生产重点支持序列。

机械工业各部门使用液压传动的出发点是不尽相同的：有的是利用它在动力传递上的长处，比如工程机械、压力机械和航空工业采用液压传动的主要原因是其结构简单、体积小、重量轻、输入功率大；有的是利用它在操纵控制上的优点，如机床上采用液压传动的主要原因是其能在工作过程中实现无级变速，易于实现频繁换向，易于实现自动化等。此外，不同精度要求的主机也会选用不同控制形式的液压传动装置。在机床上，液压传动常应用在以下的一些装置中：

（1）进给运动传动装置；

（2）往复主体运动传动装置；

（3）仿形装置；

（4）辅助装置；

（5）静压支撑。

气动技术具有节能、无污染、高效、低成本、安全可靠、结构简单等优点，广泛应用于各种机械和生产线上。过去汽车、拖拉机等生产线上的气动系统及其元件，都由各厂自行设计、制造和维修。气动技术应用面的扩大是气动工业发展的标志。气动元件的应用主要为两个方面：维修和配套。过去国产气动元件的销售主要用于维修，近几年，直接为主要配套的销售份额逐年增加。国产气动元件的应用，从价值数千万元的冶金设备到只有一两百元的椅子，铁道扳岔、机车轮轨润滑、列车的刹车、街道清扫、特种车间内的起吊设备、军事指挥车等都用上了专门开发的国产气动元件。这说明气动技术已"渗透"到各行各业，并且正在日益扩大。

1.4.2 气压、液压传动技术的发展

液压行业：液压元件将向高性能、高质量、高可靠性、系统成套方向发展，向低能耗、低噪声、低振动、无泄漏以及污染控制、应用水基介质等适应环保的要求方向发展，开发高集成化、高功率密度、智能化、机电一体化以及轻小型、微型液压元件，积极采用新工艺、新材料和电子、传感等高新技术。液力偶合器向高速大功率和集成化的液力传动装置发展，开发水介质调速型液力偶合器和向汽车应用领域发展，开发液力减速器，提高产品可靠性和平均无故障工作时间；液力变矩器要开发大功率的产品，提高零部件的制造工艺技术，提高可靠性，推广计算机辅助技术，开发液力变矩器与动力换挡变速箱配套使用技术；液粘调速离合器应提高产品质量，形成批量，向大功率和高转速方向发展。

气动行业：产品向体积小、重量轻、功耗低、组合集成化方向发展，执行元件向种类多、结构紧凑、定位精度高方向发展；气动元件与电子技术相结合，向智能化方向发展；元件性能向高速、高频、高响应、高寿命、耐高温、耐高压方向发展，普遍采用无油润滑，应用新工艺、新技术、新材料。

社会需求永远是推动技术发展的动力，降低能耗、提高效率、适应环保需求、机电一体化、高可靠性等是液压气动技术继续努力的永恒目标，也是液压气动产品参与市场竞争能否取胜的关键。由于液压气动技术广泛应用了高技术成果，如自动控制技术、计算机技术、微电子技术、摩擦磨损技术、可靠性技术及新工艺和新材料，使传统技术有了新的发展，也使液压气动系统和元件的质量、水平有了一定的提高。

1.5 流体的基本常识

1.5.1 压力

1. 压力的概念

这里的压力概念，实际上指的是物理学上的压强，即单位面积上所承受的力的大小，用 p 表示。

$$p = \frac{F}{A}$$

式中，F 为外力（负载）对液面的作用力（N），A 为承压面积（m^2）。

ISO 规定的压力 p 的单位为 N/m^2（牛/米^2）或 Pa（帕斯卡），$1Pa=1N/m^2$。由于这个单位很小，工程上使用不方便，因此常采用兆帕，符号为 MPa，$1MPa=10^6Pa$。目前，压力单位——巴也很常用，它的符号是 bar，$1bar=10^5Pa$。

2. 压力的传递

静止液体具有下列特性：

（1）静止液体的压力垂直作用于液体的接触表面。

（2）静止的液体中，任一点的各个方向的压力均相等。

在密封容器中的液体，当一处受到压力作用时，这个压力会等值地传到液体的各个部分，且压力处处相等。这就是静压传递原理（又称帕斯卡定理）。

在液压和气压传动中，系统的工作压力决定于负载。

3．压力的表示方法

压力可用绝对压力、相对压力和真空度来度量。

绝对压力：以绝对真空（零压力）为基准所计的压力。

相对压力：高出当地大气压（p_a）的压力值。由于大多数测压仪表所测得的压力都是相对压力，故相对压力也称表压力（表压）。

真空度：低于当地大气压的压力值。

绝对压力、相对压力和真空度的关系如图1-3所示。

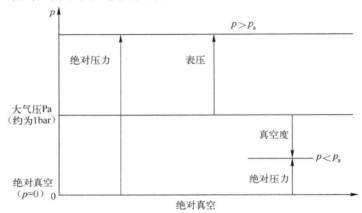

图1-3　绝对压力、相对压力和真空度的关系示意图

绝对压力=大气压力+相对压力（$p > p_a$）

真空度=大气压力-绝对压力（$p < p_a$）

1.5.2　流量

单位时间内流体流过截面积为A的某一截面的体积，称为流量。用q表示，单位为m^3/s或L/min，即

$$q = Av$$

由上式可得出通流截面A上的平均流速为

$$v = \frac{q}{A}$$

由上式可知，当液压缸的有效工作面积A一定时，活塞运动速度v取决于输入液压缸的流量q。

这也说明了活塞的运动速度取决于进入液压缸（或汽缸）的流量，而与流体的压力大小无关。

但在气压传动系统中，由于空气具有很强的可压缩性，所以汽缸活塞的运动速度并不能完全按照上式来进行计算。

1.6 实 训 操 作

实训名称：一个单作用汽缸（或液压缸）的直接控制

参考课时： 2 课时

实训装置：亚龙 YL-381B 型气压、液压实训装置

直接控制是指通过人力或机械外力直接控制换向阀换向来执行元件动作的控制方式；间接控制则是指执行元件由气控换向阀来控制动作，人力、机械外力等外部输入信号只用来控制气控换向阀的换向，不直接控制执行元件动作。

1．实训目的、要求

（1）熟悉气压（或液压）传动系统的组成。

（2）熟悉单作用汽缸（或液压缸）、两位三通按钮阀的使用。

（3）熟悉单作用汽缸（或液压缸）直接控制的实现原理。

（4）了解气动（或液压）实训台、气动（或液压）元件、管路等的连接、固定方法和操作规则。

（5）熟悉基本的气动（或液压）回路图，能顺利搭建本实训回路，并完成规定的运动。

2．实训原理和方法

如图 1-4 所示为本实训回路图。

初始位置：汽缸和阀的初始位置可以在回路图上被确定，汽缸（1.0）的弹簧使得活塞位于尾端，汽缸中的空气通过二位三通控制阀（1.1）排出。

步骤 1：按下按钮开关 S_1 使二位三通控制阀开通，空气被压送到汽缸活塞后部，活塞前向运动；如果按钮开关继续按着，活塞杆保持在前端位置。

步骤 2：松开按钮阀开关 S_1，汽缸中的空气通过二位三通控制阀（1.1）排出。弹簧力使活塞返回初始位置。

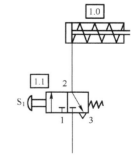

图 1-4 单作用汽缸的直接控制

注意： 如果按钮开关只是短暂地一按，活塞杆将仅仅前向运动某一距离就马上退回了。

3．主要设备及实训元件

单作用汽缸的直接控制实训的主要设备及实训元件见表 1-1。

表 1-1 单作用汽缸的直接控制实训的主要设备及实训元件

序 号	实训设备及元件	序 号	实训设备及元件
1	气动实训平台	4	二位三通手动换向阀
2	气源	5	气管
3	单作用汽缸		

4．实训内容及步骤

（1）按照实训原理图选择所需要的气动元件，并摆放在实训台上；

（2）关闭气源开关，在实训台上连接控制回路；

（3）打开气源开关，调节控制旋钮，观察汽缸活塞杆的运行方向；

（4）关闭气源开关，拆卸所搭接的气动回路，并将气动元件、气管等归位。

5．操作技能测评

学生应能够按照实训步骤和技能测试记录表中的测评要求，进行独立思考和实训。评估不合格者，学生提出申请，允许重新评估。单作用汽缸的直接控制实训测试记录见表1-2。

表1-2　单作用汽缸的直接控制实训测试记录

实训操作技能训练测试记录				
学生姓名		学　号		
专　业		班　级		
课　程		指导教师		
下列清单作为测评依据，用于判断学生是否通过测评已经达到所需能力标准				
第一阶段：测量数据				
学生是否能够			分值	得分
遵守实训室的各项规章制度			10	
熟悉原理图中各气动（液压）元件的基本工作原理			10	
熟悉原理图的基本工作原理			10	
正确搭建单作用汽缸（液压缸）换向控制回路			15	
正确调节气源开关、控制旋钮（开启与关闭）			20	
控制回路正常运行			10	
正确拆卸所搭接的气动（液压）控制回路			10	
第二阶段：处理、分析、整理数据				
学生是否能够			分值	得分
利用现有元件拟定另一种方案，并进行比较			15	
实训技能训练评估记录				
实训技能训练评估等级：优秀（90分以上）　　□ 　　　　　　　　　　良好（80分以上）　　□ 　　　　　　　　　　一般（70分以上）　　□ 　　　　　　　　　　及格（60分以上）　　□ 　　　　　　　　　　不及格（60分以下）　□				
指导教师签字＿＿＿＿＿＿＿＿＿＿＿　　　　　日期＿＿＿＿＿＿＿＿＿＿				

6．完成实训报告和下列思考题

（1）气动（或液压）回路中的控制阀是怎样实现汽缸（液压缸）的换向运动的？

（2）思考实训中所用气动元件的功能特点。

1.7 习题与思考

1．什么叫气压、液压传动？

2．气压、液压传动有何优缺点？

3．简述气压、液压传动系统的基本组成。

4．绝对压力、相对压力、真空度的含义分别是什么？三者之间如何转换？

项目二　大型运输带的张力控制

教学提示： 本项目内容以大型运输带的张力控制系统的结构组成和工作原理为引子，对气压装置组件、控制元件以及换向控制回路进行介绍，在内容展开过程中，结合亚龙YL-381B 型气压、液压实训装置进行现场教学，并通过同步的实验操作训练加以巩固。

教学目标： 结合大型运输带的张力控制系统的实际应用，熟悉换向控制回路中汽缸、方向控制阀、气源装置、按钮、中间继电器等各类气动元件、电器元件的结构和动作原理。

2.1　任　务　引　入

大型运输带在运输货物时，由于货物自重、长距离运输、胶带老化等各种因素，会导致胶带下垂度加大，或使多层胶带层间相互碰撞、摩擦，导致胶带传动不平衡、磨损加快、寿命缩短等传输问题。通过实践证明，采用气压传动方向控制回路对传输带进行有效控制，可以改善输送带的动张力，减小运输带选用的安全系数，延长皮带的使用寿命，同时还能消除皮带的"打滑"、"抖动"现象，提高了大型输送带的经济技术指标。大型运输带张力控制结构示意图如图 2-1 所示。

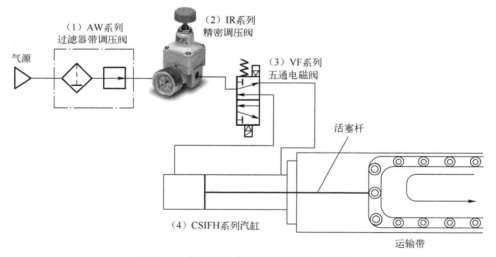

图 2-1　大型运输带张力控制结构示意图

2.2　换向控制回路基础知识

从图 2-1 可以看出，要实现该系统的控制，需要借助调压阀、电磁阀、汽缸等元器件构成的换向控制回路来达成，因而需要对这些元件的工作原理、特点、职能符号以及基本的换向回路等有较全面的掌握。

换向控制回路是通过控制进气方向，从而改变活塞运动方向的回路。换向控制回路一般分为单控阀和双控阀两种。具体分类如下所示。

图 2-2 所示分别为采用气动控制、电动控制、手动控制和自锁式控制的单控换向阀的换向回路。回路中各元件名称列于表 2-1 中。下面从相关元件的基本结构与原理开始介绍，在此基础上分析四种单控阀换向回路的工作原理，并拓展介绍双控阀换向回路的工作原理。

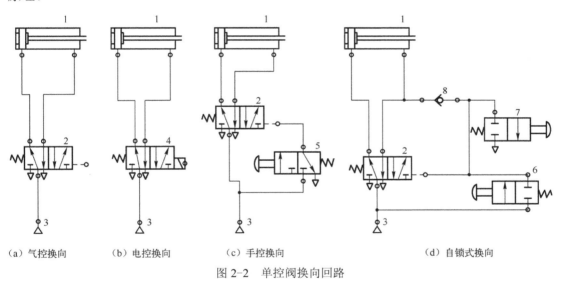

（a）气控换向　　（b）电控换向　　（c）手控换向　　（d）自锁式换向

图 2-2　单控阀换向回路

表 2-1　回路中各元件名称列表

图中元件标号	元 件 名 称	职 能 符 号
1	单杆双作用普通汽缸	
2	二位五通直动式气压单控换向阀	
3	气源	
4	二位五通直动式电磁换向阀	

图中元件标号	元 件 名 称	职 能 符 号
5	二位三通直动式手控换向阀	
6、7	二位二通直动式手控换向阀	
8	单向阀	

2.2.1 气动元件结构与原理

1．汽缸

图 2-2 中的 1 为单杆双作用普通汽缸，它是最常用的气动元件之一，单杆是指单根活塞杆，双作用是指活塞两个方向上的运动都是依靠压缩空气的作用而实现的。

单杆双作用普通汽缸的基本结构如图 2-3（a）所示，一般由缸筒、前后缸盖、活塞、活塞杆、密封件和紧固件等零件组成，前后缸盖与缸筒固定连接。有活塞杆侧的缸盖为前缸盖，缸底侧则为后缸盖。在缸盖上开有进排气通口，活塞两侧常装有橡胶垫或缓冲柱塞作为气缓冲机构，同时缸盖上有缓冲节流阀和缓冲套，当汽缸运动到端头时，缓冲柱塞进入缓冲套，汽缸排气须经缓冲节流阀，排气阻力增加，产生排气背压，形成缓冲气垫，起到缓冲作用。在前缸盖上，设有密封圈、防尘圈，同时还设有导向套，以提高汽缸的导向精度。活塞杆与活塞紧固相连。磁性环用来产生磁场，使活塞接近磁性开关时发出电信号，即在普通汽缸上装了磁性开关从而构成了开关汽缸。单杆双作用普通汽缸的实物外形如图 2-3（b）所示。

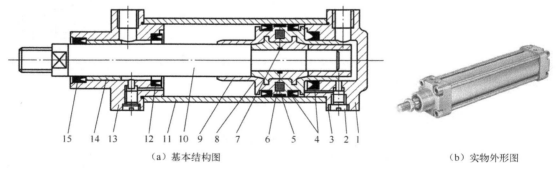

（a）基本结构图　　　　　　　　　　　（b）实物外形图

1—后缸盖；2—缓冲节流针阀；3，7—密封圈；4—活塞密封圈；5—导向环；6—磁性环；8—活塞；9—缓冲柱塞；
10—活塞杆；11—缸筒；12—缓冲密封圈；13—前缸盖；14—导向套；15—防尘组合密封圈

图 2-3　普通单杆双作用汽缸

汽缸是气动系统中使用最多的执行元件，而且种类很多，汽缸大致分类如下：按压缩空气对活塞作用力的方向可分为单作用式和双作用式；按汽缸的结构特征可分为活塞式、薄膜式和柱塞式；按汽缸的功能可分为普通汽缸、薄膜汽缸、冲击汽缸、气液阻尼缸、缓冲汽缸和摆动汽缸。

2．方向控制阀

1）直动式气压单控换向阀

图 2-2 中的 2 为二位三通直动式气压单控换向阀。直动式气压单控换向阀的基本结构示意图如图 2-4（a）所示，当控制口 K 无气压输入时，弹簧使阀芯上移，P 口关闭，A、O 口接通。当控制口 K 有气压输入时，阀芯下移，O 口关闭，P、A 口接通。二位三通直动式气压单控换向阀的职能符号如图 2-4（b）所示，实物外形如图 2-4（c）所示。

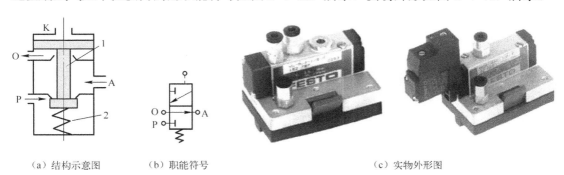

（a）结构示意图　　　（b）职能符号　　　　　　　　　（c）实物外形图

1—阀芯；2—弹簧

图 2-4　二位三通直动式气压单控换向阀

2）电磁换向阀

电磁换向阀利用电磁力的作用来实现阀的切换以控制气流的流动方向。按控制方法不同分为直动式（电磁铁直接控制）和先导式两种。

（1）直动式电磁单控换向阀。

图 2-2 中 4 为二位五通直动式电磁单控换向阀，为了尽量看清其内部结构，我们以结构相对简单、原理相似的二位三通电磁阀为例展开说明，它的基本结构如图 2-5 所示。它只有一个电磁线圈，当电磁换向阀的电磁线圈未通电时，输入口 P 和输出口 A 断开，输出口 A 和排气口 O 相通，阀处于排气状态，如图 2-5（a）所示；电磁线圈通电时，电磁力通过阀杆推动阀芯向上移动，使输入口 P 和输出口 A 接通，输出口 A 和排气口 O 断开，阀处于进气状态，如图 2-5（b）所示。其职能符号和实物外形图分别如图 2-5（c）、图 2-5（d）所示。

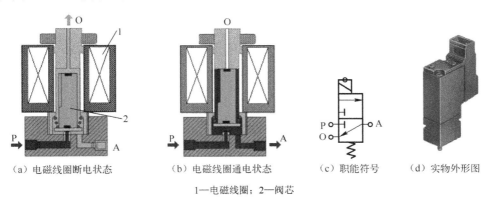

（a）电磁线圈断电状态　　（b）电磁线圈通电状态　　（c）职能符号　　（d）实物外形图

1—电磁线圈；2—阀芯

图 2-5　二位三通直动式电磁单控换向阀

（2）先导式电磁双控换向阀。

直动式电磁阀是由电磁铁直接推动阀芯移动的，当阀通径较大时，用直动式结构所需的电磁铁体积和电力消耗都必然加大，为克服此弱点可采用先导式结构。

先导式电磁阀由电磁铁首先控制气路，产生先导压力，再由先导压力推动主阀阀芯，使其换向，就其结构而言，实际上是由小型直动式电磁阀和大型气控换向阀构成的。它适用于通径较大的场合。图2-1中的3即为二位五通先导式双控电磁换向阀。

为了看清其内部结构，我们以结构相对简单、原理相似的二位三通先导式电磁阀为例展开说明，图2-6所示为先导式单控换向阀的工作示意图。当电磁先导阀的线圈未通电时，如图2-6（a）所示，换向阀阀芯停留在原位。这时压缩空气从A口输入，排气口O口输出。当电磁先导阀的线圈通电时，如图2-6（b）所示，先导阀阀芯受到电磁力的作用而向上移位，来自先导阀的控制气流推动对中活塞使换向活塞向下移位，此时压缩空气从输入口P口输入，从输出口A口输出，排气口O口排气，当电磁先导阀的线圈断电时，阀芯在弹簧力作用下回到原位，输入口P口和输出口A口切断。由此可见，先导式单电控电磁阀没有记忆功能。先导式电磁阀的职能符号和实物外形图如图2-6（c）、图2-6（d）所示。

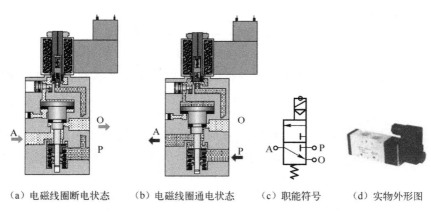

（a）电磁线圈断电状态　　（b）电磁线圈通电状态　　（c）职能符号　　（d）实物外形图

图2-6　二位三通先导式单控电磁换向阀

先导式电磁换向阀便于实现电、气联合控制，所以应用广泛。

3）手动换向阀

图2-2中的5、6、7为手动换向阀，它的基本结构如图2-7所示。二位三通手动换向阀的上面为按钮，下面为定位槽。按钮的按或不按确定了阀的两个"位"。按钮未按时，压缩空气从A口输入，从排气口O口输出，如图2-7（a）所示。按钮按下时，压缩空气从输入口P口输入，从输出口A口输出，排气口O口排气，如图2-7（b）所示。这类阀可细分为手动及脚踏等操纵方式。手动阀的主体部分与气控阀类似，其操纵方式有多种形式，如按钮式、旋钮式、锁式及推拉式等，由于内部结构基本一致，因此在这里不一一罗列了。二位三通手动换向阀的职能符号和实物外形图如图2-7（c）、图2-7（d）所示。

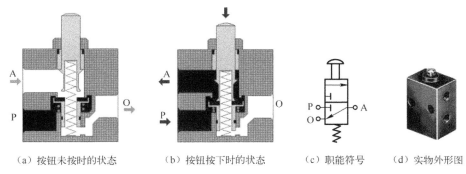

（a）按钮未按时的状态　　（b）按钮按下时的状态　　（c）职能符号　　（d）实物外形图

图 2-7　二位三通手动换向阀

4）单向型方向控制阀

单向型方向控制阀简称单向阀，它只允许气流沿着一个方向流动。

图 2-2 中的 8 为单向阀，它的基本结构如图 2-8 所示。单向阀是气流只能一个方向流动而不能反向流动的方向控制阀。

工作原理：与液压单向阀一样，压缩空气从 P 口进入，克服弹簧力和摩擦力使单向阀阀口开启，压缩空气从 P 流至 A，如图 2-8（a）所示；当 P 口无压缩空气时，在弹簧力和 A 口（腔）余气作用下，阀口处于关闭状态，A 至 P 气流不通，如图 2-8（b）所示。

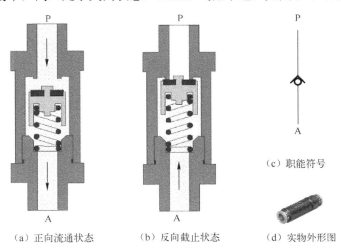

（c）职能符号

（a）正向流通状态　　（b）反向截止状态　　（d）实物外形图

图 2-8　单向阀的内部结构图

单向阀应用于不允许气流反向流动的场合，如空压机向气罐充气时，在空压机与气罐之间设置一单向阀，当空压机停止工作时，可防止气罐中的压缩空气回流到空压机。单向阀还常与节流阀、顺序阀等组合成单向节流阀、单向顺序阀使用。单向阀的职能符号和实物外形如图 2-8（c）、图 2-8（d）所示。

方向控制阀的种类很多，根据气流在阀内的作用方向，可分为单向型控制阀和换向型控制阀。单向型控制阀主要包括单向阀、梭阀、双压阀和快速排气阀等；换向型控制阀按阀芯结构可分为截止式、滑阀式、膜片式等，按控制方式可分为气压控制、电磁控制、机械控制、人力控制、时间控制等，按阀的切换位置和管路口的数目也可分类。这些方向控制阀有的已经在前面接触过了，有的将会在后续章节中介绍。

注意，一般压力入口用 P 表示，压力出口用 A、B 表示，排气口用 O 表示。

3．气源装置

气源装置主要指空气压缩站内的装置，气源装置的设备一般包括产生压缩空气的空气压缩机和净化气源的辅助设备，图 2-9 所示是气源装置组成及布置示意图。

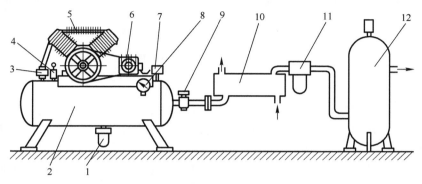

1—自动排水器；2—小气罐；3—单向阀；4—安全阀；5—空气压缩机；6—电动机；

7—压力开关；8—压力表；9—截止阀；10—后冷却器；11—油水分离器；12—贮气罐

图 2-9　气源装置组成及布置示意图

在图 2-9 中，5 为空气压缩机，用以产生压缩空气，一般由电动机 6 带动，其吸气口装有空气过滤器以减少进入空气压缩机的杂质量；10 为后冷却器，用以冷却压缩空气，使净化的水凝结出来；11 为油水分离器，用以分离并排出冷却的水滴、油滴、杂质等；2 为小气罐，用以贮存压缩空气，稳定压缩空气的压力并除去部分油分和水分，通过干燥器进一步吸收或排除压缩空气中的水分和油分，使之成为干燥空气；过滤器用以进一步过滤压缩空气中的灰尘、杂质颗粒；小气罐输出的压缩空气可用于一般要求的气压传动系统，贮气罐 12 输出的压缩空气可用于要求较高的气动系统（如气动仪表及射流元件组成的控制回路等）。

1）空气压缩机

气压传动系统中最常用的空气压缩机是往复活塞式，其工作原理如图 2-10 所示。当活塞 3 向右运动时，汽缸 2 内活塞左腔的压力低于大气压力，吸气阀 9 被打开，空气在大气压力作用下进入汽缸 2 内，这个过程称为“吸气过程”。当活塞向左移动时，吸气阀 9 在缸内压缩气体的作用下关闭，缸内气体被压缩，这个过程称为“压缩过程”。当汽缸内空气压力增高到略高于输气管内压力后，排气阀 1 被打开，压缩空气进入输气管道，这个过程称为“排气过程”。活塞 3 的往复运动是由电动机带动曲柄转动，通过连杆、滑块、活塞杆转化为直线往复运动而产生的。图中只表示了一个活塞一个缸的空气压缩机，大多数空气压缩机是多缸多活塞的组合。

选用空气压缩机的根据是气压传动系统所需要的工作压力和流量两个参数。一般空气压缩机为中压空气压缩机，额定排气压力为 1MPa。另外还有低压空气压缩机，排气压力为 0.2MPa；高压空气压缩机，排气压力为 10MPa；超高压空气压缩机，排气压力为 100MPa。

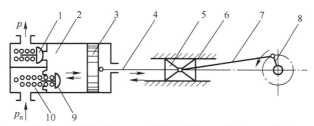

1—排气阀；2—汽缸；3—活塞；4—活塞杆；5、6—滑块与滑道；7—连杆；8—曲柄；9—吸气阀；10—弹簧

图 2-10 活塞式空气压缩机工作原理图

输出流量的选择，要根据整个气动系统对压缩空气的需要再加一定的备用余量，作为选择空气压缩机的流量依据。空气压缩机铭牌上的流量是自由空气流量。

2）后冷却器

后冷却器安装在空气压缩机出口处的管道上。它的作用是将空气压缩机排出的压缩空气温度由 140～170℃降至 40～50℃。这样就可使压缩空气中的油雾和水汽迅速达到饱和，使其大部分析出并凝结成油滴和水滴，以便经油水分离器排出。它的结构形式有：蛇形管式、列管式、散热片式、套管式。冷却方式有：水冷和风冷两种方式。风冷式后冷却器如图 2-11 所示。

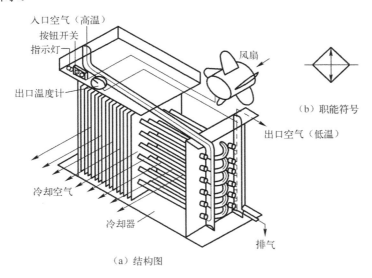

（b）职能符号

（a）结构图

图 2-11 风冷式后冷却器

3）贮气罐

贮气罐的主要作用是：

（1）储存一定数量的压缩空气，以备发生故障或临时应急使用；

（2）消除由于空气压缩机断续排气而对系统引起的压力脉动，保证输出气流的连续性和平稳性；

（3）进一步分离压缩空气中的油、水等杂质。

贮气罐一般采用焊接结构，以立式居多，其外形结构如图 2-12 所示。

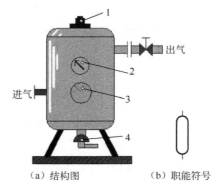

（a）结构图　　　　（b）职能符号

1—安全阀；2—压力表；3—检修盖；4—排水阀

图 2-12　贮气罐

4）油水分离器

油水分离器安装在后冷却器出口管道上。它的作用是分离并排出压缩空气中凝聚的油分、水分和灰尘杂质等，使压缩空气得到初步净化。它的结构形式有：环形回转式、撞击折回式、离心旋转式、水浴式以及以上形式的组合。

油水分离器的外形如图 2-13 所示。

图 2-13　油水分离器

5）干燥器

压缩空气中的水蒸气，当温度下降时，就会冷凝成水滴，危害系统，须进一步排除。

干燥器有冷冻式、吸附式和高分子隔膜式三种。

冷冻式干燥器将湿空气冷却到其露点温度以下，使空气中水蒸气凝结成水滴并清除出去。进入干燥器的空气先经热交换器预冷，再进入冷冻室冷却到压力露点（2～10℃），使空气中含有的气态水分、油分等进一步析出，经自动排水阀排出。冷却后的空气再进入热交换器加热输出。设置热交换器一方面可有效降低冷冻室空气入口温度，减小负荷；另一方面也可对冷冻干燥后的空气进行加热，避免输出空气温度过低而导致出口管路结露。

所谓露点温度是指空气在水汽含量和气压都不改变的条件下，冷却到饱和时的温度。形象地说，空气中的水蒸气变为露珠时的温度叫露点温度。过多水分形成水滴，停留在材料表面而不会落下，称为结露。

冷冻式干燥器的工作原理如图 2-14 所示。

吸附式干燥器是利用硅胶、活性氧化铝、分子筛等吸附剂（干燥剂）表面能物理性吸附水分的特性来清除水分的。由于水分和这些干燥剂之间没有化学反应，因此不需要更换干燥剂，但必须定期对干燥剂进行再生。按再生的方法分为带加热器的加热再生和使用部分干燥空气吹干的无热再生。吸附式干燥器由于不受水的冰点温度的限制，因此干燥效果较好，干燥后的空气在大气压下的露点温度可达-40～-70℃。

吸附式干燥器的工作原理如图 2-15 所示。

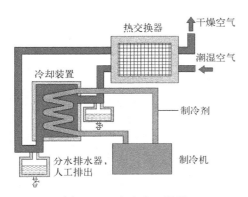

图 2-14 冷冻式干燥器

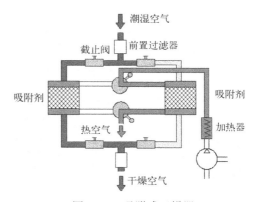

图 2-15 吸附式干燥器

空气干燥器的选择需要掌握如下要点。

（1）使用空气干燥器时，必须确定气动系统的露点温度，然后才能确定选用干燥器的类型和使用的吸附剂等。

（2）决定干燥器的容量时，应注意整个气动系统所需流量大小以及输入压力、输入端的空气温度。

（3）若用有油润滑的空气压缩机作气压发生装置，须注意压缩空气中混有油粒子，油能黏附于吸附剂的表面，使吸附剂吸附水蒸气的能力降低，对于这种情况，应在空气入口处设置除油装置。

（4）干燥器无自动排水器时，需要定期手动排水，否则一旦混入大量冷凝水后，干燥器的效率就会降低，影响压缩空气的质量。

6）过滤器

空气的过滤是气压传动系统中的重要环节。不同的场合，对压缩空气的要求也不同。过滤器的作用是进一步滤除压缩空气中的杂质。常用的过滤器有：一次过滤器（也称简易过滤器，滤灰效率为 50%～70%），二次过滤器（滤灰效率为 70%～99%）。在要求高的特殊场合，还可使用高效率的过滤器（滤灰效率大于 99%）。

（1）一次过滤器。

一次过滤器的工作结构如图 2-16 所示。气流由切线方向进入筒内，在离心力的作用下分离出液滴，然后气体由下而上通过多片钢板、毛毡、硅胶、焦炭、滤网等过滤吸附材料，干燥清洁的空气从筒顶输出。

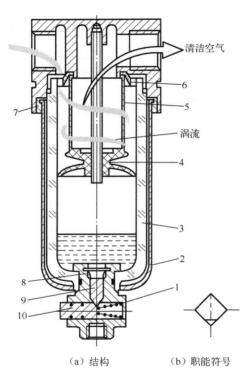

（a）结构　　　（b）职能符号

1—复位弹簧；2—保护罩；3—水杯；4—挡水板；5—滤芯；6—旋风叶片；7—卡圈；

8—锥形弹簧；9—阀芯；10—手动放水按钮

图 2-16　一次过滤器

（2）分水滤气器。

通常使用的空气过滤器很难分离来自压缩机的油雾，因为气状溶胶油粒子及微粒直径小于 2～3μm 时已很难附着在物体上，要分离这些微滴油雾，需要使用分水滤气器。分水滤气器其结构和工作原理如图 2-17 所示。压缩空气由输入口进入过滤器内滤芯的内表面，由于容积的突然扩大，气流速度减慢，形成层流进入过滤层。空气在透过纤维滤层的过程中，由于扩散沉积、直接拦截、惯性沉积等作用，细微的油雾粒子被捕获，并在气流作用下进入泡沫塑料滤层。油雾粒子在通过泡沫滤层的过程中，相互凝聚，长大成颗粒度较大的液态油滴，在重力作用下沿泡沫塑料外表面沉降至过滤器底部，由自动排污器排出。分水滤气器滤灰能力较强，属于二次过滤器。它和减压阀、油雾器一起被称为气动三联件，是气动系统不可缺少的辅助元件。

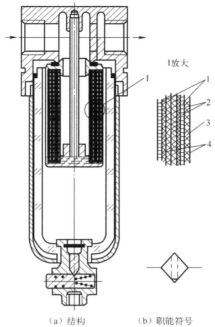

（a）结构　　　（b）职能符号

1—多孔金属筒；2—纤维层；3—泡沫塑料；4—过滤纸

图 2-17　分水滤气器

7）油雾器

油雾器是一种特殊的注油装置，它将润滑油进行雾化并注入空气流中，随压缩空气流入需要润滑的部位，达到润滑的目的（见图 2-18）。

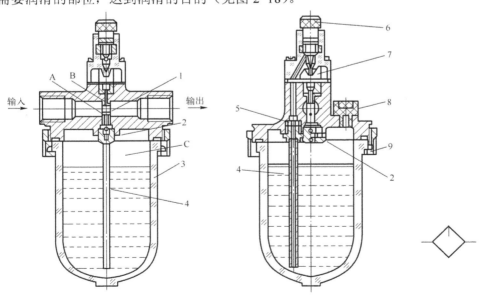

（a）结构图　　　　　　　　　　　　　（b）职能符号

1—立杆；2—截止阀；3—储油杯；4—吸油管；5—单向阀；6—节流针阀；7—视油器；8—油塞；9—螺母

图 2-18　油雾器

图 2-18 所示为气动三联件中的普通型油雾器。压缩空气从输入口进入，在油雾器的气流通道中有一个立杆 1，立杆上有两个通道口，上面背向气流的是喷油口 B，下面正对气流的是油面加压通道口 A。一小部分进入 A 口的气流经加压通道至截止阀 2，在压缩空气刚进入时，钢球被压在阀座上，但钢球与阀座密封不严，有点漏气（将截止阀 2 打开），可使储油杯 3 上腔的压力逐渐升高，使杯内油面受压，迫使储油杯内的油液经吸油管 4、单向阀 5 和节流针阀 6 滴入透明的视油器 7 内，然后从喷油口 B 被主气道中的气流引射出来，在气流的气动力和油黏性力对油滴的作用下，润滑油雾化后随气流从输出口输出。节流针阀 6 用来调节滴油量，关闭针阀油雾器可停止滴油喷雾。这种油雾器可以在不停气的情况下加油。

2.2.2 电气控制元件结构与原理

图 2-19 所示为单控电磁阀换向回路的电气控制电路。下面就电路所涉及的电器元件的结构原理和电-气路原理进行分析。

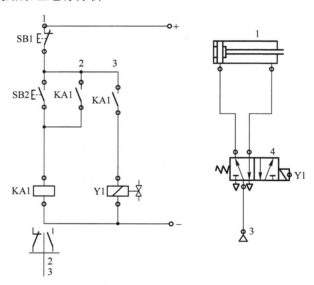

图 2-19　单控阀换向电气控制电路

1. 按钮

图 2-19 中 SB1、SB2 分别为常闭、常开按钮，一般称为停止按钮、启动按钮。按钮的一般结构如图 2-20（a）所示。它主要由按钮帽 1、复位弹簧 2、动触点 3、常闭静触点 4 和常开静触点 5 以及外壳、支持连杆等组成。

操作时，将按钮帽按下，动触点向下移动，先断开常闭静触点，后与常开静触点接触。当操作人员放开按钮帽后，在复位弹簧的作用下，动触点又向上运动回到原位，常开静触点和常闭静触点恢复原来的位置。

通常将按钮帽做成不同的颜色，以表示按钮在不同工作场合的作用，其颜色有红、绿、黑、黄、蓝、白等。通常红色表示停止按钮，绿色表示启动按钮。

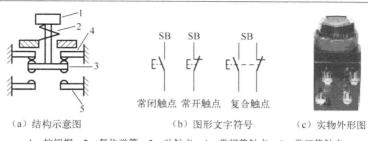

（a）结构示意图　　　（b）图形文字符号　　　（c）实物外形图

1—按钮帽；2—复位弹簧；3—动触点；4—常闭静触点；5—常开静触点

图 2-20　按钮结构示意图和图形文字符号

目前常用的按钮有 LA10、LA18、LA19、LA20 及 LA25 系列产品，仍在使用的老产品还有 LA2 系列。其中 LA18 系列采用积木式结构，触点数目可按需要拼装，一般装成二常开二常闭，如图 2-20 所示，也可装成一常开一常闭至六常开六常闭结构。其按钮的结构形式可分为按钮式、紧急式、旋钮式及钥匙式等。LA19、LA20 系列有带指示灯和不带指示灯两种，前者按钮帽用透明塑料制成，兼作指示灯罩。控制按钮型号的含义表示如下：

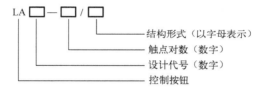

结构形式（种类）的代号有：K——开启式，它适用于嵌装在面板上，不能防止偶然触入带电部分；H——保护式，有保护外壳，能防止按钮元件受机械损伤和触及带电部分；S——防水式，具有防止雨水侵入的密封外壳；F——防腐式，具有能防止化工腐蚀性气体侵入的密封外壳；J——紧急式，有红色大蘑菇头按钮帽，供在紧急情况下切断电源用；Y——钥匙式，它要使用钥匙来操作，故能防止误操作；X——旋钮式，它采用旋转式的按钮帽操作；D——带指示灯的按钮；Z——自持按钮，其内部装有自保持用电磁机构。

图 2-19 电路中按钮 SB1、SB2 所选用的型号为 LA18-22/D，按钮的图形文字符号如图 2-20（b）所示，实物外形如图 2-20（c）所示，几个主要参数如下。

① 颜色：SB1 为红色按钮，SB2 为绿色按钮。

② 使用类别：DC-13。

③ 触点对数：2 常开 2 常闭。

④ 额定电流：0.3A。

⑤ 额定电压：直流 220V。

⑥ 安装尺寸：ϕ25。

2．中间继电器

图 2-19 中，KA1 为中间继电器。中间继电器的作用是将一个输入信号变成多个输出信号或将信号放大（即增加触点对数和增大触头容量）。它与电压继电器在电路中的接法和结构特征基本相同，所不同的是中间继电器的触点对数多，触点容量较大（5～10A），在电路中起到扩大触点数量和容量的中间放大与转换作用（见图 2-21）。

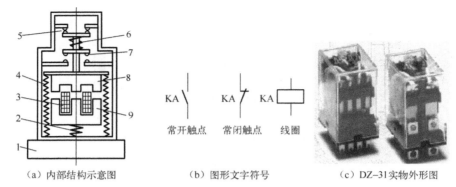

（a）内部结构示意图　　　　（b）图形文字符号　　　　（c）DZ-31实物外形图

1—底座；2—缓冲弹簧；3—线圈；4—释放弹簧；5—常闭触点；6—触点弹簧；7—常开触点；8—衔铁；9—铁芯

图 2-21　中间继电器

常用的中间继电器有 JZ 系列，在气动控制系统中使用较多的是 DZ 系列，它们的型号含义表示如下：

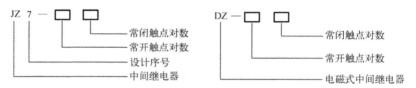

中间继电器的结构如图 2-21（a）所示，它主要由底座 1、缓冲弹簧 2、线圈 3、释放弹簧 4、常闭触点 5、触点弹簧 6、常开触点 7、衔铁 8、铁芯 9 等组成。

工作时，线圈通电，衔铁与铁芯吸合，动作机构带动动触点下移，使原来的常闭触点断开、常开触点闭合，线圈断电，衔铁与铁芯分开，动作机构在弹簧力的作用下使动触点复位，常闭触点、常开触点恢复原态。中间继电器触点、线圈的图形文字符号如图 2-21（b）所示。

图 2-19 电路中选用的 KA1 的型号为 DZ-31，其中 3 表示常开触点数，1 表示常闭触点数，DZ-31 中间继电器外形如图 2-21（c）所示，几个主要参数如下。

① 线圈额定电压：直流 24V。

② 触点长期允许接通电流：5A。

③ 触点对数：3 常开 3 转换。

④ 功率消耗≤5W。

2.2.3　换向控制回路原理分析

1．单控阀换向回路原理分析

1）单控电磁阀换向回路原理分析

图 2-22 所示为单控电磁阀换向回路和对应的电气控制电路，分析电气控制电路的原理，实际上是一个典型的自锁控制电路。所谓自锁控制电路，是依靠电器本身的触点保持线圈通电的电路。下面结合电路分析换向回路的工作过程。

开启气源，如图 2-22（a）所示，压缩空气经过二位五通电磁换向阀的左位进入汽缸左腔，右腔的空气通过换向阀排出，汽缸中的活塞受气压作用向右运动；按下启动按钮

SB2，如图 2-22（c）所示，中间继电器 KA1 线圈得电，2 路的 KA1 自锁触点吸合，同时 3 路的 KA1 常开触点吸合，二位五通电磁换向阀的线圈 Y1 得电，推动换向阀的阀芯向左移动，压缩空气经过电磁阀的右位进入汽缸右腔，左腔的空气通过换向阀排出，汽缸中的活塞受气压作用左移；松开按钮 SB2，KA1 线圈通过其自锁触点继续形成通电回路，换向阀的线圈 Y1 保持通电状态，如图 2-22（c）所示，当活塞需要右移时，按下停止按钮 SB1，中间继电器 KA1 线圈失电，2 路、3 路的 KA1 常开触点复位，换向阀电磁线圈 Y1 失电，二位五通阀的阀芯在弹簧力的作用下右移复位，压缩空气经过电磁换向阀的左位进入汽缸左腔，右腔的空气通过换向阀排出，汽缸中的活塞受气压作用向右运动，此时控制电路的状态如图 2-22（b）所示。

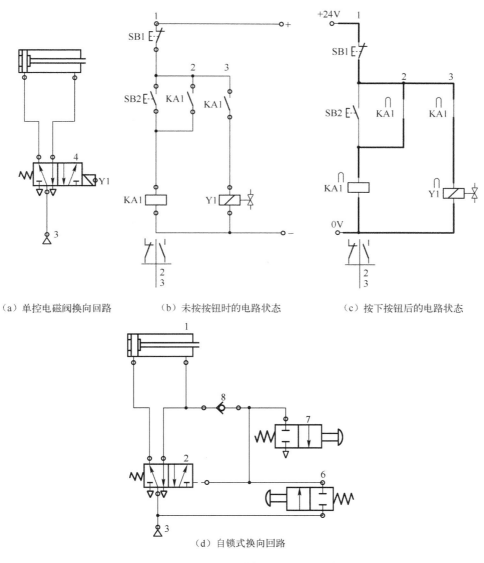

（a）单控电磁阀换向回路　　　（b）未按按钮时的电路状态　　　（c）按下按钮后的电路状态

（d）自锁式换向回路

图 2-22　单控电磁阀换向回路及对应的电气控制电路

2）单控自锁式换向回路原理分析

图 2-22（d）所示为自锁式换向回路，主控阀 2 采用无记忆功能的单控二位五通换向阀。下面分析自锁式换向回路的工作过程：当按下手动阀 6 的按钮后，压缩空气经过手动阀 6 的左位推动主控阀 2 的阀芯左移，主控阀 2 的右位接入，压缩空气进入汽缸右腔，左腔的空气通过主控阀排出，汽缸活塞向左移动，这时，即使松开手动阀 6 的按钮，主控阀 2 也不会换向，自锁式换向由此而得名。只有当手动阀 7 的按钮压下后，原来的控制信号才消失，这时，压缩空气经过主控阀 2 的右位、单向阀 8、手动阀 7 的右位排出，主控阀 2 的阀芯在弹簧力的作用下右移回到原位，主控阀 2 的左位接入，压缩空气进入汽缸左腔，右腔的空气通过主控阀排出，汽缸活塞向右移动。这种回路要求控制管路和手动阀不能有漏气现象。

2．双控阀换向控制回路原理分析

图 2-23 所示为具有记忆功能的双控换向阀的换向回路。记忆功能是指该换向阀的阀芯只有受到控制时才会发生移位，否则将维持原位不变，这与单控阀由弹簧控制自动回位是不同的。回路中的主控阀具有记忆功能，故可以使用脉冲信号（其脉冲宽度应保证主控阀换向），只有加了相反的控制信号后，主控阀才会换向。

下面结合电气控制电路分析图 2-23（b）所示双电控换向回路的工作过程。

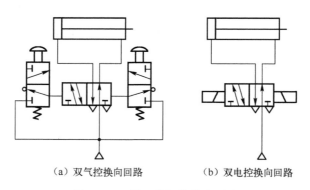

（a）双气控换向回路　　　　（b）双电控换向回路

图 2-23　用双控阀的换向回路

按下常开按钮 SB1，二位五通电磁换向阀的 Y1 线圈得电，推动换向阀的阀芯向右移动，压缩空气经过电磁换向阀左位进入汽缸左腔，右腔的空气通过换向阀排出，汽缸中活塞受压右移，如图 2-24（a）所示，松开按钮 SB1，Y1 线圈失电，因为电磁阀具有记忆功能，阀芯维持原位不变，按下按钮 SB2，电磁换向阀的 Y2 线圈得电，电磁阀阀芯被推至左侧，压缩空气经过电磁换向阀右位进入汽缸右腔，左腔的空气通过换向阀排出，汽缸中活塞受压左移，如图 2-24（b）所示，松开按钮 SB2，Y2 失电，电磁阀芯维持原位。这种按下按钮线圈得电、松开按钮线圈失电的电气控制形式称为点动控制。电路中的常闭按钮起到了机械互锁作用，防止同时按下 SB1、SB2 两个按钮使 Y1 和 Y2 同时得电而产生误动作。

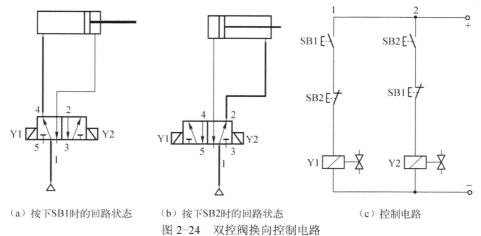

（a）按下SB1时的回路状态　　（b）按下SB2时的回路状态　　（c）控制电路

图 2-24　双控阀换向控制电路

2.3　换向控制的实例分析

换向控制回路在各行各业的应用很广泛，尤其是轻工行业。大型运输带的张力控制系统就是一个典型的双控阀换向控制回路，下面分步对应用实例进行分析。

结合大型运输带的张力控制系统（见图 2-25），分析控制过程如下。

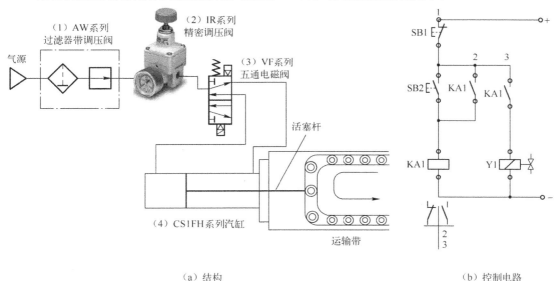

（a）结构　　　　　　　　　　　　　　　（b）控制电路

图 2-25　大型运输带的张力控制系统

首先精确设定 IR 系列精密调压阀的输出压力，通过对精密调压阀的控制，使输出压力保持稳定，当系统压力高于设定压力时，可造成溢流排气以保持系统工作压力的稳定；然后控制双电控换向阀的换向位置，去调控汽缸活塞的位置，达到控制传输皮带松紧的目的，最大限度地减小传输皮带的"打滑"、"抖动"现象。其电气控制电路如图 2-25（b）所示，按下按钮 SB2，中间继电器 KA1 线圈得电，2 路的 KA1 自锁触点吸合，同时 3 路的 KA1 常开触点吸合，二位五通电磁换向阀的线圈 Y1 得电，推动换向阀的阀芯向上移动，压缩空气经过电磁阀的下位进入汽缸左腔，右腔的空气通过换向阀排出，汽缸中的活塞受气压作用右移，运输带松开；按下按钮 SB1，中间继电器 KA1 线圈失电，2 路、3 路的 KA1 常开触点复位，换向阀电磁线圈 Y1 失电，二位五通阀的阀芯在弹簧力的作用下复位，压缩空气经过电磁换向阀的上位进入汽缸右腔，左腔的空气通过换向阀排出，汽缸中的活塞受气压作用向左运动，运输带绷紧。

2.4 实 训 操 作

2.4.1 双作用汽缸的换向回路控制实训

参考课时： 2 课时

实训装置：亚龙 YL-381B 型气压、液压实训装置

1．实训目的、要求

（1）了解气源处理三联件的作用及工作原理。

（2）熟悉主要气动执行元件——双作用汽缸的工作原理及组成。

（3）了解部分气动阀的作用（二位三通手动换向阀、二位三通单电磁换向阀、单向节流阀等）以及换向阀的不同操作方式。

（4）熟悉气动实验台、气动元件、管路等的连接、固定方法和操作规则。

（5）熟悉基本的气动回路图，能顺利搭建本实训回路，并完成规定的运动。

2．实训原理和方法

双作用汽缸换向回路的实训目的是实现双向调速控制，在某种意义上就是为了实现自动控制，在换向上利用回路本身的元件产生信号，而这些信号可以代替人为的输入，完成换向，从而实现自动换向，最终实现连续的双作用换向。

如图 2-26 所示为本实训回路。实验时首先合上控制面板的电源开关，压缩空气从气源出来经过气动三联件、手动换向阀、电磁阀，再经过单向节流阀进入汽缸上腔推动活塞下移，当活塞运动至最下端时，二位五通单电磁换向阀得电，电磁阀下位接入回路，气体从电磁阀下腔经过单向节流阀进入汽缸下腔推动活塞上移，当活塞运动至最上端时，给回路提供断电信号，实现双作用汽缸的换向。

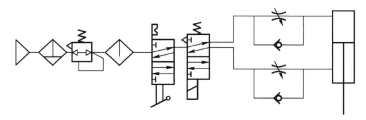

图 2-26　双作用汽缸换向回路

3．主要设备及实训元件

双作用汽缸的换向回路控制实训的主要设备及实训元件见表 2-2。

表 2-2 双作用汽缸的换向回路控制实训的主要设备及实训元件

序 号	实训设备及元件	序 号	实训设备及元件
1	气动实验平台	5	二位五通电磁换向阀
2	气源	6	节流调速阀
3	双作用汽缸	7	单向节流阀
4	二位五通手动换向阀	8	气管

4. 实训内容及步骤

（1）按照实训原理图选择所需要的气动元件，并摆放在实训台上；

（2）关闭气源开关，在实验台上连接控制回路；

（3）打开气源开关，调节控制旋钮，观察汽缸活塞杆的运行方向；

（4）关闭气源开关，拆卸所搭接的气动回路，并将气动元件、气管等归位。

5. 操作技能测评

学生应能够按照实验步骤和技能测试记录表中的测评要求，进行独立思考和实验。评估不合格者，学生提出申请，允许重新评估。双作用汽缸的换向回路控制实训的测试记录见表 2-3。

表 2-3 双作用汽缸的换向回路控制实训的测试记录

实训操作技能训练测试记录			
学生姓名		学 号	
专 业		班 级	
课 程		指导教师	
下列清单作为测评依据，用于判断学生是否通过测评已经达到所需能力标准			
第一阶段：测量数据			
学生是否能够		分值	得分
遵守实训室的各项规章制度		10	
熟悉原理图中各气动元件的基本工作原理		10	
熟悉原理图的基本工作原理		10	
正确搭建双作用汽缸换向控制回路		15	
正确调节气源开关、控制旋钮（开启与关闭）		20	
控制回路正常运行		10	
正确拆卸所搭接的气动回路		10	
第二阶段：处理、分析、整理数据			
学生是否能够		分值	得分
利用现有元件拟定另一种方案，并进行比较		15	
实训技能训练评估记录			
实训技能训练评估等级：优秀（90 分以上）	□		
良好（80 分以上）	□		
一般（70 分以上）	□		
及格（60 分以上）	□		
不及格（60 分以下）	□		
指导教师签字＿＿＿＿＿＿＿＿ 日期＿＿＿＿＿＿＿			

6. 完成实训报告和下列思考题

（1）气动回路中的控制阀是怎样实现汽缸的换向运动的？

（2）叙述实训所用气动元件的功能、特点。

2.4.2　工业传送带电气控制回路设计实训

参考课时： 2 课时

实训装置：亚龙 YL-381B 型气压、液压实训装置

1．实训目的、要求

（1）掌握双作用汽缸的换向回路设计；

（2）初步了解双电控、单电控二位五通阀的电气回路设计；

（3）初步了解电气控制中控制电路的设计。

2．实训原理和方法

启动位置开关，汽缸的推进活塞沿顺时针方向推动驱动轮；再一次启动位置开关，驱动活塞复位，推动传送带向前运动（见图 2-27）。

（1）根据要求设计回路；

（2）调试运行回路；

（3）动作顺序符合要求。

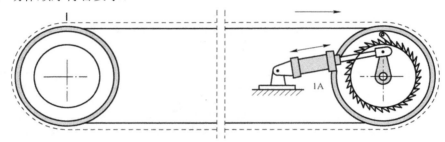

图 2-27　工业传送带工业情境

设计回路图，如图 2-28 所示。

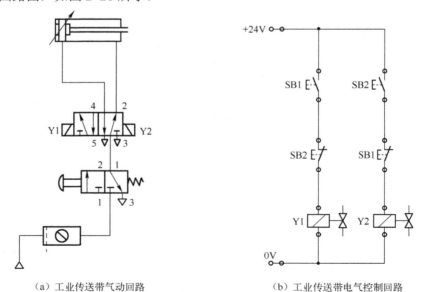

（a）工业传送带气动回路　　　　　　（b）工业传送带电气控制回路

图 2-28　工业传送带电气控制回路设计

3. 主要设备及实训元件

工业传送带电气控制回路设计实训的主要设备及实训元件见表2-4。

表2-4　工业传送带电气控制回路设计实训的主要设备及实训元件

序　号	实训设备及元件	序　号	实训设备及元件
1	气动实训平台	6	双作用汽缸
2	气动三联件	7	二位五通双电控换向阀
3	气源	8	二位三通手动换向阀
4	压力表	9	二位五通单电控换向阀
5	气管			

4. 实训内容及步骤

（1）按照实训原理图选择所需要的气动元件，并摆放在实训台上；

（2）关闭气源开关，在实训台上连接控制回路；

（3）打开气源开关，调节控制旋钮，观察汽缸活塞杆的运行方向；

（4）关闭气源开关，拆卸所搭接的气动回路，并将气动元件、气管等归位。

5. 操作技能测评

学生应能够按照实训步骤和技能测试记录表中的测评要求，进行独立思考和实训。评估不合格者，学生提出申请，允许重新评估。工业传送带电气控制回路设计实训测试记录见表2-5。

表2-5　工业传送带电气控制回路设计实训测试记录

实训操作技能训练测试记录			
学生姓名		学　号	
专　业		班　级	
课　程		指导教师	
下列清单作为测评依据，用于判断学生是否通过测评已经达到所需能力标准			
第一阶段：测量数据			
学生是否能够		分值	得分
遵守实训室的各项规章制度		10	
熟悉原理图中各气动元件的基本工作原理		10	
熟悉原理图的基本工作原理		10	
正确搭建工业传送带换向控制回路		15	
正确调节气源开关、控制旋钮（开启与关闭）		20	
控制回路正常运行		10	
正确拆卸所搭接的气动回路		10	
第二阶段：处理、分析、整理数据			
学生是否能够		分值	得分
利用现有元件拟定另一种方案，并进行比较		15	
实训技能训练评估记录			
实训技能训练评估等级：优秀（90分以上）　　□ 　　　　　　　　　　良好（80分以上）　　□ 　　　　　　　　　　一般（70分以上）　　□ 　　　　　　　　　　及格（60分以上）　　□ 　　　　　　　　　　不及格（60分以下）　　□			
 　　　　　　　　　　指导教师签字＿＿＿＿＿＿＿＿　　　　　日期＿＿＿＿＿＿＿＿			

6．完成实训报告和下列思考题

（1）回路如果用二位五通单电控换向阀控制，如何设计？

（2）叙述实训所用气动元件的功能、特点。

2.5　习题与思考

1．什么是换向控制回路？换向控制回路如何分类？

2．汽缸如何分类？什么是单杆双作用汽缸？

3．什么是电磁换向阀？直动式电磁换向阀和先导式电磁换向阀有什么区别？

4．简述单向型方向控制阀的应用场合。

5．空气压缩机的选用原则是什么？

6．压缩空气的净化装置和设备包括哪些？它们各起什么作用？

7．简述分水滤气器的结构原理。

8．简述油雾器的工作原理。

9．简述中间继电器的工作原理。

10．试分析单控阀换向回路和双控阀换向回路的工作原理。

11．若把图 2-22（d）所示自锁式换向回路中的手动阀换成电磁阀，与双电控换向回路有何异同？

12．在 Fluid SIM-P 仿真软件上对图 2-22 所示单控阀换向回路进行电路设计并进行仿真练习。

13．图 2-29 为某系统流水线的一部分，要求标注箭头的推板按箭头方向把工件从圆筒下方的空位中推出后自动退回原位，试本着简而优的原则设计相应的电-气回路。

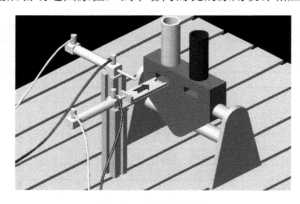

图 2-29　系统流水线

项目三　两段压力控制

教学提示：本项目介绍两段压力控制系统的结构组成和工作原理。在教学中，对于气压装置组件、控制元件以及控制回路的介绍可结合实物或在控制现场展开教学，并通过实训技能训练加以巩固。

教学目标：结合两段压力控制系统的实际应用，熟悉压力与力控制回路中减压阀、安全阀、顺序阀、压力继电器、时间继电器各类压力控制元件、电器元件的结构和动作原理。

3.1　任　务　引　入

有的气动设备（如薄板冲床等）在实际工作过程中，仅在最后很小一段行程里做功，其他行程不做功，因而为了节省耗气量，有时使用两种不同的压力来驱动汽缸运动。在无负载时（低压行程），可用较低的压力来控制，在做功时（高压行程），用较高的压力来控制。如图3-1所示为两段压力控制系统的结构示意图。

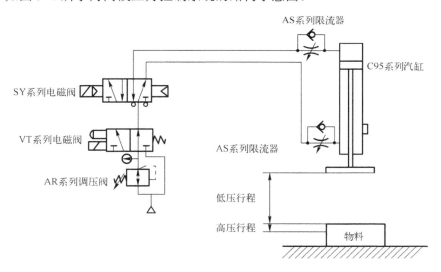

图3-1　两段压力控制系统的结构示意图

为了能熟悉两段压力控制系统中元件的选型和系统工作原理，我们从基本的压力与力控制回路及基本元件入手展开分析。

3.2　压力与力控制回路基础知识

压力控制的目的，一是控制气源的压力，避免出现过高的压力，以致配管或元件损坏，以确保气动系统的安全；二是控制使用压力，给元件提供必要的工作条件，维持元件的性能和气动回路的功能，控制汽缸所要求的输出力和运动速度。压力与力控制回路包括压力控制回路和力控制回路，其中压力控制回路的典型元件为压力控制阀，包括减压阀、安全阀、顺序阀和压力继电器等；力控制回路除通过调节压力来控制输出力外，还可通过改变执行元件的受压面积来实现，如采用串联汽缸、气液增压器等。下面从相关元件的基本结构与原理开始介绍，在此基础上分析常用压力与力控制回路的工作原理。

3.2.1　气动元件结构与原理

1．减压阀（调压阀）

减压阀是气动系统中必不可少的一种调压元件，减压阀的作用是将较高的进口压力调节并降低到符合使用要求的出口压力，并保持调节后的出口压力稳定，且不受流量变化及气源压力波动的影响。减压阀一般分为直动式减压阀和先导式减压阀。

1）直动式调压阀

直动式调压阀是利用手柄直接调节弹簧来改变输出压力的。图 3-2（a）所示为直动式调压阀的结构示意图。当顺时针方向调节手柄 1 时，调压弹簧 2 被压缩，推动膜片 3、阀芯 4 和下弹簧座 6 下移，使阀口 8 开启，减压阀进气口、出气口导通，有压力输出。由于阀口 8 具有节流作用，气体流经阀口后压力降低，并从右侧输出口输出。与此同时，有一部分气流通过阻尼管 7 进入膜片下方产生向上的推力，这个推力总是企图把阀口 8 的开度关小，使节流能力增强、输出压力下降。当这个推力和调压弹簧的作用力相平衡时，调压阀就获得了稳定的压力输出。通过旋紧或旋松调节手柄就可以得到不同的阀口大小，也就可以得到不同的输出压力。

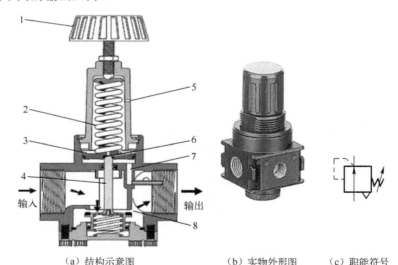

（a）结构示意图　　　　　（b）实物外形图　　　（c）职能符号

1—手柄；2—调压弹簧；3—膜片；4—阀芯；5—溢流孔；6—下弹簧座；7—阻尼管；8—阀口

图 3-2　直动式调压阀

当输入压力发生波动时，譬如输入压力升高，使输出压力也随之相应升高，膜片气室的压力也升高，破坏了原有力的平衡，使膜片上移，同时阀芯也随之上移，阀口开度减小。阀口开度的减小会使气体流过阀口时的节流作用增强，压力损失增大，这样输出压力又会下降至调定值。反之，若输入压力下降，阀口开度则会增大，气流通过阀口时的压力损失减小，使输出压力仍能基本保持在调定值上。直动式调压阀的实物外形如图 3-2（b）所示，职能符号如图 3-2（c）所示。

2）先导式调压阀

当调压阀的输出压力较高或通径较大时，用调压弹簧直接调压，则弹簧刚度必然过大，不仅调节费力，而且当输出流量变化时，输出压力波动较大，阀的结构尺寸也将增大。为了克服这些缺点，可采用先导式调压阀。

先导式调压阀是用预先调好压力的压缩空气来代替调压弹簧进行调压的。先导式调压阀的工作原理与直动式的基本相同，所不同的是，先导式调压阀的调压气体一般由小型的直动式调压阀供给，用调压气体代替调压弹簧来调整输出压力。若把小型直动式调压阀装在阀的内部，则称为内部先导式调压阀；若将其装在主阀的外部，则称为外部先导式调压阀，它可以实现远距离控制。

如图 3-3（a）所示为内部先导式调压阀的结构示意图，它比直动式调压阀增加了由喷嘴 2、挡板 3、固定节流孔 1 及上气室 4 所组成的喷嘴挡板放大环节。当喷嘴与挡板之间的距离发生微小变化时，就会使上气室 4 中的压力发生很明显的变化，从而引起膜片 9 有较大的位移，去控制阀芯 7 的上下移动，使阀口开大或关小，提高了对阀芯控制的灵敏度，即提高了阀的稳压精度。先导式调压阀的实物外形如图 3-3（b）所示，职能符号如图 3-3（c）所示。

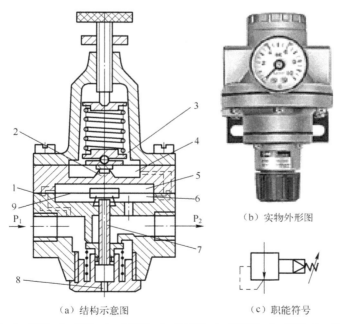

（a）结构示意图　　　　　　　　　（c）职能符号

1—固定节流孔；2—喷嘴；3—挡板；4—上气室；5—中气室；6—下气室；7—阀芯；8—排气孔；9—膜片

图 3-3　内部先导式调压阀

外部先导式调压阀主阀的工作原理与直动式调压阀相同。在主阀的外部还有一个小的直动式调压阀，由它来控制主阀的输出压力。

2．安全阀（溢流阀）

安全阀也称溢流阀。安全阀在系统中限制回路的最高压力，以防止管路破裂及损坏，起过压保护作用，工作原理如图3-4所示。

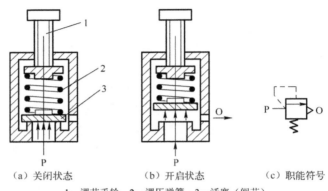

（a）关闭状态   （b）开启状态   （c）职能符号

1—调节手轮；2—调压弹簧；3—活塞（阀芯）

图3-4　安全阀

当系统中气体压力小于该阀的调定压力时，作用在活塞 3 上的压力小于调压弹簧 2 的力，活塞处于关闭状态，如图 3-4（a）所示，安全阀处于关闭状态。当系统压力升高，作用在活塞 3 上的压力大于弹簧的预压力时，活塞 3 被顶起，阀门开启，进气口 P 与排气口 O 相通，如图 3-4（b）所示。直到系统压力降至调定范围以下，活塞 3 又重新关闭阀口。开启压力的大小可通过手轮 1 调节。安全阀的职能符号如图 3-4（c）所示。

3．顺序阀

顺序阀是依靠气路中压力的作用而控制执行元件按顺序动作的压力控制阀，其工作原理如图 3-5 所示，它根据弹簧的预压缩量来控制其开启压力。当 P 口输入压力小于弹簧设定压力时，工作口 A 没有气体输出，如图 3-5（a）所示；当 P 口输入压力达到或超过开启压力时，阀芯被顶起，压缩空气由 P 口流入，从 A 口流出，然后输出到汽缸或气控换向阀，如图 3-5（b）所示。图 3-5（c）所示为顺序阀的职能符号。

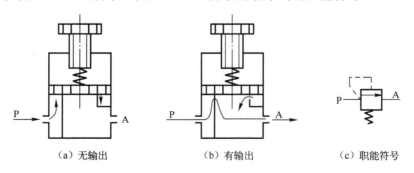

（a）无输出   （b）有输出   （c）职能符号

图3-5　顺序阀工作原理图

在实际应用中，顺序阀很少单独使用，一般与二位三通换向阀构成压力顺序阀或与单向阀构成单向顺序阀，这两种阀都是组合阀。

图 3-6（a）所示为可调压力顺序阀的结构示意图，左侧主阀为一个单气控的二位三通换向阀，右侧为一个通过外部输入压力来控制主阀换向的顺序阀。当控制口 12 的压力能克服弹簧压力，使二位三通换向阀换向时，阀口 2 有压缩空气输出，弹簧的设定压力通过手柄可以调节。这种压力顺序阀动作可靠，而且工作口输出的压缩空气没有压力损失。顺序阀的实物外形如图 3-6（b）所示，职能符号如图 3-6（c）所示。

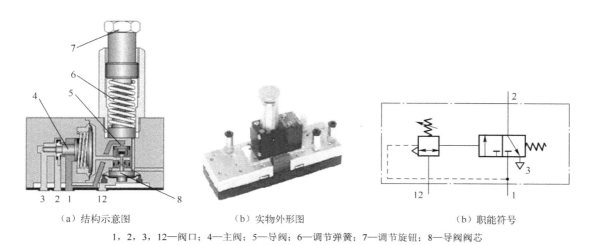

（a）结构示意图　　　　　（b）实物外形图　　　　　（b）职能符号

1，2，3，12—阀口；4—主阀；5—导阀；6—调节弹簧；7—调节旋钮；8—导阀阀芯

图 3-6　可调压力顺序阀工作原理及实物图

4. 压力继电器

压力继电器是一种利用压力信号来启、闭电气触点的气压电气转换元件，又称压力开关，常用于需要压力控制和保护的场合。

压力继电器由感受压力变化的压力敏感元件、压力调整装置（调整给定压力大小）和电气开关三部分构成。按输入气压力的大小可分成真空型、低压型和高压型压力开关。按接通或断开电路的方式，可分成有触点式和无触点式（电子式）压力开关。

通常压力敏感元件采用膜片、膜盒、波纹管、波登管（又称弹簧管）等弹性元件，也有用活塞的。膜片适用于低压场合，而其他弹性元件可用于较高压力的场合。调节压力设定值一般用调压弹簧。电子式压力开关使用硅扩散型半导体压力传感器，压力调节依靠可调电容器旋钮。

如图 3-7（a）所示为高中压型压力继电器的原理图，气压 p 进入 A 室后，膜片 6 受压产生推力，该力推动圆盘 5 和顶杆 7 克服弹簧 2 的弹簧力向上移动，同时带动爪枢 4，使两个微动开关 3 发出电信号。旋转螺母 1，可以调节控制压力范围。调压范围分别是 0.025～0.5MPa、0.065～1.2MPa 和 0.6～3.0MPa 三种。这种压力继电器结构简单，调压方便。压力继电器的职能符号如图 3-7（b）所示。

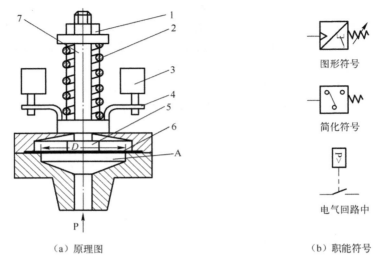

（a）原理图 　　　　　　　　　　　　（b）职能符号

1—螺母；2—弹簧；3—微动开关；4—爪枢；5—圆盘；6—膜片；7—顶杆

图 3-7　高中压型压力继电器

压力继电器的比较见表 3-1

表 3-1　压力继电器的比较

项　　目		机　械　式	电　子　式
检测部	精度	有可动件，精度低	无可动件，重复精度高
	响应性	响应性差	响应快，响应时间为 10ms
	寿命	短	长（半永久）
	电源	不需要	要
输出部	触点	使用微动开关等，有触点，触点容量大	晶体管输出，触点容量小
	开关动作	迟滞动作	按设定方法，可以得到接近无迟滞动作和有迟滞动作
	寿命	短	长（半永久）
	电源	AC、DC 均可	仅 DC
尺寸		较大	较小（约 39mm×20mm×15mm）
配线		省（2 根导线）	多
价格		较低	较高

5. 串联汽缸

串联汽缸是在普通汽缸的基础上变型而来的，它是在一根活塞杆上串联多个活塞，如图 3-8 所示为三段活塞缸串联。这种汽缸可以获得与各活塞有效面积总和成正比的输出力，增力倍数与串联的缸段数成正比。当 A、C、E 口进气，B、D、F 口出气时，可获得三倍的输出力。适用于安装空间有限的应用场合。

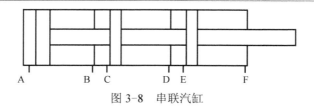

图 3-8　串联汽缸

6. 气-液增压器

增压缸又称增压器，利用增压器的大小活塞面积之比使低压流体产生高压流体。当整个系统需要低压，而局部需要高压，为了减少功率损失，增压器是一个理想的选择。增压器高压侧和低压侧的工作介质，可以是同一种介质，也可以是不同的介质。具有液压输出的增压器可以是液-液增压器或气-液增压器。

气-液增压器可以把气动的简便性与液压的良好控制性两者结合起来。用纯气压作为动力，利用增压器大小活塞的截面积之比，将低气压提高数十倍，供油压缸使用。它们在机床、压力加工设备、印刷机械等机械装置中，用于工件夹紧、送进、压装、铆接、弯曲以及阀门开闭等。

如图 3-9 所示为气-液增压缸的结构原理图和实物图，在同一个活塞杆上具有两个不同直径的活塞，低压气体作用在大活塞上，当左腔输入气体压力为 p_1，推动面积为 A_1 的大活塞向右移动时，从面积为 A_2 的小活塞右侧输出油液的压力为 p_2，$p_2 = p_1 A_1 / A_2$，由此输出压力得到了提高。压力放大倍数称为增压比，其大小取决于活塞面积比。当不计损失时，增压比 $k = p_2 / p_1 = A_1 / A_2$。一般来说，气-液增压器的增压比为 100 左右。

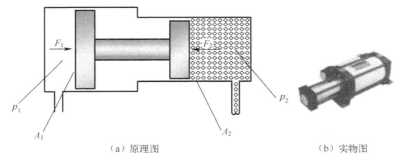

（a）原理图　　　　　　　　（b）实物图

图 3-9　气-液增压缸结构原理图和实物图

3.2.2　电气控制元件结构与原理

图 3-10（a）为三活塞串联汽缸增力回路的电气控制电路。下面就电路中所涉及的电器元件的结构原理和控制过程进行分析。

1. 行程开关

图 3-10（a）中 SQ1 为行程开关，它是一种将机械信号转换为电气信号，以控制运动部件位置或行程的自动控制电器。行程开关按照机械上的安装位置不同，又称限位开关或终端开关。行程开关被广泛地应用于各类机床、起重机械设备和轻工设备上，通过机械运动部件的动作（机械运动部件碰撞行程开关），将机械信号变换为电信号，再用电信号控制相应电路，对机械运动实现机械动作或位置的控制或限制，借此对机械提供必要的保护。

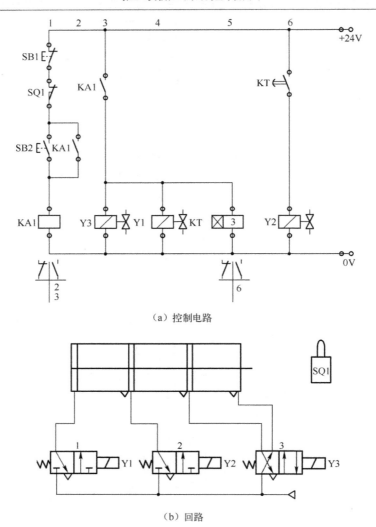

（a）控制电路

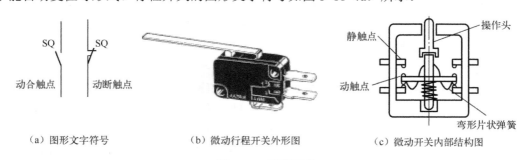

（b）回路

图 3-10　三活塞串联汽缸增力回路及其电气控制电路

　　行程开关的种类很多，但基本结构相同。主要由操作部分、触点系统和外壳等组成。根据操作部分运动特点的不同，行程开关可分为直动式、滚轮式、微动式以及能自动复位和不能自动复位等形式。行程开关的图形文字符号如图 3-11（a）所示。

（a）图形文字符号	（b）微动行程开关外形图	（c）微动开关内部结构图

图 3-11　行程开关

在图 3-10（a）所示电路中所选用的行程开关 SQ1 为 V-163-1CL5 型微动式开关，其外形图如图 3-11（b）所示，其内部结构如图 3-11（c）所示。V 系列微动式开关的型号含义如图 3-12 所示。

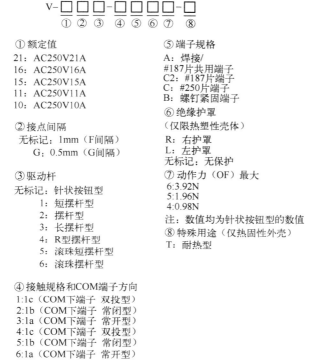

图 3-12　V 系列微动式开关的型号含义

这种开关的特点是：具有储能动作机构，触点动作灵敏，速度快，与挡铁的运动速度无关。缺点是触点电流容量较小，操作头的行程较短，使用过程中操作头部分容易损坏。

2．时间继电器

图 3-10（a）所示电路中 KT 为时间继电器，它是凭借其内部的感测机构接受或去掉外界动作信号，控制执行机构（触点）经过一段时间才动作的继电器（见图 3-13）。

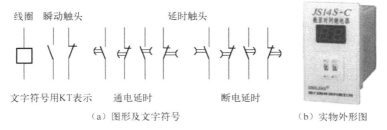

（a）图形及文字符号　　　　（b）实物外形图

图 3-13　时间继电器

时间继电器按动作原理可分为电磁式、空气阻尼式、电动式和数字式等多种，按延时方式可分为通电延时型和断电延时型两种。

图 3-13（a）所示为时间继电器的图形及文字符号。

图 3-10（a）所示电路中所选用的时间继电器 KT 为 JS14S—C 数显式时间继电器。其外形如图 3-13（b）所示。JS14S 系列数显时间继电器具有延时精度高、延时范围宽、寿命长、功耗小、输出接点容量大、调整方便直观、工作稳定可靠、结构新颖、工艺先进等特点，适用于自动控制系统中的时间控制。它与 JS14、JS14P、JS20 系列时间继电器兼容，换装方便。

JS14S—C 数字式时间继电器的型号含义如图 3-14 所示。

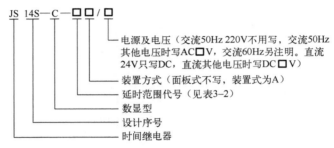

图 3-14 JS14S—C 数字式时间继电器的型号含义

JS14S 数字式时间继电器的主要技术参数如下。

（1）电源电压：允许在 80%～110%额定值内可靠工作。交流 50Hz 36、48、110、127、220、380V，直流 24V。

（2）输出触点数：延时控制接点为两对转换接点。

（3）输出接点容量：交流 220V、2.5A，直流 24V、5A。

（4）电寿命：大于 10 万次。

（5）继电器均能用于通电延时控制或断电延时控制。

（6）接点返回时间：<0.2s。

（7）继电器允许操作频率：1200 次/h。

（8）延时控制精度：交流与电源同步，直流误差<±0.3%。

表 3-2 延时范围代号对照表

延时范围代号	延时范围	设定方式	工作方式
01	1s～9min59s	3 位按键开关	
02	1min～9h59min		
03	1s～99min59s	4 位按键开关	
04	1min～99h59min		
05	0.1～9.9s	2 位按键开关	
06	1～99s		
07	1～99min		通电延时
08	0.1～99.9s	3 位按键开关	
09	0.01～9.99s		
10	1～999s		
11	1～9999s	4 位按键开关	
12	1～999min	3 位按键开关	
13	0.01～99.99s	4 位按键开关	

3.2.3　压力控制回路原理分析

对系统压力进行调节和控制的回路称为压力控制回路。下面介绍一些典型的基本压力控制回路。

1．一次压力控制回路

图 3-15 所示是一次压力控制回路，该回路可调节和控制贮气罐内的压力，使其保持在规定的范围内。其工作原理是：启动电动机，带动空压机运转，压缩空气经单向阀向贮气罐充气，罐内压力上升，当压力升至调定的最高压力时，电接点压力表内的指针碰到上触点，即控制其中间继电器断电，则电动机停转，空压机停止运转，压力不再上升；当压力下降至调定的最低压力时，指针碰到下触点，中间继电器动合通电，则电动机启动，空压机运转，向贮气罐再充气，使压力上升。电接点压力表的上下触点是可调的。

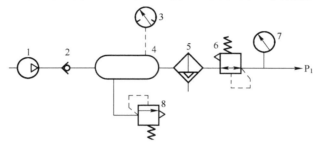

1—空气压缩机；2—单向阀；3—电接点压力表；4—贮气罐；5—空气过滤器；6—减压阀；7—压力表；8—安全阀

图 3-15　一次压力控制回路

当电接点压力表或电路发生故障时，空压机若不能停止运转，则贮气罐内压力会不断上升，当压力上升至安全阀的调定压力时，则安全阀会自动开启向外界溢流，以保护贮气罐的安全。

2．二次压力控制回路

图 3-16（a）所示为二次压力控制回路。该回路控制气动系统的使用压力，使气动系统得到稳定的工作压力。其实质是控制气动系统的二次压力。该回路一般由分水过滤器 1、减压阀 2 和油雾器 4 组成，通常称为气动调节装置（气动三联件）。其中，过滤器除去压缩空气中的灰尘、水分等杂质；减压阀可保证气阀、汽缸等气动元件得到所需的稳定的工作压力；油雾器使清洁的润滑油雾化后注入空气流中，对需要润滑的气动部件进行润滑。若下游使用的是无给油润滑气动元件，则可不设置油雾器。其简化符号和三联件实物图如图 3-16（b）、图 3-16（c）所示。

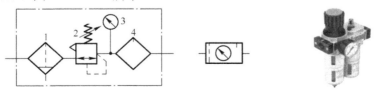

（a）三联件组合符号　　　　（b）三联件简化符号　　（c）三联件实物图

1—分水过滤器；2—减压阀；3—压力表；4—油雾器

图 3-16　二次压力控制回路

3．高低压转换回路

有的气动设备时而需要高压、时而需要低压，可使用如图 3-17（a）所示的高低压切换回路。调定两个减压阀的不同输出压力，利用换向阀实现高低压切换。如图 3-17（b）所示为相应的电气控制电路，下面结合电路分析高低压切换回路的工作过程。

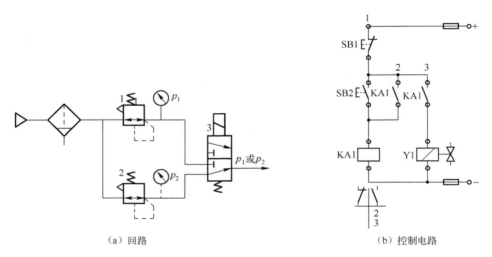

（a）回路 　　　　　　　　　　　　　　（b）控制电路

图 3-17　高低压转换回路及电气控制电路

开启电源，压缩空气经减压阀 2 通过换向阀 3 的下位输入下一级系统，此时输出气体压力为减压阀 2 的调定压力 p_2；当系统需要气体压力为 p_1 时，按下启动按钮 SB2，中间继电器 KA1 线圈得电，2 路的 KA1 自锁触点吸合，同时 3 路的 KA1 常开触点吸合，二位三通电磁换向阀的线圈 Y1 得电，推动换向阀 3 的阀芯向下移动，压缩空气经过电磁阀的上位输入下一级系统。松开按钮 SB2，KA1 线圈通过其自锁触点继续形成通电回路，换向阀的线圈 Y1 保持通电状态。当系统需要气体压力为 p_2 时，按下停止按钮 SB1，中间继电器 KA1 线圈失电，2 路、3 路的 KA1 常开触点复位，换向阀电磁线圈 Y1 失电，二位三通阀的阀芯在弹簧力的作用下复位，压缩空气经减压阀 2 通过换向阀 3 的下位输出。该回路适用于两种工况差别较大的场合。

3.2.4　力控制回路原理分析

气压传动大多数是借助于汽缸把气压能转换成机械能来实现的。控制汽缸输出力的回路称为力控制回路。一般可通过改变压力控制阀的调节压力、执行元件的受压面积或直接利用气-液增压器等来实现，气动系统一般压力较低，所以往往是通过改变执行元件的受力面积来增加输出力。下面介绍一些典型的力控制回路。

1．多级力控制回路

如图 3-18（a）所示为三活塞串联汽缸的增力回路。阀 3 用于串联汽缸的换向，阀 1、2 用于串联汽缸的增力控制，该回路可实现三倍力的控制。如图 3-18（b）所示为相应的电气控制电路，下面结合电路分析该回路的工作过程。

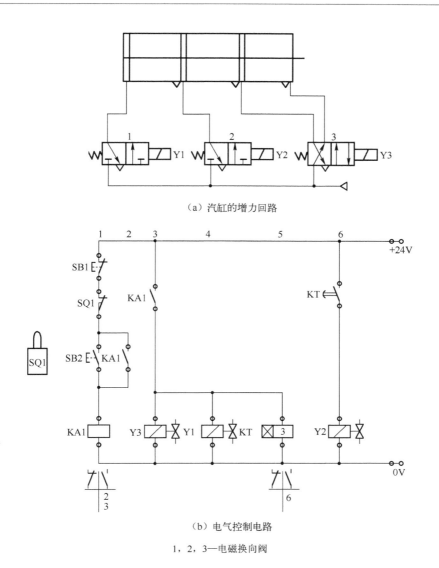

（a）汽缸的增力回路

（b）电气控制电路

1，2，3—电磁换向阀

图 3-18 串联汽缸的增力回路及电气控制电路

气路的控制过程是，首先让换向电磁阀 3 得电工作，同时增力电磁阀 1 得电工作，推动汽缸活塞右移（2 倍力），经过一段延时，让增力电磁阀 2 得电工作，汽缸活塞加力右移（3 倍力），当活塞杆碰到控制位置的行程开关时，电磁阀线圈 Y1、Y2、Y3 同时失电，汽缸活塞迅速左移回到原位。

电路工作过程是，按下启动按钮 SB2，KA1 线圈得电，KA1 自锁触点吸合，同时 3 路的 KA1 常开触点吸合，Y3、Y1、KT 线圈得电，松开按钮 SB2，KA1 线圈通过其自锁触点形成通电回路，电磁铁线圈 Y3、Y1 保持通电状态，时间继电器 KT 线圈保持通电状态并开始延时控制，如图 3-19（a）所示。经过 3 秒钟时间，6 路的通电延时闭合的常开触点 KT 闭合，Y2 线圈得电，如图 3-19（b）所示，汽缸活塞加力右移。当活塞杆碰到 1 路的常闭行程开关 SQ1 时，KA1 线圈失电，同时 Y1、Y2、Y3、KT 线圈失电，如图 3-18（b）所示，汽缸活塞在气动回路的控制下迅速左移到原位。

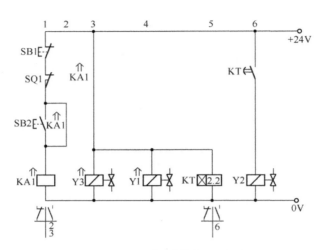

（a）按下按钮后的电路状态（延时开始）

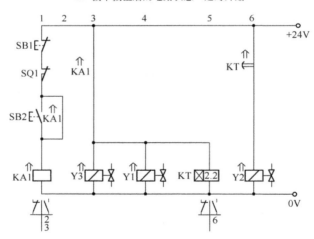

（b）按下按钮后的电路状态（延时结束）

图 3-19　串联汽缸增力回路的电气控制电路

2．气-液增压器增力回路

气动控制压力较低，若在狭窄空间要获得很大的作用力时，可使用如图 3-20 所示的气-液增压器的增力回路。在图示位置，气压力推动气液缸 2 及气-液增压缸 1 回程。当三位五通气动换向阀被切换，则气压力进入增压器上腔，推动活塞组件下移，增压器输出高压油液，用高压油液推动气液缸 2，则气液缸可获得很大的输出力。

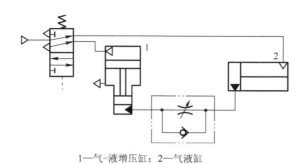

1—气-液增压缸；2—气液缸

图 3-20　气-液增压缸增力回路

3.3　压力与力控制实例分析

　　为了适应气动系统对不同工件加工的需要，满足执行元件对不同压力的要求以及确保系统的安全，压力与力控制回路在各行各业中应用广泛。两段压力控制其实就是该回路的一个具体应用，下面分步骤对应用实例进行分析。

　　两段压力控制实际上就是高低压转换回路的一个具体应用，系统的控制程序是：首先让压缩空气通过 AR 系列调压阀，调压阀输出的低压使汽缸行至物体表面，然后通过切换 VT 系列电磁换向阀，输出高压气体，以高压压着物料。如果要求控制压着物料的时间，则可通过时间继电器等来实现。当物料压实完成后，可通过 SY 系列电磁换向阀换向使其返回。

3.4　实　训　操　作

3.4.1　碎料压实控制实训

参考课时： 2 课时

实训装置：亚龙 YL-381B 型气压、液压实训装置

1．实训目的、要求

（1）了解气动三联件的作用及工作原理。

（2）熟悉压力控制元件——压力顺序阀的工作原理、组成及调节方法。

（3）了解部分气动阀的作用（二位三通手动换向阀、二位五通气控换向阀、单向节流阀等）及操作方式。

（4）熟悉气动实训台、气动元件、管路等的连接、固定方法和操作规则。

（5）熟悉基本的气动回路图，能顺利搭建本实训回路，并完成规定的控制要求。

2．实训原理和方法

该实训是通过汽缸 A1 模拟对碎料进行压实。其活塞在一个手动按钮控制下伸出，对碎料进行压实。当汽缸无杆腔压力达到 5bar 时，则表明一个压实过程结束，汽缸活塞自动缩回。

在这个实训中，汽缸 A1 活塞的返回控制采用压力顺序阀实现。其检测压力应为汽缸无杆腔压力。在进气路上接单向节流阀的主要目的是控制进气压力的上升速度，防止可能在压实时由于压力上升过快，压力顺序阀无法可靠动作。为方便压力检测和压力顺序阀压力值的设定，应在相应检测位置安装压力表。

图 3-21 为本实训回路图。实训时首先合上控制面板的电源开关，将手动换向阀 S1 压下，气控换向阀左位接入，压缩空气经气动三联件、气控换向阀左位、单向节流阀进入汽缸左腔推动活塞右行，对碎料进行压实，当压力到达规定值时，压实过程结束。此时，压力顺序阀开启，气控换向阀右位接入，气体从右腔进入汽缸，推动活塞左行，汽缸活塞自动缩回。

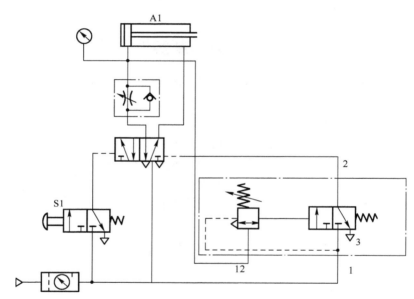

图 3-21　碎料压实控制实训图

3．主要设备及实训元件

碎料压实控制实训的主要设备及实训元件见表 3-3。

表 3-3　碎料压实控制实训的主要设备及实训元件

序　　号	实训设备及元件	序　　号	实训设备及元件
1	气动实训平台	6	压力顺序阀
2	气源	7	单向节流阀
3	双作用汽缸	8	气管
4	手动 2 位 3 通换向阀	9	压力表
5	2 位 5 通气控阀		

4．实训内容及步骤

（1）按照实训原理图选择所需要的气动元件，并摆放在实训台上；

（2）关闭气源开关，在实训台上连接控制回路并检查；

（3）连接无误后，打开气源，调节控制旋钮，观察汽缸运行情况是否符合控制要求；

（4）对实训中出现的问题进行分析和解决；

（5）实训完成后，将各元件整理后放回原位。

5．操作技能测评

学生应能够按照实训步骤和技能测试记录表中的测评要求，进行独立思考和实训。评估不合格者，学生提出申请，允许重新评估。碎料压实控制实训的测试记录见表3-4。

表 3-4　碎料压实控制实训的测试记录

实训操作技能训练测试记录				
学生姓名		学　号		
专　业		班　级		
课　程		指导教师		
下列清单作为测评依据，用于判断学生是否通过测评已经达到所需能力标准				
第一阶段：测量数据				
学生是否能够			分值	得分
遵守实训室的各项规章制度			10	
熟悉原理图中各气动元件的基本工作原理			10	
熟悉原理图的基本工作原理			10	
正确搭建碎料压实控制实训回路			15	
正确调节气源开关、控制旋钮（开、闭、调节）			20	
控制回路正常运行			10	
正确拆卸所搭接的气动回路			10	
第二阶段：处理、分析、整理数据				
学生是否能够			分值	得分
利用现有元件拟定其他方案，并进行比较			15	
实训技能训练评估记录				
实训技能训练评估等级：优秀（90分以上）　□ 　　　　　　　　　　良好（80分以上）　□ 　　　　　　　　　　一般（70分以上）　□ 　　　　　　　　　　及格（60分以上）　□ 　　　　　　　　　　不及格（60分以下）　□				
指导教师签字＿＿＿＿＿＿＿＿　　　　日期＿＿＿＿＿＿＿＿				

6．完成实训报告和下列思考题

（1）本实训如用电磁换向阀代替压力顺序阀实现汽缸换向，如何通过电气控制来实现。

（2）叙述实训所用气动元件的功能特点。

3.4.2 压盖装置回路实训

参考课时： 2 课时

实训装置： 亚龙 YL-318D 型气压、液压实训装置

1．实训目的、要求

（1）了解气动三联件的作用及工作原理。

（2）熟悉延时阀的工作原理、组成及调节方法。

（3）熟悉行程开关的安装和使用方法。

（4）掌握时间继电器的连接和调节方法。

（5）熟悉基本的气动回路图，能顺利搭建本实训回路，并完成规定的控制要求。

2．实训原理和方法

压盖装置是利用双作用汽缸 1A 压杆带动水桶盖对水桶进行加盖，启动开关，压杆活塞向外排出，将盖子盖于桶上；延时 5 秒后压杆活塞单独复位，如图 3-22 所示。

设计回路图如图 3-23 所示。

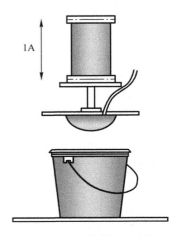

图 3-22 压盖装置示意图

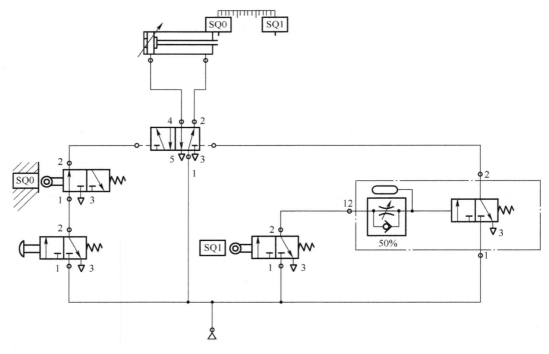

图 3-23 压盖装置回路

3．主要设备及实训元件

压盖装置回路实训的主要设备及实训元件见表 3-5。

表 3-5 压盖装置回路实训的主要设备及实训元件

序 号	实训设备及元件	序 号	实训设备及元件
1	气动实训平台	7	二位五通双气控换向阀
2	气动三联件	8	二位三通手动换向阀
3	气源	9	常开延时阀
4	压力表	10	二位三通滚轮杠杆换向阀
5	气管	11	二位五通单电控换向阀
6	双作用汽缸	12	行程开关

4. 实训内容及步骤

（1）熟悉实训设备的使用方法，如气源的开关、元件的选择和固定，以及管线的插接；

（2）根据项目要求，设计回路，在仿真软件上进行调试运行；

（3）选择相应元器件，在实训台上组建回路并检查回路的功能是否正确；

（4）观察运行情况，对使用中遇到的问题进行分析和解决；

（5）完成实训，经指导教师检查评估后关闭气源，拆下管线，将元件放回原来位置，做好实训室 5S。

5. 操作技能测评

学生应能够按照实训步骤和技能测试记录表中的测评要求，进行独立思考和实训。评估不合格者，学生提出申请，允许重新评估。压盖装置回路实训的测试记录见表 3-6。

表 3-6 压盖装置回路实训的测试记录

实训操作技能训练测试记录			
学生姓名		学 号	
专 业		班 级	
课 程		指导教师	
下列清单作为测评依据，用于判断学生是否通过测评已经达到所需能力标准			
第一阶段：测量数据			
学生是否能够		分值	得分
遵守实训室的各项规章制度		10	
熟悉原理图中各气动元件的基本工作原理		10	
熟悉原理图的基本工作原理		10	
正确搭建压盖装置回路		15	
正确调节气源开关、控制旋钮（开启与关闭）		20	
控制回路正常运行		10	
正确拆卸所搭接的气动回路		10	
第二阶段：处理、分析、整理数据			
学生是否能够		分值	得分
利用现有元件拟定另一种方案，并进行比较		15	

续表

实训技能训练评估记录
实训技能训练评估等级：优秀（90 分以上）　　□ 　　　　　　　　　　　良好（80 分以上）　　□ 　　　　　　　　　　　一般（70 分以上）　　□ 　　　　　　　　　　　及格（60 分以上）　　□ 　　　　　　　　　　　不及格（60 分以下）　□
   　　　　　　　　　　　指导教师签字_____　　　　　日期_____

6.完成实训报告和思考题

气控延时阀时间控制不精确，如果要精确控制时间，应该如何设计回路？

3.5　习题与思考

1．什么是气动三联件？每个元件起什么作用？

2．什么是一次压力控制回路和二次压力控制回路？

3．为什么气动减压阀又称调压阀？减压阀一般安装在什么地方？

4．为什么气动溢流阀又称安全阀？

5．在 Fluid SIM-P 仿真软件上对图 3-15 所示高低压转换回路进行仿真练习。

6．简述控制按钮与行程开关的结构，它们在电路中各起什么作用。

7．压力顺序阀的作用和工作原理分别是什么？请画出它们的图形符号。

8．常用的压力控制阀有哪些？分别有什么作用？

9．如把图 3-18 所示气-液增压缸增力回路中的气动换向阀改为电磁换向阀，试设计其电气控制线路。

项目四　全自动包装机中压力装置的控制

教学提示：本项目以全自动包装机中压力装置控制系统的结构组成和工作原理为引子，对气压装置组件、控制元件以及控制回路进行介绍，在知识或技能展开介绍的过程中，可结合实物或在控制现场进行教学，并通过同步的实训操作训练加以理解和巩固。

教学目标：结合全自动包装机中压力装置控制系统的实际应用，熟悉速度控制回路中节流阀、排气阀、梭阀、延时阀、行程阀等各类气动元件、电器元件的结构和动作原理。

4.1　任　务　引　入

图 4-1（a）所示为全自动包装机中压力装置的工作示意图，它的工作要求为：当按下启动按钮后，汽缸对物品进行压装，当物品压实后，汽缸停留一段时间再回缩进行第二次压装，一直如此循环，直到按下停止按钮后汽缸才停止动作。另外，当工作位置上没有物品时，汽缸压装到 a_1 位置后也要收回。同时要求汽缸在压装的过程中速度可以进行调节。图 4-1（b）就是实现全自动包装机中压力装置的系统回路图。

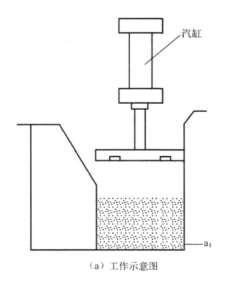

（a）工作示意图

图 4-1　压力装置工作示意图及系统回路图

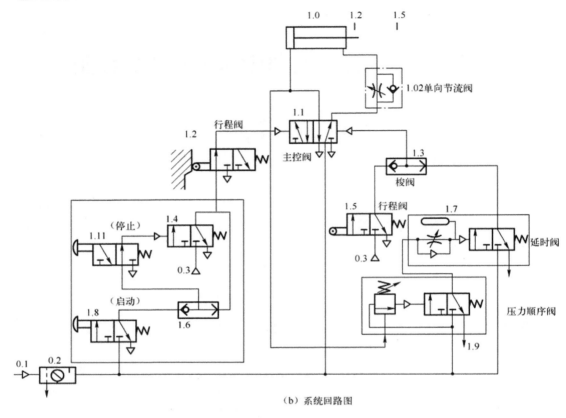

（b）系统回路图

图 4-1 压力装置工作示意图及系统回路图（续）

从压力装置的系统回路图可以看出，要实现该压力装置的控制，须解决好时间控制、速度控制、压力和位置控制的关系以及按下启动按钮后汽缸连续控制的问题。这些控制可以借助延时阀、节流阀、梭阀等元器件来实现，因而需要对这些阀的工作原理、特点、职能符号等有较全面的掌握。

4.2 速度与时间控制回路基础知识

气压传动系统中汽缸的速度控制是指对汽缸活塞从开始运动到到达其行程终点的平均速度的控制。时间控制则指的是对汽缸在其终端位置停留时间的控制和调节。它们常被用来控制汽缸动作的节奏，调整整个动作循环的周期。

在很多气动设备或气动装置中执行元件的运动速度都应是可调节的。汽缸工作时，影响其活塞运动速度的因素有工作压力、缸径和汽缸所连气路的最小截面积。通过选择小通径的控制阀或安装节流阀可以降低汽缸活塞的运动速度。通过增加管路的流通截面或使用大通径的控制阀以及采用快速排气阀等方法都可以在一定程度上提高汽缸活塞的运动速度。

其中使用节流阀和快速排气阀都是通过调节进入汽缸或汽缸排出的空气流量来实现速度控制的。这也是气动回路中最常用的速度调节方式。

4.2.1　气动元件结构与原理

1．节流阀和单向节流阀

1）节流阀

从流体力学的角度看，流量控制就是在管路中制造局部阻力，通过改变局部阻力的大小来控制流量的大小。凡用来控制和调节气体流量的阀，均称为流量控制阀，节流阀就属于流量控制阀。它安装在气动回路中，通过调节阀的开度来调节空气的流量，如图 4-2（a）所示。节流阀的实物外形如图 4-2（b）所示，职能符号如图 4-2（c）所示。

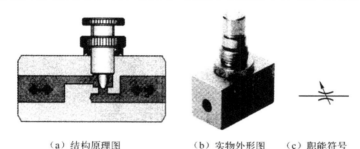

（a）结构原理图　　　　（b）实物外形图　　（c）职能符号

图 4-2　节流阀

2）单向节流阀

单向节流阀是气压传动系统最常用的速度控制元件，也称速度控制阀。它是由单向阀和节流阀并联而成的，节流阀只在一个方向上起流量控制的作用，相反方向的气流可以通过单向阀自由流通。利用单向节流阀可以实现对执行元件每个方向上的运动速度的单独调节。

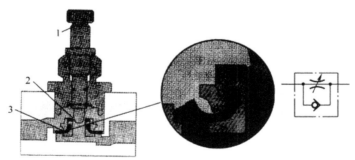

（a）结构原理图　　　　　　　　　　　　　　（b）职能符号

1—调节螺母；2—节流口；3—单向密封圈

图 4-3　单向节流阀

如图 4-3（a）所示，压缩空气从单向节流阀的左腔进入时，单向密封圈 3 被压在阀体上，空气只能从由调节螺母 1 调整大小的节流口 2 通过，再由右腔输出。此时单向节流阀对压缩空气起到调节流量的作用。当压缩空气从右腔进入时，单向密封圈在空气压力的作用下向上翘起，使得气体不必通过节流口可以直接流至左腔并输出。此时单向节流阀没有节流作用，压缩空气可以自由流动。在有些单向节流阀的调节螺母下方还装有一个锁紧螺母，用于流量调节后的锁定。其职能符号如图 4-3（b）所示，实物图如图 4-4 所示。

图 4-4　单向节流阀实物图

2．快速排气阀

快速排气阀简称快排阀，它通过降低汽缸排气腔的阻力，将空气迅速排出达到提高汽缸活塞运动速度的目的。其工作原理如图 4-5（a）所示，职能符号如图 4-5（b）所示，实物图如图 4-6 所示。

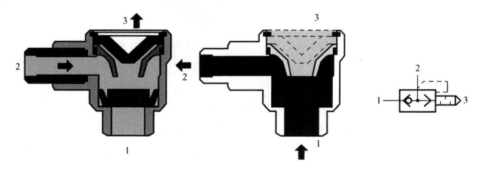

（a）结构原理图　　　　　　　　　　　　　（b）职能符号

图 4-5　快速排气阀工作原理图

图 4-6　快速排气阀实物图

汽缸的排气一般是经过连接管路，通过主控换向阀的排气口向外排出。管路的长度、通流面积和阀门的通径都会对排气产生影响，从而影响汽缸活塞的运动速度。快速排气阀的作用在于当汽缸内腔体向外排气时，气体可以通过它的大口径排气口迅速向外排出。这样就可以大大缩短汽缸排气行程，减少排气阻力，从而提高活塞运动速度。而当汽缸进气时，快速排气阀的密封活塞将排气口封闭，不影响压缩空气进入汽缸。实训证明，安装快速排气阀后，汽缸活塞的运动速度可以提高 4～5 倍。

使用快速排气阀实际上是在经过换向阀正常排气的通路上设置一个旁路，方便汽缸排气腔迅速排气。因此，为保证其良好的排气效果，在安装时应将它尽量靠近执行元件的排气侧。在图 4-7 所示的两个回路中，图 4-7（a）所示汽缸活塞返回时，汽缸左腔的空气要通过单向节流阀才能从快速排气阀的排气口排出；在图 4-7（b）中，汽缸左腔的空气则直接通过快速排气阀的排气口排出，因此更加合理。

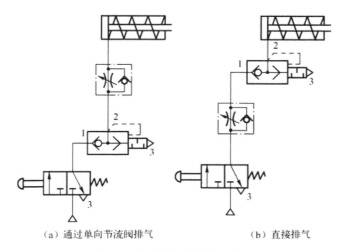

(a) 通过单向节流阀排气　　　　　　(b) 直接排气

图 4-7　快速排气阀的安装方式

3．梭阀

梭阀相当于两个单向阀的组合阀，有两个输入口，一个输出口，如图 4-8（a）所示。不管压缩空气从哪一个进气口进入，阀芯将另一面的进气口封闭，使工作口 2 有压缩空气输出。若两端进气口的压力不等，则高压口的通道打开，低压口被封闭，高压进气口与工作口相连，工作口 2 输出高压的压缩空气。梭阀的实物外形如图 4-8（b）所示，职能符号如图 4-8（c）所示。

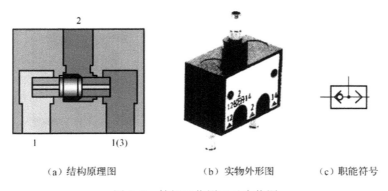

(a) 结构原理图　　　　　　(b) 实物外形图　　　　　　(c) 职能符号

图 4-8　梭阀工作原理及实物图

梭阀具有一定的逻辑功能，即任何一端有信号输入，就有信号输出，所以它也称"或"阀，多用于一个执行元件或控制阀需要从两个或更多的位置来驱动的场合。

4. 双压阀

双压阀有两个输入口 1 和一个输出口 2，如图 4-9（a）所示。只有当两个输入口都有输入信号时，输出口才有输出。当两个输入信号压力不等时，则输出压力相对较低的一个，因此它还有选择压力的作用。双压阀的实物外形如图 4-9（b）所示，职能符号如图 4-9（c）所示。

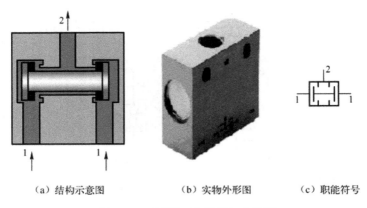

（a）结构示意图　　　　　（b）实物外形图　　　　（c）职能符号

图 4-9　双压阀工作原理与实物图

双压阀具有一定的逻辑功能，也称"与"阀，双压阀相当于两个输入元件串联。双压阀常应用在安全互锁回路中。

5. 延时阀

延时阀是气动系统中的一种时间控制元件，它是通过节流阀调节气室充气时的压力上升速率来实现延时的。延时阀有常通型和常断型两种，图 4-10 所示为常断型延时阀的工作原理图，其实物外形如图 4-11（a）所示，职能符号如图 4-11（b）所示。

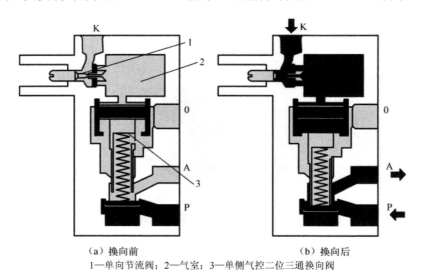

（a）换向前　　　　　　　　　（b）换向后
1—单向节流阀；2—气室；3—单侧气控二位三通换向阀

图 4-10　常断型延时阀工作原理图

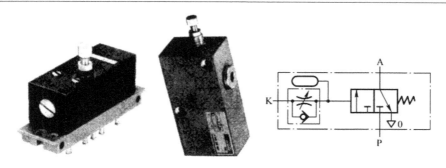

（a）实物外形图　　　　　　　　　（b）职能符号

图 4-11　延时阀实物图与职能符号

图 4-10 中的延时阀由单向节流阀 1、气室 2 和单侧气控二位三通换向阀 3 组合而成。在无气控信号 K 时，弹簧使阀芯处于上边，封闭 P 口，A、O 相通，无输出。当气控信号从 K 口经节流阀进入气室，由于节流阀的节流作用，使得气室压力上升速度较慢。当气室压力达到换向阀的动作压力时，换向阀换向，输入口 P 和输出口 A 导通，产生输出信号。由于从 K 口有控制信号到输出口 A 产生信号输出有一定的时间间隔，所以可以用来控制气动执行元件的运动停顿时间。若要改变延时时间的长短，只要调节节流阀的开度即可。通过附加气室还可以进一步延长延时时间。

当 K 口撤除控制信号，气室内的压缩空气迅速通过单向阀排出，延时阀快速复位。所以延时阀的功能相当于电气控制中的通电延时时间继电器。若将 P、O 换接，则为常通型延时阀。

6．行程阀

行程阀是利用安装在工作台上凸轮、撞块或其他机械外力来推动阀芯动作实现换向的换向阀。由于它主要用来控制和检测机械运动部件的行程，所以称为行程阀。行程阀常见的操控方式有顶杆式、滚轮式、单向滚轮式等，其换向原理与手动换向阀类似。

顶杆式是利用机械外力直接推动阀杆的头部使阀芯位置变化实现换问的。滚轮式头部安装滚轮可以减小阀杆所受的侧向力。单向滚轮式行程阀常用来排除回路中的障碍信号，其头部滚轮是可折回的。图 4-12 所示单向滚轮式行程阀只有在凸块从正方向通过滚轮时才能压下阀杆实现换向的；反向通过时，滚轮式行程阀不换向。行程阀实物图和职能符号如图 4-13 所示。

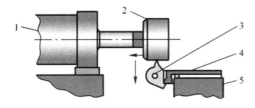

（a）正向通过　　　　　　　　　（b）反向通过

1—汽缸；2—凸块；3—滚轮；4—阀杆；5—行程阀体

图 4-12　单向滚轮式行程阀工作原理图

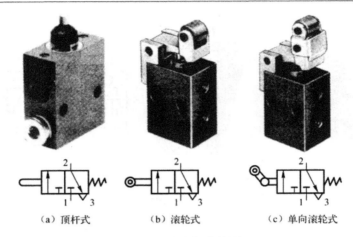

（a）顶杆式 　　　　　（b）滚轮式 　　　　　（c）单向滚轮式

图 4-13　行程阀实物图

4.2.2　进气节流与排气节流

根据单向节流阀在气动回路中连接方式的不同，可以将速度控制方式分为进气节流速度控制方式和排气节流速度控制方式。

1．定义

如图 4-14 所示，进气节流指的是压缩空气经节流阀调节后进入汽缸，推动活塞缓慢运动；汽缸排出的气体不经过节流阀，通过单向阀自由排出。排气节流指的是压缩空气经单向阀直接进入汽缸，推动活塞运动；而汽缸排出的气体则必须通过节流阀受到节流后才能排出，从而使汽缸活塞的运动速度得到控制。

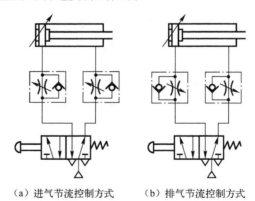

（a）进气节流控制方式 　　　（b）排气节流控制方式

图 4-14　进气节流和排气节流速度控制回路

2．性能比较

采用进气节流：

（1）启动时气流逐渐进入汽缸，启动平稳；但如带负载启动，可能因推力不够，造成无法启动。

（2）采用进气节流进行速度控制，活塞上微小的负载波动都会导致汽缸活塞速度的明显变化，使得其运动速度稳定性较差。

（3）当负载的方向与活塞运动方向相同时（负值负载）可能会出现活塞不受节流阀控制的前冲现象。

（4）当活塞杆受到阻挡或到达极限位置而停止后，其工作腔由于受到节流压力而逐渐上升到系统最高压力，利用这个过程可以很方便地实现压力顺序控制。

采用排气节流：

（1）启动时气流不经节流直接进入汽缸，会产生一定的冲击，启动平稳性不如进气节流。

（2）采用排气节流进行速度控制，汽缸排气腔由于排气受阻形成背压。排气腔形成的这种背压，减少了负载波动对速度的影响，提高了运动的稳定性。

（3）在出现负值负载时，排气节流由于有背压的存在，可以阻止活塞的前冲。

（4）汽缸活塞运动停止后，汽缸进气腔由于没有节流，压力迅速上升；排气腔压力在节流作用下逐渐下降到零。利用这一过程来实现压力控制比较困难且可靠性差，一般不采用。

4.2.3　速度控制回路

速度控制回路就是通过控制流量的方法来控制汽缸的运动速度的气动回路。一般是利用单向节流阀、排气节流阀控制活塞杆推出和缩回的速度控制回路。除此之外，还有下面几种常用回路。

1．单作用汽缸速度控制回路

单作用汽缸速度控制回路如图 4-15 所示。图 4-15（a）所示是利用进气节流式调速阀实现活塞杆伸出速度可调及快速返回，图 4-15（b）所示可以进行双向速度调节。

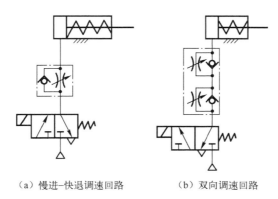

（a）慢进-快退调速回路　　　　（b）双向调速回路

图 4-15　单作用汽缸速度控制回路示意图

2．双作用汽缸速度控制回路

1）排气节流调速与进气节流调速

排气节流调速与进气节流调速如图 4-14 所示。两种调速方式的特点见表 4-1。

表 4-1 两种调速方式的比较

特性项目	进气节流调速	排气节流调速
低速平稳性	易产生低速爬行	好
阀的打开程度及速度	没有比例关系	有比例关系
惯性的影响	对调速特性有影响	对调速特性影响小
启动延时	小	与负载率成正比
启动加速度	小	大
行程终点速度	大	约等于平均速度
缓冲能力	小	大

由于排气节流调速的调速特性和低速平稳性较好，故在实际应用中大多采用排气节流调速方式。进气节流调速方式可用于单作用汽缸、夹紧汽缸、低摩擦力汽缸，能防止汽缸启动时的活塞杆的"急速伸出"现象。

2）慢进-快退调速回路

如图 4-16 所示，电磁阀通电，受排气节流式调速阀的作用，汽缸慢进。当电磁阀断电时，经快速排气阀迅速排气，汽缸快退。当换向阀与汽缸距离较远时，可用此回路。若将图中排气节流阀与快速排气阀对换即可实现快进-慢退调速回路。

3）双速驱动回路

在气动系统中，常要求实现汽缸高低速驱动。双速驱动回路如图 4-17 所示。回路中二位三通电磁阀上有两条排气通路，一条是利用排气节流阀实现快速排气，另一条是通过排气节流式调速阀再经主换向阀排气实现慢速排气。使用时应注意，如果快速和慢速的速度相差太大，汽缸在速度转换时容易产生"弹跳"现象。

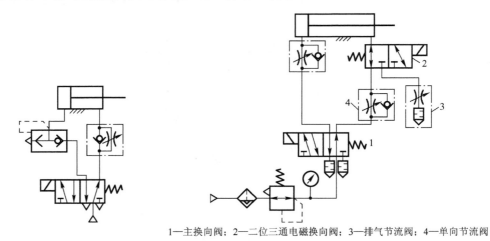

1—主换向阀；2—二位三通电磁换向阀；3—排气节流阀；4—单向节流阀

图 4-16 慢进-快退调速回路   图 4-17 双速驱动回路

4）行程中途变速回路

将两个二位二通阀与速度控制阀并联，如图 4-18 所示，活塞运动至某位置，令二位二通电磁阀通电，则汽缸背压缸气体排入大气，从而改变了汽缸的运动速度。

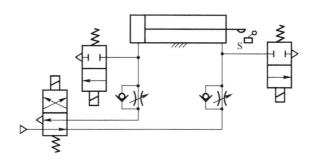

图 4-18 行程中途变速回路

3. 气液联用缸速度控制回路

由于空气的可压缩性，汽缸的运动速度很难平稳。尤其在负载变化时，速度波动更大。例如，机械切削加工中的进给汽缸要求速度平稳以保证加工精度，普通汽缸很难满足。为此，可通过气液联合控制，调节油路中的节流阀来控制气液联用缸的运动速度。

如图 4-19 所示是可以实现"快进–慢进–快退"的变速回路。当气动电磁阀 5 通电时，气液联用缸无杆腔进气，而有杆腔的油经行程阀 2 回至气液转换器 4，活塞杆快速前进。当活塞杆撞块压住行程阀 2 后，油路切断，有杆腔的油只能经单向节流阀 3 回油至气液转换器 4，实现活塞杆慢进。调节节流阀就可得到所需的进给速度。当电磁阀断电时，通过气液转换器，油经行程阀 3 的单向阀进入气液联用缸 1 的有杆腔，推动活塞杆迅速返回。

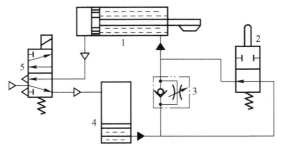

1—气液联用缸；2—行程阀；3—单向节流阀；4—气液转换器；5—气动电磁阀

图 4-19 气液联用缸速度控制回路

4. 气液阻尼缸速度控制回路

气液阻尼缸速度控制回路是用汽缸传递动力，由液压缸实现阻尼和稳速，并由调速机构进行调速的回路，调速精度高，运动速度平稳，在金属切削机床中使用广泛。

如图 4-20 所示，电磁换向阀 6 通电，气液阻尼缸快进，当活塞运动到一定位置，其撞块压住行程阀 4，受单向节流阀 5 节流，则气液阻尼缸 1 慢进。当电磁换向阀 6 断电，则气液阻尼缸 1 快退。若取消单向节流阀 5 中的单向阀，则回路能实现"快进–慢进–慢退–快退"的动作。

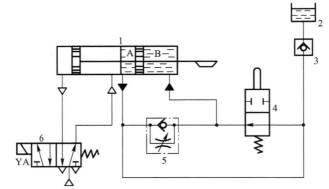

1—气液阻尼缸；2—油杯；3—单向阀；4—行程阀；5—单向节流阀；6—电磁换向阀

图 4-20　气液阻尼缸速度控制回路

4.2.4　电气控制元件结构与原理

图 4-21 所示为双作用汽缸调速回路、单作用汽缸速度控制回路、采用气液转换器的速度控制回路的电气控制电路，其工作原理可自行分析或参照项目二，这里不再赘述。下面就前面电路中未提及的元件——熔断器的结构参数型号等进行介绍。

图 4-21 中的 FU 为起电路保护作用的熔断器，熔断器是一种结构简单，使用维护方便，价格低廉的保护电器，广泛应用于各种供电线路和电气设备控制电路，作为短路和严重过载保护。

1. 熔断器的结构和工作原理

（1）熔断器的结构：熔断器一般由熔座（支撑件）和熔断体两大部分组成。如图 4-22 所示为熔断器的结构示意图及图形文字符号。其中熔断体是装有熔体的部件，它由熔体、熔体连接点和指示器等组成。熔座由装载熔断体的可动部件和具有触点接线端子等的固定部件组成。

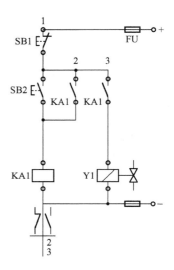

图 4-21　调速回路控制电路

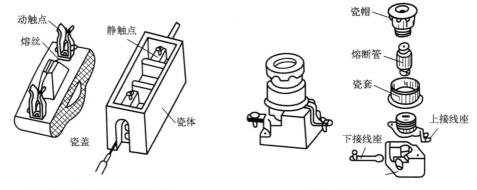

（a）半封闭插入式熔断器结构意图　　　（b）螺旋式熔断器结构意图

图 4-22　熔断器结构示意图及图形文字符号

（2）熔断器的工作原理：熔断器串联在被保护电路中，当该电路发生短路或严重过载故障时，通过熔断器熔体的电流达到或超过某一定值时，并经过一定时间，熔体上产生的热量使熔体温度上升到熔体金属的熔点，使熔体某处熔化而分断电路，切断故障电路的电流，实现了对电路及其设备的保护。

熔体通常用低熔点的铅锡合金、锌、铜、银的丝状或片状材料制成。

2. 熔断器的型号和主要参数

熔断器的常见型号有以下几种：

RC1A 系列半封闭插入式熔断器。多用于工矿企业和民用照明电路中。

RM7、RM10 系列无填料密封管式熔断器，用于容量不大的电网电路中。

RL1 系列螺旋管式熔断器，多用于机床控制电路中。目前推出的新产品 RL6、RL7 系列，可以取代老产品 RL1、RL2 系列。

RT10、RT11 系列为有填料密封管式熔断器，用于大容量电网电路中。目前推出的新产品 RT12、RT15 系列可以取代 RT10、RT11 系列。RS0、RS3、RLS2 系列为快速熔断器，用于保护晶闸管硅整流电路，图 4-23 所示为 RS0、RS3 快速熔断器外形图。RZ1 系列自复式熔断器是一种新型的限流元件。其工作原理为：正常条件下，电流从电流端子通过绝缘管（氧化铍材料）的细孔中的金属钠到另一电流端子构成通路。当发生短路或严重故障时，故障电流使钠急剧发热而气化，很快形成高温、高压、高电阻的等离子状态，从而限制短路电流的增加。在高压作用下，活塞使氩气压缩。当短路或过载电流切除后，钠温度下降，活塞在压缩氩气的作用下使熔断器迅速恢复到正常状态。由于自复式熔断器只能限流，不能分断电流，因此它常与断路器配合使用以提高组合分断能力。

图 4-23 快速熔断器外形图

自复式断路器的优点是：具有限流作用，重复使用时不用更换熔体。它的主要技术参数为额定电压380V，额定电流 100A、200A，与断路器组合后分断能力可达 100kA。

熔断器的型号和含义如图 4-24 所示。

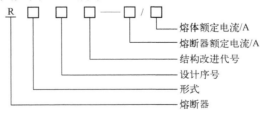

图 4-24 熔断器的型号和含义

熔断器的形式：

C——瓷杆式熔断器；　　　　　　L——螺旋式熔断器；

M——无填料封闭管式熔断器；　　T——有填料封闭管式熔断器；

S——快速熔断器；　　　　　　　Z——自复式熔断器。

熔断器的主要参数是指熔断器的额定电压、额定电流、极限分断能力，熔体的额定电流、熔断电流等。

（1）熔断器的额定电压：是指熔断器长期工作时和分断后能够承受的最大电压，其量值一般大于或等于电气设备或电路的额定电压。

（2）熔断器的额定电流：是指熔断器长期通过的不超过允许温升的最大工作电流。

（3）极限分断能力：是指熔断器在故障条件下能可靠分断的最大短路电流值。分断能力的大小与熔断器的灭弧能力有关，使用时熔断器的极限分断能力必须大于线路中可能出现的最大短路电流值。

（4）熔体的额定电流：是指熔体长期通过此电流而不熔断的最大电流。

（5）熔断电流：是指通过熔体并使其熔化的最小电流。

常用的几种熔断器的技术数据见表 4-2～表 4-5。

表 4-2 RL1 系列螺旋式熔断器的技术数据

内容 型号	额定电流/A		$\cos\psi \geqslant 0.3$ 时的 极限分断能力/kA	
	支撑件	熔断体	380V	500V
RL1—15	15	2，4，6，8，10，15	2	2
RL1—60	60	20，25，30，35，40，50，60	5	3.5
RL1—100	100	60，80，100		20
RL1—200	200	100，125，150，200		50

表 4-3 RT0 系列有填料封闭管式熔断器主要技术数据

内容 型号	额定 电压 /V	熔断器 额定电 流/A	熔体额定 电流等级 /A	极限分断能力 /kA	
				直流	交流
RT0—50	交流 380 直流 440	50	5，10，15，20，30，40，50	25， $T \leqslant 15\text{ms}$	50， $\cos\psi \leqslant 0.2$
RT0—100		100	30，40，50，60，80，100		
RT0—200		200	80，100，120，150，200		
RT0—400		400	150，200，250，350，400		
RT0—600		600	350，400，450，500，550，660		
RT0—1000		1000	700，800，900，1000		

表 4-4 RC1A 系列瓷插式熔断器主要技术数据

内容 型号	额定 电压 /V	熔断器 额定电 流/A	熔体额定 电流等级 /A	极限分断能力 /kA
RC1A—5	交流 380	5	2，5	$\cos\psi=0.8$，0.25
RC1A—10		10	2，4，6，10	0.5，$\cos\psi=0.8$
RC1A—15		15	15	
RC1A—30		30	20，25，30	1.5，$\cos\psi=0.7$
RC1A—60		60	40，50，60	3，$\cos\psi=0.6$
RC1A—100		100	80，100	
RC1A—200		200	120，150，200	

表 4-5　RM7 系列无填料封闭管式熔断器主要技术数据

内容 型号	额定 电压 /V	熔断器 额定电 流/A	熔体额定 电流等级 /A	极限分断能力 /kA
KM7—15	交流 220	15	2，2.5，3，4，5，6，10，15	1.5，$\cos\psi$=0.8
KM7—15	交流 380 直流 440	15	6，10，15	2，$\cos\psi$=0.7
KM7—60		60	15，20，25，30，40，50，60	5，$\cos\psi$=0.5
KM7—100		100	60，80，100	20，$\cos\psi\geqslant$0.35
KM7—200		200	100，120，150，200	
KM7—400		400	200，250，300，350，400	
KM7—600		600	400，450，500，550，600	

3．熔断器的选用

熔断器的选择包括熔断器的种类选择和额定参数选择两项内容。

1）熔断器的种类选择

熔断器的种类选择是在设计系统时根据使用场合、线路的要求和安装条件来确定的。一般在工厂电气设备自动控制系统中，多用半封闭插入式熔断器和有填料螺旋式熔断器。在供配电系统中，广泛使用有填料密封管式熔断器和无填料封闭管式熔断器。在半导体电路中，则要选用快速熔断器。

2）熔断器额定参数的选择。

在确定了熔断器的种类后，就必须对熔断器的额定参数做出正确的选择

（1）熔断器额定电压的选择。

熔断器额定电压应大于或等于线路的工作电压，即

$$U_{FN} \geqslant U_L$$

（2）熔断器额定电流的选择。

熔断器的额定电流选择实际上是确定支持件的额定电流，它必须大于或等于所装熔体的额定电流，即

$$I_{FN} \geqslant I_{RN}$$

（3）熔体额定电流的选择。

要根据被保护对象的不同选择合适的熔体额定电流。

① 当熔断器保护的是电阻性负载，没有冲击电流，熔体的额定电流应等于或稍大于负载的工作电流。即

$$I_{RN} \geqslant I_L$$

② 当熔断器保护一台电动机时，考虑到电动机启动时的冲击电流，保证启动时熔体不会被熔断。故熔体的额定电流可按下式计算，即

$$I_{RN} \geqslant （1.5 \sim 2.5）I_N$$

式中，I_N 为电动机的额定电流（A）。

当电动机为轻载启动或不经常启动，启动时间较短时，系数可取得小些。若电动机经常启动或重载启动，启动时间较长时，系数可取得大些。

③ 当熔断器保护多台电动机时，熔体的额定电流可按下式计算，即

$$I_{RN} \geqslant (1.5 \sim 2.5)I_{MN} + \sum I_N$$

式中，I_{MN} 为容量最大的一台电动机的额定电流，$\sum I_N$ 为其余电动机额定电流之和，系数的选择方法同前。

④ 当熔断器用于配电线路时，通常采用多级熔断器保护，发生短路故障时，要有选择性，靠近故障点最近的一级熔断器应该先熔断，使故障范围限制得最小。所以一般后一级熔体的额定电流比前一级熔体的额定电流至少大一个等级，以防止熔断器越级熔断而扩大停电范围。同时必须校核熔断器的分断能力。

4．熔断器使用注意事项

为保证熔断器可靠工作，使用时应注意以下事项。

（1）低压熔断器的额定电压必须与线路的电压相吻合，不得低于线路电压。

（2）熔体的额定电流不得大于熔断器（支持件）的额定电流。

（3）熔断器的极限分断能力应高于被保护线路的最大短路电流。

（4）安装熔体时必须注意，不要使其受机械损伤，特别是较柔软的铅锡合金丝，以免发生误动作。

（5）安装熔断器时应保证熔体和触刀以及触刀和刀座接触良好，以免因接触电阻过大而使温度过高发生误动作。

（6）当熔体已经熔断或已严重氧化，需要更换熔体时，要注意新换熔体的规格与旧熔体的规格相同，以保证动作的可靠性。

（7）更换熔体或熔管，必须在不带电的情况下进行，即使有些熔断器允许在带电情况下取出，也必须在切断电路后进行。

4.3　压力装置的实例分析

通过前面基础知识的学习，我们已经认识到，全自动包装机中压力装置控制系统是一个速度控制回路，下面分步骤对实例进行分析。

4.3.1　元器件的编号方法

目前，在气压传动技术中对元器件编号的方式有多种，没有统一的标准。表 4-6 为气动系统回路中元器件的编号方法，从中不但能清楚地表示各个元器件，而且能表示出各个元器件在系统中的作用及对应的关系。

表 4-6　气动系统回路中元器件的编号规定

数字符号	表示含义及规定
1.0，2.0，3.0，…	表示各个执行元件
1.1，2.1，3.1，…	表示各个执行元件的末级控制元件（主控阀）
1.2，1.4，1.6，… 2.2，2.4，2.6，… 3.2，3.4，3.6，… ⋮	表示控制各个执行元件前冲的控制元件

续表

数字符号	表示含义及规定
1.3，1.3，1.3，… 2.3，2.3，2.3，… 3.3，3.3，3.3，… ⋮	表示控制各个执行元件回缩的控制元件
1.02，1.04，1.06，… 2.02，2.04，2.06，… 3.02，3.04，3.06，… ⋮	表示各个主控阀与执行元件之间的控制执行元件前冲的控制元件
1.01，1.03，1.05，… 2.01，2.03，2.06，… 3.01，3.03，3.05，… ⋮	表示各个主控阀与执行元件之间的控制执行元件回缩的控制元件
0.1，0.2，0.3，…	表示气源系统的各个元件

4.3.2　自锁控制的方法

在对压力装置控制的要求中，需要按下启动按钮后，汽缸一直工作，直到按下停止按钮后，汽缸才停止动作。这种控制方法称为自锁控制，即在控制回路中按下启动按钮后，控制口一直有信号保持，也就是一直有压缩空气输出。

图 4-25 所示的控制方法能达到这种控制要求。用一个二位三通常断型手动阀作为启动按钮，用一个二位三通常通型手动阀作为停止按钮。当按下启动按钮后，压缩空气经梭阀 1.2 及停止阀的右位，使阀 1.4 左位接通，A 口有压缩空气输出；由于梭阀的一个进气口与 A 口相连，当松开启动按钮后，梭阀的工作口仍有压缩空气输出，使阀 1.4 保持左位接通，有压缩空气输出。

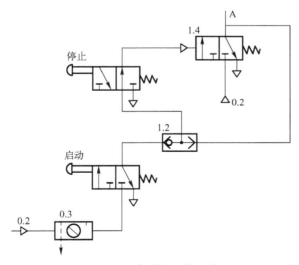

图 4-25　自锁控制的方法

当按下停止按钮时，阀 1.4 在弹簧力的作用下，右位接通，工作口 A 没有信号输出，同时，梭阀的两进气口都没有压缩空气进入，工作口也没有压缩空气输出，所以当松开停止按钮后，阀 1.4 仍保持右位接通，没有压缩空气输出。

由于这种控制原理类似于电气控制系统中的继电器自锁控制，所以把它称为自锁控制，在实际应用中，可以把这种控制当做一个固定的模块来使用。

4.3.3 压力装置时间–位移–步骤图

在压力装置中由于有时间控制，所以在功能图中选择时间–位移–步骤图来表示执行元件的运动状态，为了表示控制关系，把控制信号也画入图中。

图 4-26 所示为压力装置带有控制信号的时间–位移–步骤图。从图中可以看出执行元件的运动状态，汽缸在 2.5s 多的时间内伸出，保持不到 2s 的压力时间，在 1.8s 左右的时间内回到初始位置，或者伸出后马上就收回（图中虚线所示）。

从图 4-26 中可以看出，执行元件伸出在①的位置处有控制信号，执行汽缸收回，根据这一控制要求，在①的位置处放置行程阀；在位置②处设置压力控制阀使执行汽缸保持一定的压力；在位置③处设置延时控制阀使执行汽缸保持压力并达到设定时间后，快速退回到初始位置。

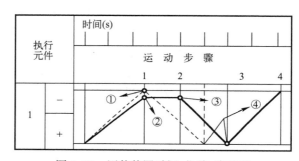

图 4-26 压装装置时间–位移–步骤图

4.3.4 系统回路图的原理分析

1．执行元件与主控阀

由图 4-1（b）可以看出，为满足压力装置的工作要求，系统选择汽缸作为执行元件，选择二位五通双气控阀为主控阀。从时间–位移–步骤图中可以看出，该装置要求汽缸活塞杆前伸的速度可以调控，回退的速度比前伸的快，针对这一特点，选择单向节流阀来控制前伸的速度。这一部分具体的回路图如图 4-27 所示。

2．回缩控制回路

根据压力装置对汽缸回缩控制的要求，汽缸活塞杆回缩有两种情况，一种是活塞杆碰到行程阀后回缩，另一种情况是当压装力达到要求并延时一段时间后，活塞杆回缩。这两种情况，任一种情况发生，活塞杆都要回缩，针对这一特点可以用梭阀来进行控制。

1）行程回缩的控制

这种控制比较简单，系统通过在所需的位置放置一个行程阀来实现。如图 4-28 所示，当活塞杆运行到 1.5 位置后，压下阀 1.5，梭阀 1.3 有压缩空气输出，使主控阀 1.1 右腔有控制信号，汽缸 1.0 回缩。

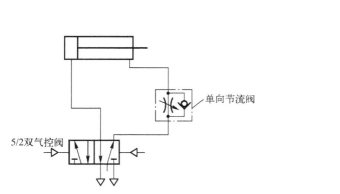

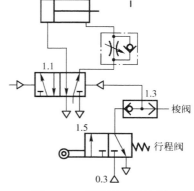

| 图 4-27　执行元件与主控阀 | 图 4-28　行程回缩的控制 |

2）压力延时回缩的控制

压力延时回缩控制回路图如图 4-29 所示，当汽缸左腔的压力达到压力控制阀调定的压力时，压力顺序阀 1.9 工作，压缩空气进入延时阀 1.7 的控制口，延时一段时间后，阀 1.7 工作，通过梭阀 1.3 输出压缩空气，汽缸回缩。

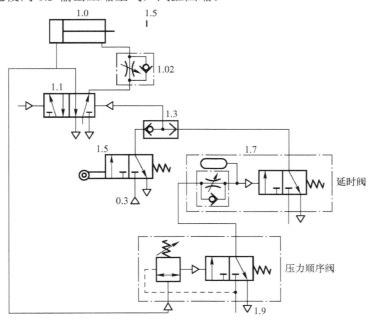

图 4-29　压力延时回缩控制

3．主控阀信号重叠的解决方法

压力装置的连续工作是采用图 4-25 所示的自锁回路加以控制的，但是，自锁回路的特点是按下启动按钮后，就一直有压缩空气输出，也就是说在图 4-29 所示的回路中，主控阀 1.1 左边的控制口一直有压缩空气，一直有控制信号。那么，当梭阀 1.3 有压缩空气输出时，就使主控阀 1.1 两端的控制口都有控制信号，这种现象称为信号重叠，这在控制回路中是不允许的。

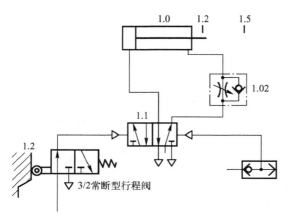

图 4-30　主控阀信号重叠的解决方法

解决该装置的信号重叠问题还是比较容易的。如图 4-30 所示，在活塞杆的初始位置加一个二位三通常断型行程阀，由于在初始位置即 1.2 的位置处，行程阀在活塞杆的作用下左位接入系统。当活塞杆前伸后，在弹簧力的作用下，阀 1.2 右位接入系统，使主控阀 1.1 的左边没有控制信号，这就消除了主控阀信号重叠的问题。

注意：在回路图中，各个元件应处于初始位置，图 4-30 所示的阀 1.2 的初始位置就是处于接通的状态，而且这种状态一般用图示的画法表示。

4．压力装置的系统回路图原理分析

图 4-1（b）所示为完整的压力装置系统回路图，从图中可以看出，在初始位置，压缩空气进入汽缸的右腔，使活塞杆收回，行程阀 1.2 左位接通。

当按下启动按钮，压缩空气经行程阀 1.2 进入主控阀的左端控制口，主控阀左位接入系统，汽缸前伸，而汽缸右腔的空气须经单向节流阀的节流口通过，速度受到控制。当活塞杆离开 1.2 的位置后，阀 1.2 在弹簧力的作用下，使右位接入系统，主控阀左端没有控制信号，而由于双气控阀的"记忆"特性，使汽缸继续前伸。

当活塞杆运行到 1.5 的位置（或压力达到阀 1.9 的调节压力并延时一段时间后，阀 1.7 工作）阀 1.3 有压缩空气输出，使主控阀 1.1 右位接入系统，活塞杆回缩，同时，主控阀 1.1 右端没有控制信号。

当活塞杆运行到 1.2 的位置，又使汽缸前伸，一直这样循环工作，直到按下停止按钮，使系统回到初始位置。

4.4　实　训　操　作

4.4.1　折边装置回路实训

参考课时：2 课时

实训装置：亚龙 YL-381B 型气压、液压实训装置

1．实训目的、要求

（1）熟悉换向阀的工作原理。

（2）熟悉主作用汽缸的间接控制。

（3）了解部分气动阀的作用（二位三通手动换向阀、二位三通单电磁换向阀、单向节流阀等）以及换向阀的不同操作方式。

（4）正确运用双压阀，理解逻辑与的概念。

（5）熟悉基本的气动回路图，能顺利搭建本实训回路，并完成规定的运动。

2．实训原理和方法

图 4-31 为本实训回路图，通过操作两个相同阀门的按钮

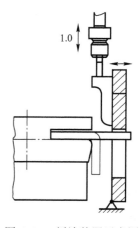

图 4-31　折边装置示意图

开关，使折边装置的成形模具向下锻压，将面积为 40cm×5cm 的平板折边。松开两个或一个按钮开关，都使汽缸（1.0）缓慢退回到初始位置。汽缸两端的压力由压力表指示。

图 4-32 为本实训的回路参考图。

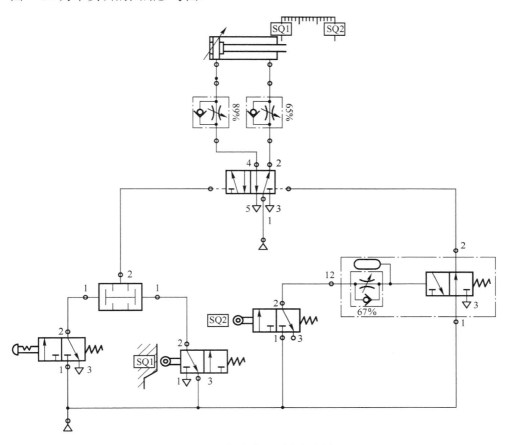

图 4-32　折边装置回路参考图

3. 主要设备及实训元件

折边装置回路实训的主要设备及实训元件见表 4-7。

表 4-7　折边装置回路实训的主要设备及实训元件

序号	实训设备及元件	序号	实训设备及元件
1	气动实训平台	5	手动二位三通换向阀
2	气源	6	单向节流阀
3	双作用汽缸	7	滚轮行程阀
4	双气控二位五通换向阀	8	气管

4. 实训内容及步骤

（1）按照实训原理图选择所需要的气动元件，并摆放在实训台上；

（2）参考图 4-32 所示的结构组合图完成回路的装配；

（3）打开气压源的开关使压缩空气进入系统中，若有漏气，立刻关闭开关，进行检查并调整；

（4）按压按钮开关不放，观察汽缸活塞杆的运动情况；

（5）调整单向节流阀，观察汽缸活塞杆运动速度的变化；

（6）松开按钮开关，观察活塞杆的运动情况；

（7）调整单向节流阀，观察汽缸活塞杆运动速度的变化；

（8）关闭气压源。

5．操作技能测评

学生应能够按照实训步骤和技能测试记录表中的测评要求，进行独立思考和实训。评估不合格者，学生提出申请，允许重新评估。折边装置回路实训的测试记录见表4-8。

表4-8　折边装置回路实训的测试记录

实训操作技能训练测试记录					
学生姓名			学　号		
专　　业			班　级		
课　　程			指导教师		
下列清单作为测评依据，用于判断学生是否通过测评已经达到所需能力标准					
第一阶段：测量数据					
学生是否能够				分值	得分
遵守实训室的各项规章制度				10	
熟悉原理图中各气动元件的基本工作原理				10	
熟悉原理图的基本工作原理				10	
正确搭建折边装置回路				15	
正确调节气源开关、控制旋钮（开启与关闭）？				20	
控制回路正常运行				10	
正确拆卸所搭接的气动回路				10	
第二阶段：处理、分析、整理数据					
学生是否能够				分值	得分
利用现有元件拟定其他方案，并进行比较				15	
实训技能训练评估记录					
实训技能训练评估等级：优秀（90分以上）　□ 良好（80分以上）　□ 一般（70分以上）　□ 及格（60分以上）　□ 不及格（60分以下）　□					

指导教师签字_____　　　　　　日期_____

6．完成实训报告和下列思考题

（1）气动回路中的单向节流阀是怎样实现速度控制的？

（2）如果要使折边装置的工作效率提高，从速度控制角度，如何改进设计？

4.4.2 工件分离装置的回路设计实训

参考课时： 2 课时

实训装置：亚龙 YL-381B 型气压、液压实训装置

1．实训目的、要求

（1）进一步熟悉双作用汽缸的间接控制；

（2）进一步掌握位置常开的延时阀和时间继电器的使用方法；

（3）往复运动（连续循环工作）控制器的设计与建立。

（4）熟悉气动回路图，能顺利搭建本实训回路，并完成规定的运动。

2．实训原理和方法

在初始位置按下按钮后汽缸 1A 活塞杆前进，前进至终端时停留一定时间返回，之后汽缸保持这样的连续往复运动，只有当再次按下按钮时，汽缸才停止运动，如图 4-33 所示。汽缸前进行程时间为 0.6s，汽缸在前进的终端停留 1s，返回行程时间为 0.4s，即周期循环时间为 2s。

图 4-34 为本实训的回路参考图。

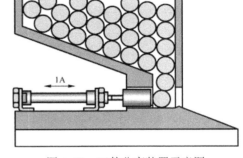

图 4-33 工件分离装置示意图

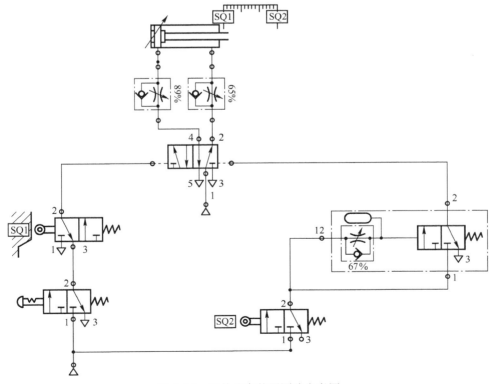

图 4-34 工件分离装置回路参考图

3．主要设备及实训元件

工件分离装置的回路设计实训的主要设备及实训元件见表4-9。

表4-9 工件分离装置的回路设计实训的主要设备及实训元件

序号	实训设备及元件	序号	实训设备及元件
1	气动实训平台	8	二位三通手动换向阀
2	气动三联件	9	常开延时阀
3	气源	10	双压阀
4	压力表	11	可调单向节流阀
5	气管	12	二位三通滚轮杠杆行程阀
6	双作用汽缸	13	二位五通双电控换向阀
7	二位五通双气控换向阀		

4．实训内容及步骤

（1）按照实训原理图选择所需要的气动元件，并摆放在实训台上；

（2）参考图4-34所示的结构组合图完成回路的装配；

（3）打开气压源的开关使压缩空气进入系统中，若有漏气，立刻关闭开关，进行检查并调整；

（4）按压按钮开关不放，观察汽缸活塞杆的运动情况；

（5）调整单向节流阀，观察汽缸活塞杆运动速度的变化；

（6）松开按钮开关，观察活塞杆的运动情况；

（7）调整单向节流阀，观察汽缸活塞杆运动速度的变化；

（8）关闭气压源。

5．操作技能测评

学生应能够按照实训步骤和技能测试记录表中的测评要求，进行独立思考和实训。评估不合格者，学生提出申请，允许重新评估。工件分离装置的回路设计实训记录见表4-10。

表4-10 工件分离装置的回路设计实训记录

实训操作技能训练测试记录			
学生姓名		学　号	
专　业		班　级	
课　程		指导教师	
下列清单作为测评依据，用于判断学生是否通过测评已经达到所需能力标准			
第一阶段：测量数据			
学生是否能够		分值	得分
遵守实训室的各项规章制度		10	
熟悉原理图中各气动元件的基本工作原理		10	

续表

	分值	得分
熟悉原理图的基本工作原理	10	
正确搭建工件分离装置回路	15	
正确调节气源开关、控制旋钮（开启与关闭）	20	
控制回路正常运行	10	
正确拆卸所搭接的气动回路	10	
第二阶段：处理、分析、整理数据		
学生是否能够	分值	得分
利用现有元件拟定其他方案，并进行比较	15	
实训技能训练评估记录		
实训技能训练评估等级：优秀（90 分以上）　□ 　　　　　　　　　　良好（80 分以上）　□ 　　　　　　　　　　一般（70 分以上）　□ 　　　　　　　　　　及格（60 分以上）　□ 　　　　　　　　　　不及格（60 分以下）□		

指导教师签字_____　　　　　　日期_____

6．完成实训报告和下列思考题

（1）工件装置回路中的单向节流阀是怎样实现速度控制的？

（2）如何用电气控制来实现回路的运行？

4.5　习题与思考

1．简述单向节流阀的工作原理。

2．简述延时阀的工作原理。

3．如何对气动执行元件进行速度控制？进气节流和排气节流有什么区别？

4．快速排气阀为何可以提高汽缸活塞的运动速度？

5．单向节流阀、快速排气阀、延时阀、梭阀及行程阀的作用是什么？请画出它们的职能符号。

6．熔断器的作用是什么？如何选用熔断器？

7．在 Fluid SIM-P 仿真软件上对图 4-19 所示气液联用缸速度控制回路进行电路设计并进行仿真练习。

8．电子生产线焊接系统如图 4-35 所示，MNB 系列带锁型汽缸与水闸连接在一起控制水闸的位置。汽缸受 VFS 系列三位五通电磁阀和 VT 系列二位三通电磁阀控制。试分析电子生产线焊接系统的工作原理。

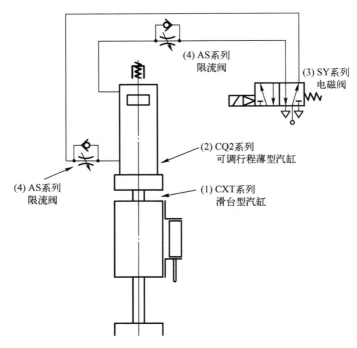

图 4-35　电子生产线焊接系统

项目五　给煤机二次风门控制

教学提示：本项目以给煤机二次风门挡板开度控制系统的实例为引子，对常用位置控制回路中的元件、回路进行分析，最后得出实例的控制原理。在知识或技能展开介绍的过程中，可结合实物或在控制现场进行教学，并通过同步的实训操作训练加以理解和巩固。

教学目标：结合给煤机二次风门挡板开度控制系统的实际应用，熟悉常用位置控制回路中各类元件的结构、原理以及回路控制分析方法。

5.1　任　务　引　入

给煤机二次风门挡板是用来调节、控制风量的开关，通过调节风门挡板的不同位置来控制风量能与锅炉负荷及燃料投切相匹配，从而保证良好的燃烧和一定的炉膛负压。当给煤机须长时间适量送风时，要求二次风门挡板能准确可靠地停留于某个位置，为了实现该功能，要求能对给煤机二次风门挡板位置进行控制，给煤机系统就是通过二次风门配置带锁型汽缸来控制风门位置的。给煤机二次风门控制系统结构示意图如图 5-1 所示，这种控制在国内火力发电厂中应用较多。

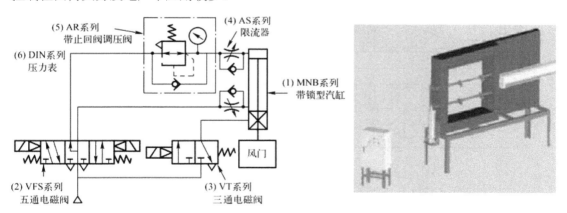

图 5-1　给煤机二次风门挡板控制系统结构示意图

为了能熟悉给煤机二次风门控制系统的工作原理和控制过程，我们从基本的位置控制回路入手展开分析。

5.2　位置控制基础知识

位置控制包括行程控制和位置检测。对直线运动汽缸来讲，汽缸活塞能够移动的最大距离即为行程。但在有些地方，须调整汽缸行程的大小或要求汽缸在运动过程中的某个中间位置停下来，可通过安装外部挡块、行程开关或利用锁紧汽缸、换向阀的通断等来实现；位置检测可通过检测元件，如位置传感器等来完成。下面首先对相关气动元件进行讨论。

5.2.1　气动元件结构与原理

1. 锁紧汽缸

锁紧汽缸用于高精度的中途停止、异常事故的紧急停止和防止下落等，以确保安全。锁紧汽缸按制动方式的不同，可分为弹簧制动（排气锁）、气压制动（加压锁）和弹簧+气压制动三种。

锁紧汽缸由汽缸部分和锁紧装置部分组合而成。制动装置的工作原理如图 5-2 所示。汽缸的活塞杆在制动瓦内穿过，通过制动臂等结构形成杠杆扩力机构，以增大夹紧力。当 B 口仅作为呼吸口，A 口接气路时，机构为弹簧制动方式。当 A、B 均接气路，与弹簧共同驱动制动活塞时，机构为弹簧+气压制动方式。若去掉制动弹簧，则为气压制动。以弹簧制动为例：当 A 口加压时，制动活塞在气压作用下克服弹簧力松开制动瓦，活塞杆可自由运动；A 口排气卸压时，弹簧推动活塞，通过制动臂使制动瓦抱紧活塞杆，起制动作用。如图 5-3 所示为其实物外形图和职能符号。

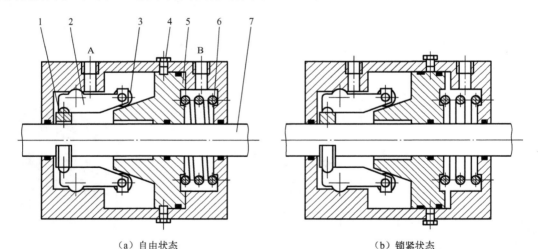

（a）自由状态　　　　　　　　　　　（b）锁紧状态
1—制动瓦座；2—制动臂；3—压轮；4—手动开锁螺钉；5—锥形制动活塞；6—制动弹簧；7—活塞杆

图 5-2　锁紧汽缸制动装置工作原理

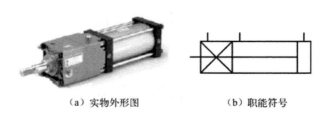

（a）实物外形图　　　　　　　　（b）职能符号

图 5-3　锁紧汽缸

2．多位汽缸

将缸径相同但行程不同的两个或多个汽缸连接起来，使组合后的汽缸具有三个或三个以上的精确停止位置，这种汽缸称为多位汽缸。如图 5-4（a）所示为三位汽缸动作原理图，该汽缸能实现 0、1 和 2 三个位置的精确控制。组合时应注意前端汽缸的行程必须大于后端汽缸的行程，多位汽缸常应用于机构运动多个精确位置定位的场合。如图 5-4（b）所示为三位汽缸实物外形图。

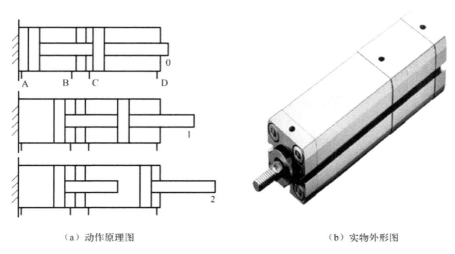

（a）动作原理图　　　　　　　　　　　　（b）实物外形图

图 5-4　三位汽缸

3．位置检测元件

在气动自动化系统中，传感器多用于测量设备运行中工件和气动执行元件的位置、速度、力、流量、温度等各种物理参数，并将这些被测参数转换为相应的信号，以一定的接口形式输送给控制器。位置检测可通过接触式传感器如行程阀、行程开关来控制，也可通过非接触式传感器如磁性开关、背压式传感器等来完成。

1）磁性开关

磁性开关是利用磁性物体的磁场作用来实现对物体感应，从而检测汽缸活塞位置的。它可分为有触点式（舌簧式）和无触点式（固态电子式）两种。有触点的舌簧式开关如图 5-5（a）所示，当带磁环的汽缸活塞移动到磁性开关所在位置时，磁性开关内的两个金属簧片在磁环磁场的作用下吸合，发出一电信号；活塞移开，舌簧开关离开磁场，触点自动脱开。

无触点的固态电子式开关是利用一种磁敏元件，当磁性物件移近磁敏元件时，利用内部电路状态的变化，识别附近有磁性物体存在，并输出信号。这种接近开关的检测对象必须是磁性物体。磁性开关的职能符号如图 5-5（b）所示。

磁性开关一般和磁性汽缸配套使用，磁性汽缸的活塞上都有一个永久性的磁环，把磁性开关安装在汽缸的缸筒上，当活塞往复运动时带动永久性磁环一起运动，而磁性开关检测到永久磁环时就发出一个信号，使得开关"通"或"断"。如图 5-6 所示为磁性开关实物和安装图。

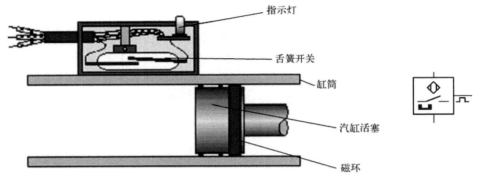

（a）结构原理图   （b）职能符号

图 5-5　舌簧式磁性开关工作原理图

图 5-6　磁性开关的实物和安装图

2）背压式气动位置传感器

对汽缸运动位置的检测还可通过检测活塞杆端的运动位置或其驱动负载的运动位置获得，因此常采用限位开关，电容式、电感式、光电式、光纤式接近开关以及气动位置传感器、电子尺等。这里仅介绍背压式气动位置传感器，电容式传感器、电感式传感器、光电式传感器、光纤式传感器的工作原理将在后续项目中介绍。

背压式位置传感器只能用于检测末端或最终位置，因而常用做限位开关或使运动可靠停止，背压式传感器结构十分简单，由一个压力输入口（进气口）、排气口和一个信号输出口组成。如图 5-7（a）所示为一种背压式气动位置传感器的结构图，这种传感器是利用喷嘴挡板机构的变节流原理构成的。稳定的工作气源经固定节流气阻到背压室 B，通过喷嘴流入大气。在一定的结构参数和工作压力 p_S 下，背压室 B 的气压 p_0（通常称为背压）随挡板和喷嘴之间距离 s 变化而变化。图中 5-7（b）所示为喷嘴挡板机构的位移-压力曲线（静态特性曲线）。

在实际使用中，通过检测 p_0 的变化就可知道 s 的变化。如果挡板是被测物件，则该传感器对物件的位移（位置和尺寸）变化极为敏感，能分辨 0.1μm 的微小距离的变化，有效检测距离为 $D/4$，一般为 0.2mm 左右，检测精度可高达 1μm，常用于精密测量。在由于工作环境或检测对象所限而不便于采用光电开关时，气动位置传感器就具有明显的优越性，但其响应时间和动作频率没有光电开关快。

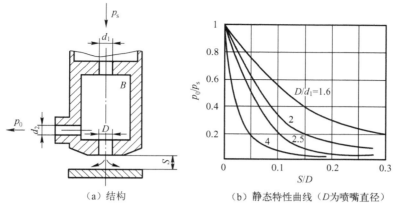

（a）结构　　　　　（b）静态特性曲线（D为喷嘴直径）

图 5-7　背压式气动位置传感器喷嘴挡板机构

4. 气液转换器

气液转换器是将气压直接转换为油压（增压比为 1∶1）的一种气液转换元件，由于空气有压缩性，而油液一般可不考虑压缩性，通过气液转换器可以获得液压驱动良好的定位、稳定速度和调速特性，可用于精密切削、精密稳定的进给运动。

气液转换器主要有两种类型：一种是直接作用式，即在一筒式容器内，压缩空气直接作用在液面上，或通过活塞、隔膜等作用在液面上。推压液体以同样的压力向外输出。如图 5-8（a）所示为气液直接接触式转换器结构原理图，当压缩空气由上部输入管输入后，经过管道末端的缓冲装置使压缩空气作用在液压油面上，因而液压油即以压缩空气相同的压力，由转换器主体下部的排油孔输出到液压缸，使其动作；另一种气液转换器是换向阀式，它是一个气控液压换向阀。采用气控液压换向阀，需要另外备有液压源。气液转换器的职能符号如图 5-8（b）所示。

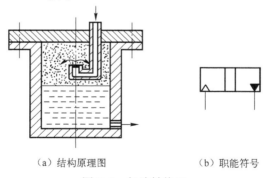

（a）结构原理图　　　　　（b）职能符号

图 5-8　气液转换器

5.2.2　位置控制回路分析

位置控制回路的功能是使执行元件在预定或任意位置停留。由于气体具有压缩性及气动系统不能保证长时间不漏气，所以只利用三位电磁阀对汽缸进行位置控制，难以得到高的定位精度。要求定位精度较高的场合，可使用机械辅助定位、多位汽缸、锁紧汽缸或气液转换器等方法。下面介绍一些典型的位置控制回路。

1. 机械挡块控制位置控制回路

为了使汽缸在行程中间定位，最可靠的方法是在定位点设置机械挡块，如图 5-9（a）所示。该回路简单可靠，定位精度高，但有冲击振动，其挡块的刚性对定位精度有影响，适用于惯性负载较小、运动速度不高的场合。图 5-9（b）所示为该回路的电气控制电路图。下面结合电路分析该回路的工作过程。

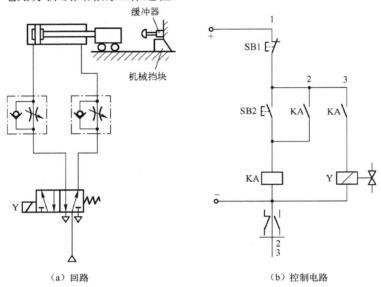

（a）回路　　　　　　　　　　　　　　　（b）控制电路

图 5-9　采用缓冲挡块的位置控制回路及电气控制电路

小车右行：如图 5-10 所示，按下进程启动按钮 SB2，继电器 KA 线圈得电并自锁，二位五通电磁阀 Y 得电，推动阀芯向右移动，电磁阀左位接入系统，压缩空气经单向阀进入汽缸左腔，右腔经单向节流阀排气，推动汽缸活塞右移，带动小车右行直至碰到挡块，小车停止并维持。气路行进方向如图中箭头方向所示。

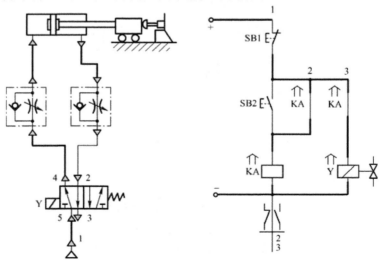

图 5-10　采用缓冲挡块的位置控制气动与电气回路图——进程

小车左行：如图 5-11 所示，按下停止按钮 SB1，继电器 KA 线圈失电，电磁阀 Y 失电，阀芯在弹簧力的作用下左移回到原位，气路行进方向如图中箭头方向所示，推动汽缸活塞左移，带动小车左行回到原位，小车停止。

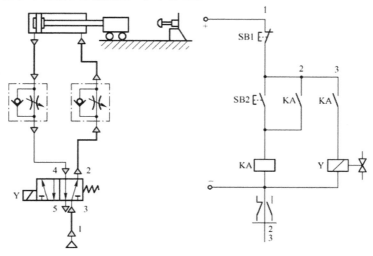

图 5-11 采用缓冲挡块的位置控制气动与电气回路图——回程

2．利用多位汽缸的位置控制回路

利用多位汽缸可实现多点位置控制，如图 5-12（a）所示是使用三位汽缸的位置控制回路。 减压阀 3 调定汽缸的回程压力。当三通电磁阀 1 通电后，A 缸前进，同时推动 B 缸，B 缸有杆腔内的压缩空气经快速排气阀排出，汽缸 A 前进全行程后停止。当五通电磁阀 2 左端电磁铁通电后，B 缸继续前进达到其全行程。汽缸回程时， 五通电磁阀 2 右端电磁铁通电且电磁阀 1 断电，B 缸推动 A 缸，活塞杆返回原位。图 5-12（b）所示为该回路相应的电气控制电路。下面结合电路分析该回路的工作过程。

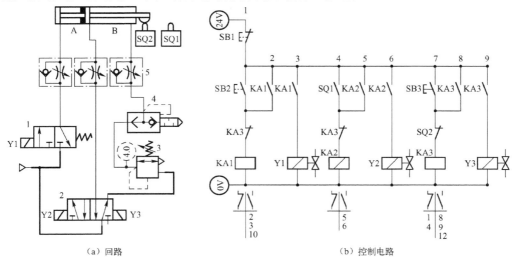

（a）回路　　　　　　　　　（b）控制电路

1—三通电磁阀；2—五通电磁阀；3—减压阀；4—快速排气阀；5—单向节流阀

图 5-12 多位汽缸位置控制回路及电气控制电路

初始状态：行程开关 SQ2 受压，气泵供气，由于所有继电器和电磁阀线圈不得电，汽缸活塞维持原位，如图 5-12 所示。

汽缸 A 活塞右移：如图 5-13 所示，按下启动按钮 SB2，继电器 KA1 线圈得电并自锁，二位三通电磁阀 Y1 线圈得电，推动阀芯向右移动，气路行进方向如图中箭头方向所示，A 缸活塞推动 B 缸活塞一起右移，B 缸活塞杆上的挡铁离开行程开关 SQ2，7 路的 SQ2 触点复位。直到汽缸 A 中的活塞前进全行程后停止，B 缸活塞杆上的挡铁压下行程开关 SQ1，如图 5-14 所示。

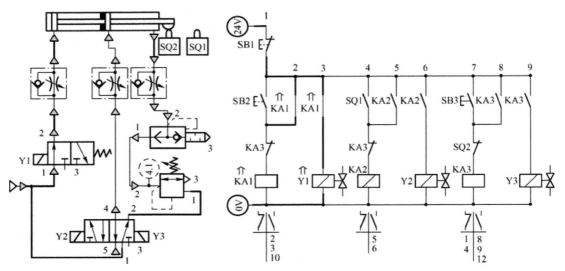

图 5-13　多位汽缸控制回路的汽缸 A 活塞右移控制图

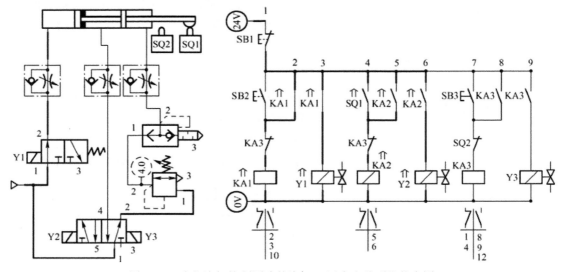

图 5-14　多位汽缸控制回路的汽缸 A 活塞右移到位状态图

汽缸 B 活塞右移：当行程开关 SQ1 受压，如图 5-14 所示，二位三通电磁阀 Y1 线圈继续得电，4 路的 KA2 线圈得电并自锁，二位五通电磁阀 Y2 线圈得电，推动阀芯向右移动，如图 5-15 所示，气路行进方向如图中箭头方向所示，气压推动 B 缸活塞继续右移，直到汽缸 B 中的活塞前进全行程后停止并维持原位，如图 5-16 所示。

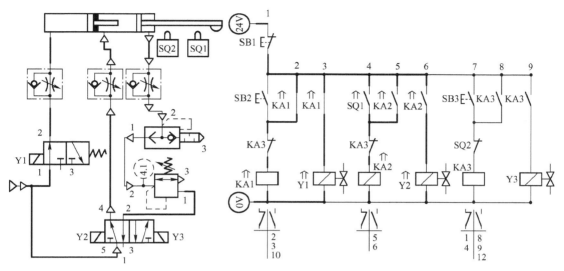

图 5-15　多位汽缸控制回路的汽缸 B 活塞右移控制图

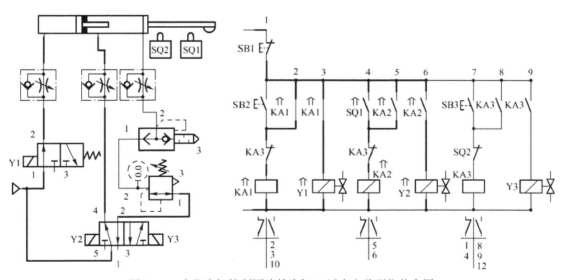

图 5-16　多位汽缸控制回路的汽缸 B 活塞右移到位状态图

汽缸活塞左移：按下返程按钮 SB3，如图 5-17 所示，继电器 KA3 线圈得电并自锁，二位五通电磁阀 Y3 线圈得电，推动阀芯向左移动，由于 KA3 线圈得电，使 1 路、4 路的 KA1、KA2 线圈失电，Y1、Y2 线圈失电，二位三通电磁阀阀芯受弹簧力作用复位，气路行进方向如图中箭头方向所示。在汽缸 B 活塞返程行进过程中，活塞杆挡铁压下行程开关 SQ1 时对电路和气路都没有影响，然后 B 缸活塞推动 A 缸活塞一起左移，直至挡铁压合行程开关 SQ2，汽缸中的活塞返回全行程后停止，7 路的 SQ2 触点断开，继电器 KA3

线圈失电，二位三通电磁阀阀芯维持不动，其状态如图 5-12 所示。

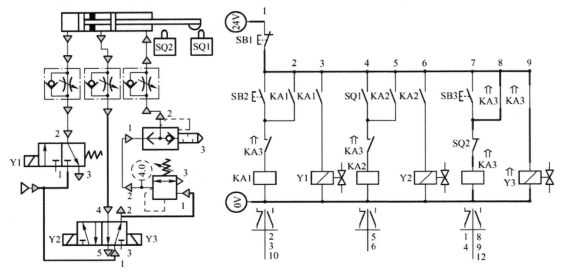

图 5-17　多位汽缸控制回路的汽缸活塞左移控制图

3．气液转换器控制的位置控制回路

图 5-18（a）所示为采用气液转换器的位置控制回路。当五通电磁阀和二通电磁阀同时通电时，液压缸活塞杆伸出。液压缸运动到指定位置时，控制信号使二通电磁阀断电，液压缸有杆腔的液体被封闭，液压缸停止运动；反之亦然。采用气液转换器控制的目的是为了获得高精度的位置控制。图 5-18（b）所示为该回路相应的电气控制电路。下面结合电路分析该回路的工作过程。

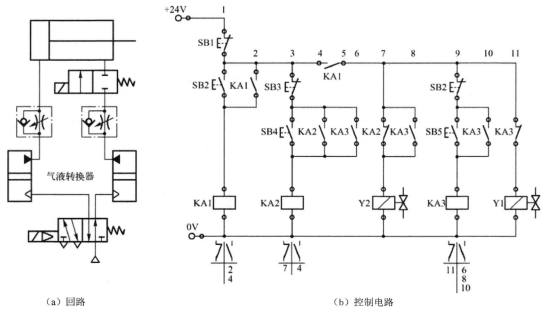

（a）回路　　　　　　　　　　　　　（b）控制电路

图 5-18　采用气液转换器的位置控制回路及电气控制电路图

初始状态：气泵供气，由于所有继电器和电磁阀线圈不得电，液压缸活塞维持原位，如图 5-18（b）所示。

液压缸活塞右移：如图 5-19 所示，按下右移启动按钮 SB2，继电器 KA1 线圈得电并自锁，二位五通电磁阀 Y1 线圈得电，推动阀芯向右移动，同时，二位三通电磁阀 Y2 线圈通过 KA2 的常闭触点得电，推动阀芯向右移动，气路行进方向为：气泵供气经过二位五通电磁阀推动左边气液转换器，压力油经过节流阀进入液压缸左腔，推动活塞向右移动，右腔的压力油经过二位三通电磁阀和节流阀到达右边气液转换器，压缩气体经二位五通电磁阀排出。

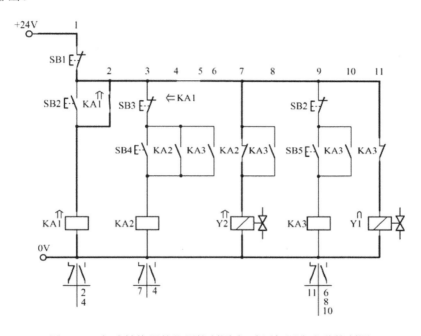

图 5-19　气液转换器的位置控制回路-液压缸活塞右移控制图

液压缸活塞右移过程中停止：如图 5-20 所示，按下中途停止按钮 SB4，继电器 KA2 线圈得电并自锁，7 路的 KA2 常闭触点断开，二位三通电磁阀 Y2 线圈失电，阀芯左移复位，而二位五通电磁阀继续得电，液压缸右腔的油路被阻断，液体被封闭，液压缸中的活塞在右移过程中停止运动。

液压缸活塞中途停止后继续右移：如图 5-21 所示，按下继续右移按钮 SB3，继电器 KA2 失电，7 路的 KA2 常闭触点复位，二位三通电磁阀 Y2 线圈得电，推动阀芯向右移动，而二位五通电磁阀继续得电，液压缸右腔的油路被开通，液压缸中的活塞继续右移，中途如须再停，重复操作 SB3、SB4 即可，直至活塞到达全行程后停止。

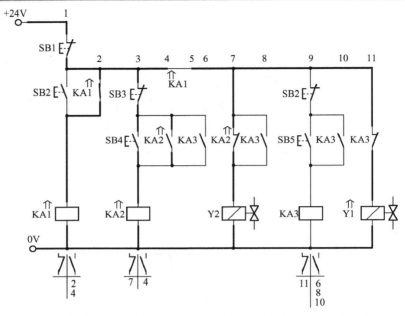

图 5-20　气液转换器的位置控制回路-液压缸活塞右移中途停止控制图

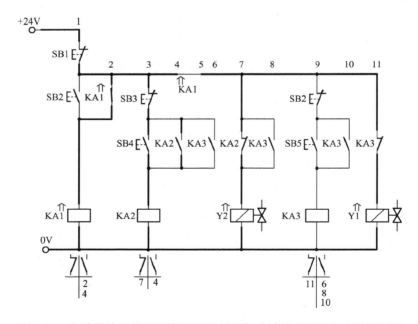

图 5-21　气液转换器的位置控制回路-液压缸中途停止后继续右移控制图

液压缸活塞左移：如图 5-22 所示，按下左移启动按钮 SB5，继电器 KA3 线圈得电并自锁，11 路的 KA3 常闭触点断开，二位五通电磁阀 Y1 线圈失电，阀芯左移复位，继电器 KA2 线圈通过 6 路的 KA3 触点得电，7 路的 KA2 常闭触点断开，而二位三通电磁阀 Y2 线圈通过 8 路的 KA3 触点继续得电，此时的气路行进方向为：气泵供气经过二位五通电磁阀推动右边气液转换器，压力油经过节流阀和二位三通电磁阀进入液压缸右腔，推动活塞左移，左腔的压力油经过节流阀到达左边气液转换器，压缩气体经二位五通电磁阀排出。

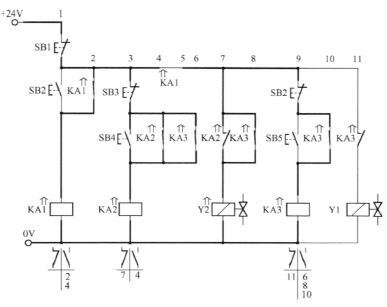

图 5-22　气液转换器的位置控制回路-液压缸活塞左移控制图

液压缸活塞左移过程中停止：如图 5-23 所示，按下右移启动按钮 SB4（兼左移中途停止功能），继电器 KA3 线圈失电，8 路的 KA3 常开触点复位，二位三通电磁阀 Y2 线圈失电，阀芯左移复位，而此时二位五通电磁阀由于 11 路的 KA3 常闭触点复位得电（对液压回路没有影响），液压缸右腔的油路被阻断，液体被封闭、液压缸中的活塞在左移过程中停止运动。

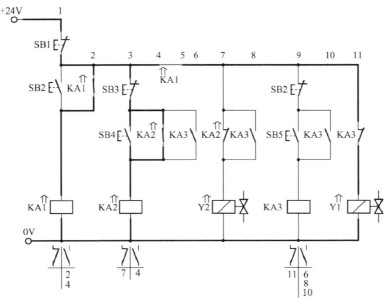

图 5-23　气液转换器的位置控制回路-液压缸活塞左移中途停止控制图

液压缸活塞中途停止后继续左移：如图 5-24 所示，按下左移按钮 SB5（兼继续左移功能），继电器 KA3 线圈得电，8 路的 KA3 触点闭合，二位三通电磁阀 Y2 线圈得电，推动阀芯向右移动，二位五通电磁阀由于 11 路的 KA3 常闭触点断开而失电，液压缸左腔的油路被开通，液压缸中的活塞继续左移，中途如须再停，重复操作 SB2、SB5 即可，直至活塞到达全行程后停止。

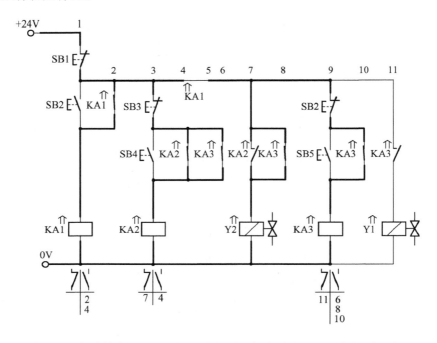

图 5-24 气液转换器的位置控制回路-液压缸中途停止后继续左移控制图

当活塞到达全行程停止后，按下停止按钮 SB1 即可，此时所有的继电器和电磁阀线圈不得电，液压缸活塞回到初始状态维持原位，如图 5-18 所示。如果加装一个位置控制开关，当活塞到达全行程停止后，则不需要再按停止按钮 SB1 就能使所有电器失电，实现了自动控制。具体电路请读者参照图 5-18 自行设计。

4. 利用锁紧汽缸的位置控制回路

利用锁紧汽缸可以实现中间定位控制，如图 5-25 所示为对水平汽缸的控制。制动活塞采用了弹簧锁（排气锁）的方式。当电磁阀 2 通电时，制动解除，汽缸便可在电磁阀 1 的控制下进行伸缩运动。当活塞杆运动至需要定位的位置时，电磁阀 2 一断电，活塞杆便被制动锁锁住。上述回路中，控制汽缸的主控阀使用了三位五通中压式电磁换向阀。汽缸锁紧后，活塞两侧应处于力平衡状态，以防止开锁时，由于活塞受力不平衡出现活塞杆快速伸出的现象，以免伤及人或设备，故在汽缸的无杆侧，设置带有单向阀的减压阀。

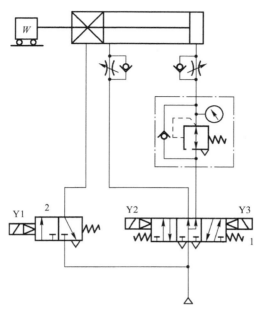

图 5-25　利用锁紧汽缸实现中间定位

如图 5-26 所示为其电气控制电路，其工作原理可自行分析，这里不再赘述。

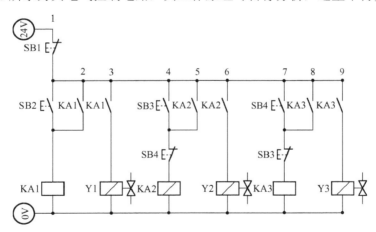

图 5-26　利用锁紧汽缸控制的电气控制电路图

5. 利用磁性开关（或行程开关）、机控阀等实现位置控制

如图 5-27（a）所示是带磁性开关的汽缸，若改变汽缸上两个磁性开关之间的间距，则活塞杆的检测行程便改变。图 5-27（b）是机控阀控制汽缸连续往复回路，若两机控阀的间距改变，也就改变了汽缸的伸缩行程。图 5-28 为图 5-27（a）的电气控制电路，其工作原理读者可自行分析。

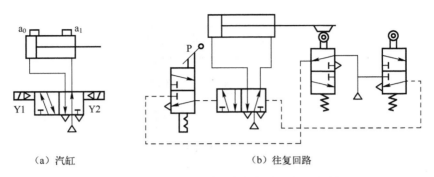

（a）汽缸　　　　　　　　　　（b）往复回路

图 5-27　利用磁性开关或机控阀实现位置控制

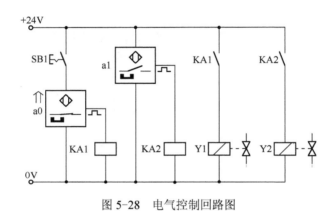

图 5-28　电气控制回路图

6．利用气动位置传感器实现位置控制

如图 5-29 所示为利用气动位置传感器实现位置控制的回路，按下手动阀 1 的按钮，使上位接入回路，同时使压缩空气由换向阀 5 的左位进入汽缸无杆腔，活塞杆便可伸出，当活塞杆伸出至行程终端，活塞杆前端的挡板一靠近气动背压式位置传感器 3 的喷嘴时，传感器腔室内的背压上升，便可使气控换向阀 4 换向，使主控阀 5 切换，指挥汽缸返回。用气动位置传感器可以保证定位精度高。为了减少气动传感器的耗气量，设有减压阀 6 及节流阀 7。

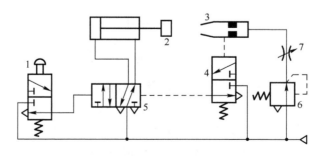

图 5-29　利用气动位置传感器实现位置控制

5.3　位置控制的实例分析

　　位置控制回路是气动系统中很重要的一种回路，在各行各业中应用广泛。通过对前面常用控制回路分析可知，给煤机风门控制系统就是一个典型的位置控制回路，通过控制风门开度位置来控制风量。下面分步骤对应用实例进行分析。

　　给煤机风门控制系统实际上是利用锁紧汽缸来实现中间定位控制的，它的控制程序是：当 VT 系列三通电磁阀通电时，MNB 系列带锁汽缸解锁，汽缸便可在 VFS 系列五通电磁阀控制下进行伸缩运动，当风门运动至需要定位的位置时，使三通电磁阀断电，活塞杆便被制动锁锁住（弹簧锁）。当汽缸锁紧后，应保证活塞两侧处于力平衡状态，以防止开锁时，活塞杆快速伸出的现象，主阀采用了三位五通中压式电磁换向阀，并设置有带单向阀的 AR 系列减压阀，AS 系列限流器可以控制活塞移动速度。

5.4　实训操作

5.4.1　双作用汽缸的行程控制实训

参考课时： 2 课时

实训装置：亚龙 YL-381B 型气压、液压实训装置

1．实训目的、要求

（1）熟悉气控换向阀、手动换向阀的工作原理及作用。

（2）熟悉行程阀的作用、工作原理及安装方法。

（3）熟悉行程控制的方法。

（4）熟悉气动实训台、气动元件、管路等的连接、固定方法和操作规则。

（5）熟悉基本的气动回路图，能顺利搭建本实训回路，并完成规定的运动。

2．实训原理和方法

　　双作用汽缸行程控制回路的实训目的是实现汽缸的位置控制，如图 5-30 所示为本实训回路图，它是通过行程阀作为检测元件来控制汽缸活塞位置的，只要改变行程阀的安装位置即可改变汽缸的伸缩行程。

　　实训时首先合上控制面板的电源开关，按下按钮开关，二位五通双气控换向阀切换，左位接入系统，汽缸活塞伸出，当伸出到行程阀 SQ2 的位置时，汽缸活塞杆压下行程阀 SQ2，二位五通双气控换向阀切换，右位接入系统，活塞杆缩回。改变行程阀 SQ2 的安装位置，观察汽缸行程的变化。

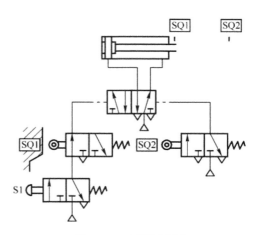

图 5-30　实训回路图

3．主要设备及实训元件

双作用汽缸的行程控制实训的主要设备及实训元件，见表 5-1。

表 5-1　双作用汽缸的行程控制实训的主要设备及实训元件

序号	实训设备及元件	序号	实训设备及元件
1	气动实训平台	5	二位三通手动换向阀
2	气源	6	二位三通行程阀（两个）
3	双作用汽缸	7	气管
4	二位五通双气控换向阀		

4．实训内容及步骤

（1）按照实训原理图选择所需要的气动元件，并摆放在实训台上；

（2）在实训台上搭接如图 5-30 所示控制回路并检查连接的正确性；

（3）打开气源开关，确定无漏气，按下按钮开关 S1，观察汽缸活塞的动作；

（4）调整行程阀 SQ2，再按下按钮开关 S1，观察汽缸活塞行程的变化；

（5）对实训中出现的问题进行分析和解决；

（6）实训完成后，关闭气源开关，拆卸所搭接的气动回路，并将气动元件、气管等归位。

5．操作技能测评

学生应能够按照实训步骤和技能测试记录表中的测评要求，进行独立思考和实训。评估不合格者，学生提出申请，允许重新评估。双作用汽缸的行程控制实训记录见表 5-2。

表 5-2　双作用汽缸的行程控制实训记录

实训操作技能训练测试记录			
学生姓名		学　号	
专　业		班　级	
课　程		指导教师	
下列清单作为测评依据，用于判断学生是否通过测评已经达到所需能力标准			
第一阶段：测量数据			
学生是否能够		分值	得分
遵守实训室的各项规章制度		10	
熟悉原理图中各气动元件的基本工作原理		10	
熟悉原理图的基本工作原理		10	
正确搭建双作用汽缸行程控制回路		15	
正确调节气源开关、控制旋钮（开启与关闭）		20	
控制回路正常运行		10	
正确拆卸所搭接的气动回路		10	
第二阶段：处理、分析、整理数据			
学生是否能够		分值	得分
利用现有元件拟定其他方案，并进行比较		15	

续表

实训技能训练评估记录

实训技能训练评估等级：优秀（90 分以上）　□
　　　　　　　　　　良好（80 分以上）　□
　　　　　　　　　　一般（70 分以上）　□
　　　　　　　　　　及格（60 分以上）　□
　　　　　　　　　　不及格（60 分以下）□

指导教师签字_____　　　　　日期_____

6．完成实训报告和下列思考题

（1）如用行程开关代替行程阀实现上述功能，确定气动控制图和电气控制图。

（2）用磁性汽缸及磁性开关怎样搭接才能实现上述功能？

5.4.2　振动料桶行程控制回路实训

参考课时：2 课时

实训装置：亚龙 YL-381B 型气压、液压实训装置

1．实训目的、要求

（1）认识振动频率可随供气量而变化。

（2）掌握在活塞杆冲程中部使用行程开关的方法。

（3）熟悉行程控制的方法，运用在特定行程范围内作快速往复运动的回路。

（4）熟悉气动实训台、气动元件、管路等的连接、固定方法和操作规则。

（5）熟悉基本的气动回路图，能顺利搭建本实训回路，并完成规定的运动。

2．实训原理和方法

当各种液体颜料倒入颜料桶中，要用振动机将它们搅和（见图 5-31）。

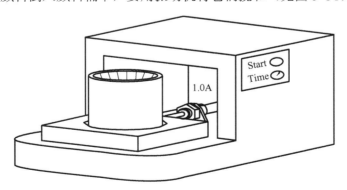

图 5-31　振动料桶行程控制示意图

按下按钮开关，伸出的汽缸(1.0)的活塞杆退回到尾端位置，并在尾端某一行程范围内作往复运动。其振动的行程范围用处于尾端和处于中部的行程开关（滚轮杠杆行程阀）来限位。振动频率的调节通过压力调节阀控制供气量来实现（将工作压力置于 $p=4bar$）。

当特定的时间间隔达到后，振动停止。双作用汽缸的活塞杆完全伸出，达到前端位置，并压下前端的滚轮杆行程阀（设定的振动时间 $t=10s$）。

打开气源，A 汽缸伸出到位；按下按钮，A 汽缸在初始端和冲程中间往复运动。汽缸从伸出到位的位置回缩，离开 1.9 后，1.1 中的 12 口没有控制气体，但是由于双气控换向阀具有记忆功能，所以汽缸继续回缩；回缩到 1.7，继续汽缸继续回缩；触动到 1.2 时，14 口有气体，1.1 换到左位；汽缸伸出，在 1.2～1.7 之间往复运动；当延时阀延时一段时间后，$t=10s$，

汽缸停止运动，最终停止在伸出到位的位置（见图 5-32）。

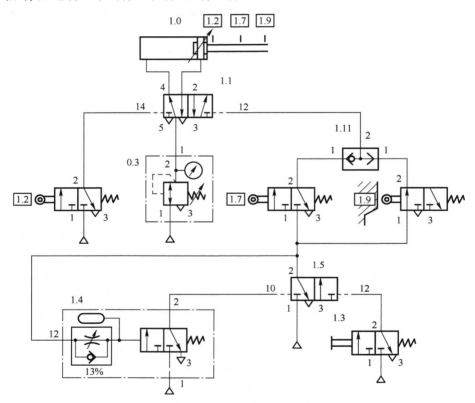

图 5-32　振动料桶行程控制回路参考图

3．主要设备及实训元件

振动料桶行程控制回路实训的主要设备及实训元件见表 5-3。

表 5-3　振动料桶行程控制回路实训的主要设备及实训元件

序号	实训设备及元件	序号	实训设备及元件
1	气动实训平台	5	二位三通手动换向阀
2	气源	6	二位三通行程阀（两个）
3	双作用汽缸	7	气管
4	二位五通双气控换向阀	8	延时阀

4．实训内容及步骤

（1）按照实训原理图选择所需要的气动元件，并摆放在实训台上；

（2）在实训台上搭接如图 5-32 所示控制回路并检查连接的正确性；

（3）打开气源开关，确定无漏气，按下按钮开关 S1，观察汽缸活塞的动作；

（4）调整行程阀 SQ2，再按下按钮开关 S1，观察汽缸活塞行程的变化；

（5）对实训中出现的问题进行分析和解决；

（6）实训完成后，关闭气源开关，拆卸所搭接的气动回路，并将气动元件、气管等归位。

5．操作技能测评

学生应能够按照实训步骤和技能测试记录表中的测评要求，进行独立思考和实训。评估不合格者，学生提出申请，允许重新评估。振动料桶行程控制回路实训记录见表 5-4。

表 5-4　振动料桶行程控制回路实训记录

实训操作技能训练测试记录			
学生姓名		学　号	
专　业		班　级	
课　程		指导教师	
下列清单作为测评依据，用于判断学生是否通过测评已经达到所需能力标准			
第一阶段：测量数据			
学生是否能够		分值	得分
遵守实训室的各项规章制度		10	
熟悉原理图中各气动元件的基本工作原理		10	
熟悉原理图的基本工作原理		10	
正确搭建振动料筒行程控制回路		15	
正确调节气源开关、控制旋钮（开启与关闭）		20	
控制回路正常运行		10	
正确拆卸所搭接的气动回路		10	
第二阶段：处理、分析、整理数据			
学生是否能够		分值	得分
利用现有元件拟定其他方案，并进行比较		15	
实训技能训练评估记录			
实训技能训练评估等级：优秀（90 分以上）　□ 良好（80 分以上）　□ 一般（70 分以上）　□ 及格（60 分以上）　□ 不及格（60 分以下）　□			

指导教师签字_____　　　　　日期_____

6. 完成实训报告和下列思考题

如果要精确控制振动料筒回路工作的时间，可以用电气控制来实现，应该如何设计？

5.5 习题与思考

1. 锁紧汽缸的锁紧方式有哪几种？

2. 简述多位汽缸的工作原理。

3. 气液转换器在气动系统中有何作用？

4. 请学生参照图 5-18 设计一个当液压缸活塞到达全行程停止后自动停车的气液转换位置控制电路。

5. 在 Fluid SIM-P 仿真软件上对图 5-27 所示回路进行电路设计并进行仿真练习。

6. 试画出图 5-1 所示给煤机二次风门控制系统的电气控制回路，并结合气动回路分析其工作过程。

项目六 流水线上检测装置的控制

教学提示： 本项目内容以流水线上检测装置控制系统的设计为引子，对行程-程序图、信号-动作状态图、行程程序的分析方法进行介绍，在知识或技能展开介绍的过程中，可结合实物或在控制现场进行教学，并通过同步的实训操作训练加以理解和巩固。

教学目标： 结合流水线上检测装置控制系统的实际应用，熟悉行程程序控制中各类气动元件、电器元件的结构和动作原理；掌握行程程序的表示方法，能绘制信号-动作状态图。

6.1 任 务 引 入

图 6-1（a）所示为流水线上检测装置的工作示意图，圆形工作台上有 6 个工位，汽缸 B 是检测汽缸，对工件进行检测；汽缸 A 是工作汽缸，它每伸出一次，使工作台转过一定的角度。检测装置的工作要求是：汽缸 A 伸出→汽缸 B 伸出→汽缸 A 退回→汽缸 B 退回。图 6-1（b）就是实现该检测装置的控制回路图。

类似于检测装置这种需要两个（或两个以上）执行汽缸协调工作的回路称为多缸回路，要分析多缸回路工作原理时首先要画出汽缸运动的位移-步骤图，有关动作顺序的条件也应在位移-步骤图中加以规定。另外从检测装置的控制回路图可以看出，在多缸回路的控制中，一般用行程程序回路来实现，因而在分析检测装置工作原理之前，需要对行程程序控制有一个较全面的掌握。

6.2 行程程序控制回路基础知识

6.2.1 气动程序控制系统

1. 程序控制的定义

在实际应用中，当一个自动化装置中的各个执行元件按预先设定的顺序，根据生产过程中的位移、时间、压力等信号的变化协调动作时，这种自动控制方式就称为程序控制。大多数的自动化设备都是按预定程序工作的。根据动作顺序的不同控制方式，程序控制可分为时间程序控制、行程程序控制和混合程序控制三种。

1）时间程序控制

各执行元件的动作按照时间顺序动作的自动控制方式称为时间程序控制。发信装置按一定的时间间隔发出时间信号，通过相应的控制回路来控制执行元件顺序动作。

2）行程程序控制

在行程程序控制中，一个自动化装置中的执行元件前一个动作完成后，发出完成信号，该完成信号启动下一个动作。行程程序控制是一种只有在前一个动作完成后，才允许下一动作执行的控制方式。

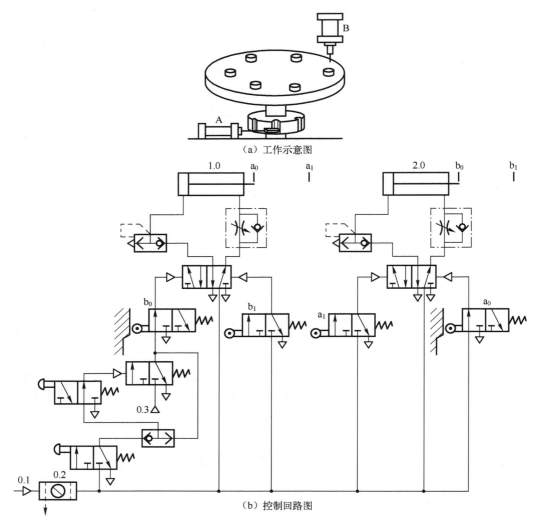

（a）工作示意图

（b）控制回路图

图 6-1　检测装置工作示意图及控制回路图

3）混合程序控制

混合程序控制是行程程序控制和时间程序控制的综合。如果把时间信号也看成行程信号的一种，那么它实际上也可以认为是一种行程程序控制。在工业控制过程中，很多时候还可以将压力、温度、液位等信号作为行程信号来看待。

2．气动程序控制系统的组成

一个典型的气动程序控制系统的组成如图 6-2 所示。

1）输入元件

这是程序控制系统的人机接口部分。该部分使用各种按钮开关、选择开关来进行气动装置的启动等操作。

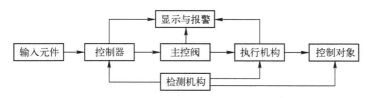

图 6-2 气动程序控制系统的组成

2）控制器

这是程序控制系统的核心部分。它接受输入控制信号后，进行逻辑运算、记忆、延时等各种处理，产生出完成各种控制作用的输出信号。对纯气动控制来说，控制部分主要由各种方向控制阀、气动逻辑阀等元件组成。

3）主控阀

主控阀接受一定的信号，产生具有一定的压力和流量的气动信号，驱动后面的执行机构动作。常用的元件有各种压力控制阀、流量控制阀、方向控制阀，实际应用中一般以方向控制阀作为主控阀的居多。

4）执行机构

执行机构将主控元件的输出能转换成各种机械动作。执行机构由气动执行元件和由它联动的机构组成。常用的气动执行元件是汽缸、气爪、气动马达和真空吸盘等。

5）检测机构

其用来检测执行机构、控制对象的实际工作情况，并将检测出的信号送回控制器。检测机构中的行程信号器是一种发出行程（位置）信号的转换器（传感器），在纯气动控制中应用较多的是行程阀。

6）显示与报警

其用于监控系统的运行情况，出现故障时发出故障报警。常用的元件有测压表、报警灯、显示屏等。

3. 行程程序控制

在上述三种控制方式中，行程程序控制结构简单、维修容易、动作稳定可靠。在程序中某一个环节发生故障无法发出完成信号时，后面的动作就不会进行，使整个程序停止动作，能够实现系统和设备的自动保护。所以在许多自动化控制系统中，包括气压传动自动控制系统中行程程序控制得到了非常广泛的应用。

行程程序控制的方框图如图 6-3 所示。

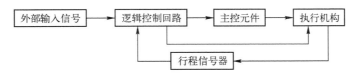

图 6-3 行程程序控制框图

外部输入的启动信号经逻辑回路进行逻辑运算后，通过主控元件发出一个执行信号，推动第一个执行元件动作。动作完成后，执行元件在其行程终端触发第一个行程信号器，发生新的信号，再经逻辑控制回路进行逻辑运算后发出第二个执行信号，指挥第二个执行元件动作。依次不断地循环运行，直到控制任务完成，切断启动指令为止。这是一个闭环控制系统。显然，只有前一个工步动作完成后，才能进行后一个工步动作。这种控制方法具有连锁作用，能使执行机构按预定的程序动作，因此，极为安全可靠，是气动自动化设备上使用最广泛的一种方法。

4. 行程程序的表示方法

行程程序根据生产工艺流程的要求，确定应使用的执行元件数量及完成任务的动作顺序的要求，可用程序框图来表示。

1）程序框图

程序框图是用每一个方框表示一个动作或一个行程。检测装置根据位移-步骤图中的分析，其动作次序可以用图 6-4 所示的程序框图表示。

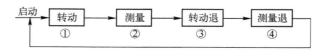

图 6-4 检测装置动作程序框图

2）程序框图的简化

为了简化程序框图，常用文字符号来表示行程程序。在用文字符号表示程序框图时对汽缸、主控阀、行程阀等做出如下规定。

（1）执行元件的表示方法。

用大写字母 A、B、C、…表示执行元件，用下标"1"表示汽缸活塞杆的伸出状态，用下标"0"表示汽缸活塞杆的缩回状态。如 A_1 表示 A 缸活塞杆伸出，A_0 表示 A 缸活塞杆缩回。

（2）行程阀的表示方法。

用带下标的小写字母 a_1、a_0、b_1、b_0 等分别表示由 A_1、A_0、B_1、B_0 等动作触发的相对应的行程阀及其输出的信号。如 a_1 是 A 缸活塞杆伸出到终端位置所触发的行程阀及其输出的信号。

（3）主控阀的表示方法。

主控阀用 F 表示，其下标为其控制的汽缸号。如 F_A 是控制 A 缸的主控阀。主控阀的输出信号与汽缸的动作是一致的，如主控阀 F_A 的输出信号 A_1，即活塞杆伸出。

汽缸与主控阀、行程阀之间的关系及有关代号如图 6-5 所示。

（4）行程程序的简化表示方法。

根据上述的规定，检测装置的程序框图可简化成图 6-6 所示的表示方法。其中，$\xrightarrow{a_1} B_1$ 表示行程阀 a_1 发出控制信号，使 B 缸活塞杆伸出；$B_1 \xrightarrow{b_1}$ 表示 B 缸活塞杆伸出到行程终端触发行程阀 b_1，发出信号 b_1。

从图 6-6 所示的表示方法，可以清晰地看出所需的行程控制信号，它确定了回路设计的依据。

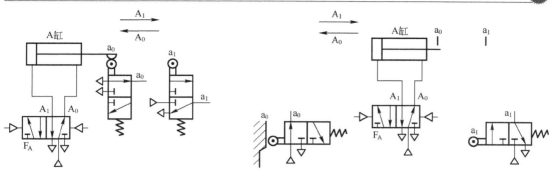

图 6-5 汽缸、主控阀、行程阀之间的关系

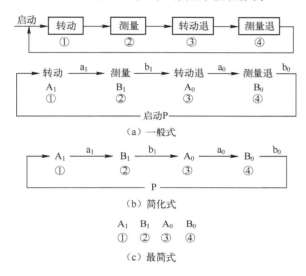

（a）一般式

（b）简化式

$$\begin{array}{cccc} A_1 & B_1 & A_0 & B_0 \\ ① & ② & ③ & ④ \end{array}$$

（c）最简式

图 6-6 检测装置的简化表示方法

5. 信号-动作状态图的绘制

1）信号-动作状态图的定义

信号-动作状态图简称 X-D 图，其中，"X" 是 "信号" 一词汉语拼音的字头，"D" 是 "动作" 一词汉语拼音的字头。这里的信号是指所选阀或行程开关被触发而产生的机械信号，或再由行程阀转换成的气信号、电信号，即 a_1、a_0、b_1 等。"动作" 是指汽缸活塞杆伸出或返回的动作，如 A_1、A_0、B_1 等。如果将 "动作" 看成主控阀的输出信号，则又可称为 "信号-状态图"，即主控阀的 "输入信号-输出信号" 状态图。

2）绘制 X-D 图的方格图

方格图的格式如图 6-7 所示。

根据已给程序，在方格第一行 "程序" 栏内自左向右依次填入相应的动作符号 A_1、B_1、…；第二行栏内依次填上程序号①、②、…；最左边纵向栏内依次在每格内填上 "信号动作" 组的符号，同一横格的上行填写行程阀的原始信号，如 $b_0(A_1)$、$a_1(B_1)$、…，下行填写该信号控制的动作状态符号，如 A_1、B_1、…。图 6-7 中 $\dfrac{b_0(A_1)}{A_1}$，表示控制 A_1 动作

信号的是 b_0，并使汽缸 A 的活塞杆伸出。执行信号中双控执行信号是指采用双气（双电）控换向阀作为主控阀时所用的执行信号，单控执行信号是指采用单气（单电）控换向阀作为主控阀时所用的执行信号。

X–D （信号动作）组		程序				执行信号	
		A_1	B_1	A_0	B_0	单控	双控
		①	②	③	④		
1	$b_0 (A_1)$						
	A_1						
2	$a_1 (B_1)$						
	B_1						
3	$b_1 (A_0)$						
	A_0						
4	$a_0 (B_0)$						
	B_0						
备用格							

图 6-7 检测装置 X-D 图的方格图

3）画动作状态线

绘制好 X-D 图的方格图后，接着先画动作状态线。每一纵格表示一个行程，行程与行程之间的交界线为汽缸的换向线。

每一条动作状态线的起点在该动作程序的开始处，应落在该程序与上一程序的交界线上，用符号"○"表示；每一动作状态线的终点，位于该动作状态的换向线处，即处于其相反动作的起点处，用符号"×"表示，两点之间用粗实线相连接，其连接线就是该动作的状态线，如图6-8所示。

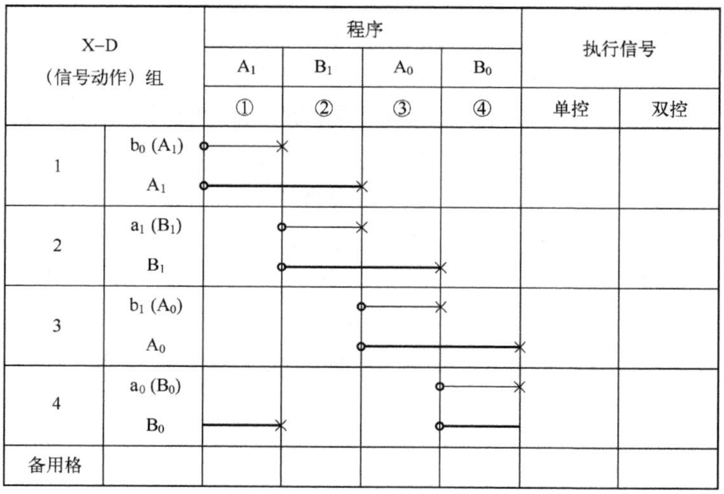

X–D （信号动作）组		程序				执行信号	
		A_1	B_1	A_0	B_0	执行信号	
		①	②	③	④	单控	双控
1	$b_0 (A_1)$	○——×					
	A_1	○————×					
2	$a_1 (B_1)$		○——×				
	B_1		○————×				
3	$b_1 (A_0)$			○——×			
	A_0			○————×			
4	$a_0 (B_0)$				○——×		
	B_0	○————×			○————×		
备用格							

图 6-8 检测装置的 X-D 图

4）画信号线

信号线的起点与同一组中动作状态线的起点相同，用符号"○"画出；信号线的终点和上一组中产生该信号的动作线终点相同，用符号"×"画出。用细实线画各行程信号线。如图6-8所示。需要指出的是，若考虑到阀的切换及汽缸启动等的传递时间，信号线的起点应超前于它所控制动作的起点，而信号线的终点应滞后于产生该信号动作线的终点。当在 X-D 图上反映这种情况时，则要求信号线的起点与终点都应伸出分界线，但因为这个值很小，因而除特殊情况外，一般不予考虑。

用符号"⊗"表示该信号线的起点与终点重合，实际上即表示该信号为脉冲信号。

通过 X-D 图可以方便地看出行程信号与动作之间的关系，以便确定系统各元件所处的原始状态。

6. 信号障碍的处理

由一个信号妨碍另一个信号输入，使程序不能正常进行的信号，称为Ⅰ型障碍信号，它经常发生在单往复程序回路中。而把由于信号多次出现而产生的障碍称为Ⅱ型障碍信号，这种障碍通常发生在多往复回路中。

行程程序控制回路设计的关键，就是要找出这种障碍信号和设法排除它们。

1）判别有无障碍信号

在 X-D 图中，若各信号线均比所控制的动作线短（或等长），则各信号均为无障碍信号；若有某信号线比所控制的动作线长，则该信号为障碍信号，长出的那部分线段就叫障碍段，用波浪线"～～～"表示。这种情况存在时，说明信号与动作不协调，即动作状态要改变，而其控制信号还未消失，即不允许其改变。

2）排除障碍段（简称消障）

为了使各执行元件能按规定的动作顺序正常工作，设计时必须把有障碍信号的障碍段去掉，使其变成无障碍信号，再由它去控制主控阀。在 X-D 图中，障碍信号表现为控制信号线长于其所控制的动作状态存在时间，所以常用的排除障碍的办法就是缩短信号线长度，使其短于此信号所控制的动作线长度，其实质就是要使障碍段失效或消失。

常用的方法有：脉冲信号法、逻辑回路法、辅助阀法等。这里仅介绍用脉冲信号法进行消障。

脉冲信号法的实质，是将所有的有障信号变为脉冲信号，使其在命令主控阀完全换向后立即消失，这就必然消除了任何Ⅰ型障碍。如何发出脉冲信号呢，可以采用机械法，也可采用脉冲回路法。

机械法排障就是利用活络挡块或通过行程阀发出脉冲信号的排障方法。图 6-9（a）为利用活络挡块使行程阀发出的信号变成脉冲信号的示意图，当活塞杆伸出时行程阀发出脉冲信号，而当活塞杆收回时，行程阀不发信号。图 6-9（b）为采用单向滚轮式行程阀发出脉冲信号的示意图，当活塞杆前进时压下行程阀发出脉冲信号，活塞杆返回时因行程阀的头部具有可折性，因而没有把阀压下，这样阀不发信号。但在使用机械法排除障碍中，不能将行程阀用来限位，因为不可能把这类行程阀安装在活塞杆行程的末端，而必须保留一段行程以便使挡块或凸轮通过行程阀。

脉冲回路法排障，就是利用脉冲回路或脉冲阀的方法将有障信号变为脉冲信号。

图 6-10 为脉冲回路原理图。当有障信号 a 发出后，立即从阀 K 有信号输出。同时，a 信号又经气阻气容延时，当 K 阀控制端的压力上升到切换压力后，输出信号口即被切断，从而使其变为脉冲信号。若将图 6-10 的脉冲回路制成一个脉冲阀，就可使回路简化。这时，只要将有障行程阀换成脉冲阀就可设计成无障的回路了，但其成本相对较高。

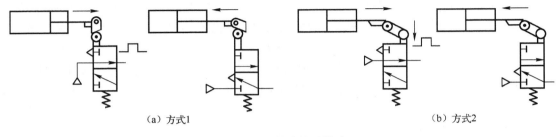

（a）方式1　　　　　　　　　　　　　　　　　　　（b）方式2

图 6-9　机械式脉冲排障

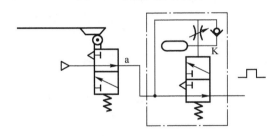

图 6-10　脉冲回路原理

6.2.2　常用位置传感器

在采用行程程序控制的气动控制回路中，执行元件的每一步动作完成时都有相应的发信元件发出完成信号。下一步动作都应由前一步动作的完成信号来启动。这种气动系统中的行程发信元件一般为位置传感器，包括行程阀、行程开关、各种接近开关，在一个回路中有多少个动作步骤就应有多少个位置传感器。以汽缸作为执行元件的回路为例，汽缸活塞运动到位后，通过安装在汽缸活塞杆或汽缸缸体相应位置的位置传感器发出信号，启动下一个动作。有时安装位置传感器比较困难或者根本无法进行位置检测时，行程信号也可用时间、压力信号等其他类型的信号来代替。此时所使用的检测元件也不再是位置传感器，而是相应的时间、压力检测元件。

在气动控制回路中最常用的位置传感器就是行程阀；采用电气控制时，最常用的位置传感器有行程开关、电容式传感器、电感式传感器、光电式传感器、光纤式传感器和磁性开关等。除行程开关外的各类传感器由于都采用非接触式的感应原理，所以也称接近开关。

下面介绍几种常用的传感器。

1．电容式传感器

电容式传感器的感应面由两个同轴金属电极构成，很像"打开的"电容器电极。这两个电极构成一个电容，串接在 RC 振荡回路内，其工作原理如图 6-11 所示。电源接通时，RC 振荡器不振荡，当一物体朝着电容器的电极靠近时，电容器的容量增加，振荡器开始振荡。通过后级电路的处理，将不振和振荡两种信号转换成开关信号，从而起到了检测有无物体存在的目的。这种传感器能检测金属物体，也能检测非金属物体，对金属物体可以获得最大的动作距离。而对非金属物体，动作距离的决定因素之一是材料的介电常数。材料的介电常数越大，可获得的动作距离越大。材料的面积对动作距离也有一定影响。实物图和图形符号如图 6-16 所示。

图 6-11　电容式传感器工作原理图

2．电感式传感器

电感式传感器的工作原理如图 6-12 所示。电感式传感器内部的振荡器在传感器工作表面产生一个交变磁场。当金属物体接近这一磁场并达到感应距离时，在金属物体内产生涡流，从而导致振荡衰减，以至停振。振荡器振荡及停振的变化被后级放大电路处理并转换成开关信号，触发驱动控制器件，从而达到非接触式的检测目的。电感式传感器只能检测金属物体。其实物图和图形符号如图 6-16 所示。

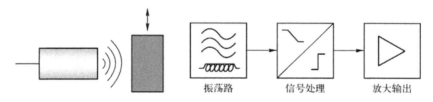

图 6-12　电感式传感器工作原理图

3．光电式传感器

光电式传感器是通过把光强度的变化转换成电信号的变化来实现检测的。光电传感器在一般情况下由发射器、接收器和检测电路三部分构成。发射器对准物体发射光束，发射的光束一般来源于发光二极管和激光二极管等半导体光源。光束不间断地发射，或者改变脉冲宽度。接收器由光电二极管或光电三极管组成，用于接收发射器发出的光线。检测电路用于滤出有效信号和应用该信号。常用的光电式传感器又可分为漫射式、反射式、对射式等几种。其实物图和图形符号如图 6-16 所示。

1）漫射式光电传感器

漫射式光电传感器集发射器与接收器于一体，在前方无物体时，发射器发出的光不会被接收器接收到。当前方有物体时，接收器就能接收到物体反射回来的部分光线，通过检测电路产生开关量的电信号输出。其工作原理如图 6-13 所示。

2）反射式光电传感器

反射式光电传感器也集发射器与接收器于一体，但与漫射式光电传感器不同的是其前方装有一块反射板。当反射板与发射器之间没有物体遮挡时，接收器可以接收到光线。当被测物体遮挡住反射板时，接收器无法接收到发射器发出的光线，传感器产生输出信号。其工作原理如图 6-14 所示。

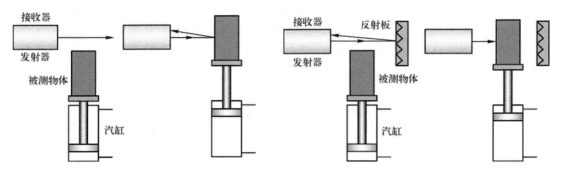

图 6-13　漫射式光电传感器工作原理图　　　　图 6-14　反射式光电传感器工作原理图

　　3）对射式光电传感器

　　对射式光电传感器的发射器和接收器是分离的。在发射器与接收器之间如果没有物体遮挡，发射器发出的光线能被接收器接收到。当有物体遮挡时，接收器接收不到发射器发出的光线，传感器产生输出信号。其工作原理如图 6-15 所示。

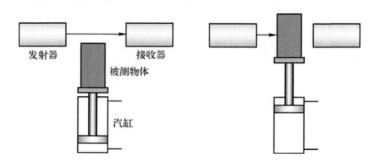

图 6-15　对射式光电传感器工作原理图

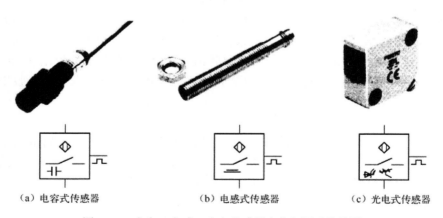

　　（a）电容式传感器　　　　（b）电感式传感器　　　　（c）光电式传感器

图 6-16　电容、电感、光电传感器实物与图形符号图

4. 光纤式传感器

光纤式传感器把发射器发出的光用光导纤维引导到检测点，再把检测到的光信号用光纤引导到接收器。按动作方式的不同，光纤式传感器可分成对射式、反射式、漫射式等多种类型。光纤式传感器可以实现被检测物体不在相近区域的检测。

6.3 检测装置的实例分析

通过前面基础知识的介绍，我们已经认识到，流水线上检测装置控制系统是一个典型的行程程序控制回路，下面分步骤对实例进行分析。

6.3.1 检测装置的位移-步骤图

根据工作要求，做出如图 6-17 所示的检测装置位移-步骤图，图中执行元件 1.0 表示转动汽缸 A，执行元件 2.0 表示测量汽缸 B。

从位移-步骤图中可以清晰地看出两执行元件的运动状态。当执行元件 1.0 前伸时，测量汽缸 2.0 保持不动；当汽缸 1.0 前进到位置时，发出一个信号使汽缸 2.0 前伸，而汽缸 1.0 保持伸出状态；当汽缸 2.0 前伸到位后，发出一个信号，使汽缸 1.0 回缩，而汽缸 2.0 保持伸出状态；当汽缸 1.0 回到原位后，发出一个信号，使汽缸 2.0 回到原始位置。

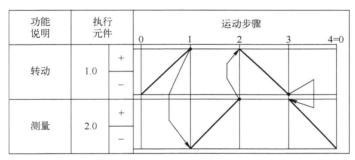

图 6-17 检测装置的位移-步骤图

6.3.2 控制回路图的原理分析

双缸控制回路一般都是根据 X-D 图绘制出控制回路图。有了 X-D 图可以把执行元件、主控阀以及其他控制元件按 X-D 所示的关系连接起来。根据检测装置工作要求及检测装置 X-D 图，绘制出检测装置的控制回路图，如图 6-1（b）所示，从图中可以清晰地表示出控制信号与动作之间的关系。当按下启动按钮，行程阀 b_0 输出控制信号 b_0，使主控阀 F_A 输出信号 A_1，A 缸活塞杆伸出，同时 a_0 信号切断。

当 A 缸活塞杆压下行程阀 a_1 时，其发出控制信号 a_1，使主控阀 F_B 发出控制信号 B_1，B 缸的活塞杆向前伸出，同时 b_0 信号切断。当 B 缸的活塞杆压下行程阀 b_1 时，其发出控制信号 b_1，使主控阀 F_A 发出控制信号 A_0，A 缸活塞杆回缩，同时 a_1 信号切断。当 A 缸的活塞杆压下行程阀 a_0，使其发出信号 a_0 时，主控阀 F_B 输出信号 B_0，B 缸的活塞杆回缩，同时切断信号 b_1，当 B 缸活塞杆压下 b_0 时，系统回到初始状态。

同时考虑到速度的控制、气源的调节及净化处理等多方面的内容，用单向节流阀来控制活塞杆的前伸速度，用快速排气阀来加快活塞杆的回退速度，并用自锁控制的方法来控制活塞的运动和停止。

6.4 实 训 操 作

6.4.1 纸箱抬升推出装置行程程序控制实训

参考课时： 2 课时

实训装置：亚龙 YL-381B 型气压、液压实训装置

1．实训目的、要求

（1）熟悉位置传感器的使用和安装方法。

（2）熟悉主要气动执行元件——双作用汽缸的工作特点。

（3）了解行程阀的作用以及换向阀的不同操作方式。

（4）熟悉气动实训台、气动元件、管路等的连接、固定方法和操作规则。

（5）熟悉基本的气动控制回路图和电气控制回路，能顺利搭建本实训回路，并完成规定的运动。

2．实训原理和方法

本实训装置是一个利用两个汽缸把已经装箱打包完成的纸箱从自动生产线上取下的装置，如图 6-18 所示，通过一个按钮控制 1A1 汽缸活塞伸出，将纸箱抬升到 2A1 汽缸的前方；到位后，2A1 汽缸活塞杆伸出，将纸箱推入滑槽；完成后，1A1 汽缸活塞杆首先缩回；缩回到位后，2A1 汽缸活塞杆缩回，一个工作过程完成。为防止造成纸箱破损应对汽缸活塞运动速度进行调节。

（1）气动控制回路图。

在这个行程程序控制回路中有两个执行元件，分别是汽缸 1A1、汽缸 2A1，4 个动作步骤，分别是 1A1 伸出、2A1 伸出、1A1 缩回、2A1 缩回。因此在回路中应设置 4 个位置检测元件，分别检测汽缸 1A1 活塞伸出到位、缩回到位；汽缸 2A1 活塞伸出到位、缩回到位。这 4 个位置检测元件发出的信号作为前一步动作完成的标志，用来启动下一步动作。比如，在图 6-19 中 2S1 发出信号时，说明汽缸 1A1 活塞已经伸出到位，即行程程序动作中的第一步已经完成，

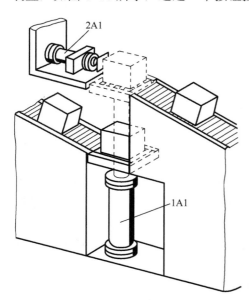

图 6-18　纸箱抬升推出装置示意图

应开始执行第二步动作，让汽缸 2A1 活塞伸出。所以 2S1 信号应用来控制换向阀 2V1 换

向，使汽缸 2A1 活塞伸出。

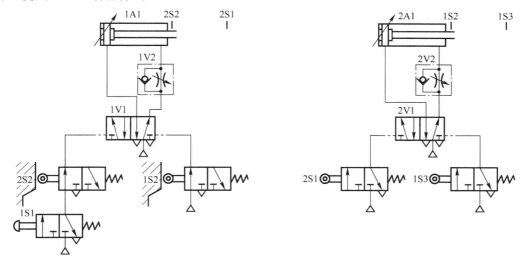

图 6-19　气动控制回路图

（2）电气控制回路。

这个实训采用电气方式进行控制时，行程发信元件可以采用行程开关或各类接近开关。和气动控制回路图中的行程阀一样，在图中也应标出其安装位置。应当注意的是：采用行程开关、电容式传感器、电感式传感器、光电式传感器时，这些传感器都用于检测活塞杆前部凸块的位置，所以传感器应安装在活塞杆的前方（见图 6-20）。

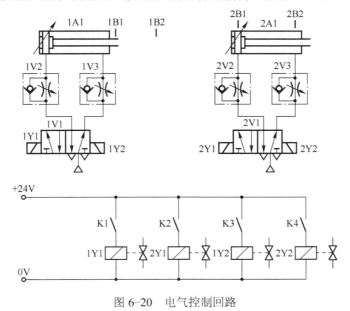

图 6-20　电气控制回路

3．主要设备及实训元件

纸箱抬升推出装置行程程序控制实训的主要设备及实训元件见表 6-1。

表6-1　纸箱抬升推出装置行程程序控制实训的主要设备及实训元件

序　号	实训设备及元件	序　号	实训设备及元件
1	气动实训平台	5	电磁阀
2	气源	6	位置传感器
3	双作用汽缸	7	气管
4	行程阀	8	

4．实训内容及步骤

（1）按照实训原理图选择所需要的气动元件、电器元件，并摆放在实训台上；

（2）根据图6-19、图6-20进行回路连接；

（3）连接无误后，打开气压源的开关使压缩空气进入系统中，若有漏气，立刻关闭开关，进行检查并调整；

（4）观察汽缸运行情况是否符合控制要求；

（5）对实训中的现象和出现的问题进行分析和解决；

（6）总结位置传感器的使用场合和安装、连接方法；

（7）关闭气压源，将各元件整理后放回原位。

5．操作技能测评

学生应能够按照实训步骤和技能测试记录表中的测评要求，进行独立思考和实训。评估不合格者，学生提出申请，允许重新评估。纸箱抬升推出装置行程程序控制实训记录见表6-2。

表6-2　纸箱抬升推出装置行程程序控制实训记录

实训操作技能训练测试记录			
学生姓名		学　号	
专　业		班　级	
课　程		指导教师	
下列清单作为测评依据，用于判断学生是否通过测评已经达到所需能力标准			
第一阶段：测量数据			
学生是否能够		分　值	得　分
遵守实训室的各项规章制度		10	
熟悉原理图中各气动元件的基本工作原理		10	
熟悉原理图的基本工作原理		10	
正确搭建行程程序控制回路		15	
正确调节气源开关、控制旋钮（开启与关闭）		20	
控制回路正常运行		10	
正确拆卸所搭接的气动回路		10	
第二阶段：处理、分析、整理数据			
学生是否能够		分　值	得　分
利用现有元件拟定其他方案，并进行比较		15	

续表

实训技能训练评估记录
实训技能训练评估等级：优秀（90 分以上）　□ 　　　　　　　　　　　良好（80 分以上）　□ 　　　　　　　　　　　一般（70 分以上）　□ 　　　　　　　　　　　及格（60 分以上）　□ 　　　　　　　　　　　不及格（60 分以下）　□
指导教师签字_____　　　日期_____

6．完成实训报告和下列思考题

（1）气动回路中的行程阀和电气控制回路中的位置传感器的作用是否相同？

（2）叙述实训所用气动元件的功能特点。

（3）简述本实训系统的工作原理。

6.4.2　压花装置行程程序控制实训

参考课时：2 课时

实训装置：亚龙 YL-381B 型气压、液压实训装置

1．实训目的、要求

（1）运用行程程序控制设计方法，掌握 X-D 图的画法。

（2）掌握障碍信号的消除方法。

（3）了解行程阀的作用以及换向阀的不同操作方式。

（4）熟悉气动实训台、气动元件、管路等的连接、固定方法和操作规则。

（5）熟悉基本的气动控制回路图和电气控制回路，能顺利搭建本实训回路，并完成规定的运动。

2．实训原理和方法

塑料工件固定在提取装置后对工件进行气动压花。汽缸 1A 推动提取装置至压花汽缸 2A 正下方。压花工序结束后汽缸复位，只有当 2A 复位后 1A 汽缸才能进行下一轮工作（见图 6-21）。

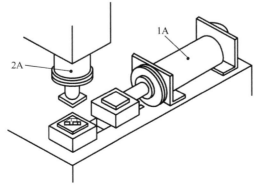

图 6-21　压花装置示意图

图 6-22 为本实训的回路参考图。

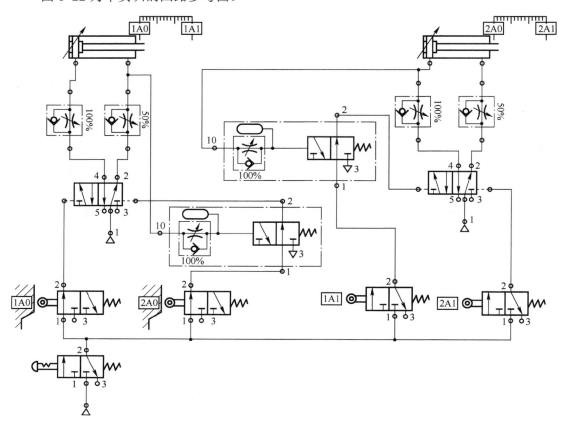

图 6-22　压花装置回路参考图

3．主要设备及实训元件

压花装置行程程序控制实训的主要设备及实训元件见表 6-3。

表 6-3　压花装置行程程序控制实训的主要设备及实训元件

序　号	实训设备及元件	序　号	实训设备及元件
1	气动实训平台	5	双气控二位五通阀
2	气源	6	脉冲阀
3	双作用汽缸	7	气管
4	行程阀	8	气动三联件

4．实训内容及步骤

（1）按照实训原理图选择所需要的气动元件、电器元件，并摆放在实训台上；

（2）根据图 6-22 进行回路连接；

（3）连接无误后，打开气压源的开关使压缩空气进入系统中，若有漏气，立刻关闭开关，进行检查并调整；

（4）观察汽缸运行情况是否符合控制要求；

（5）对实训中的现象和出现的问题进行分析和解决；

（6）关闭气压源，将各元件整理后放回原位。

5．操作技能测评

学生应能够按照实训步骤和技能测试记录表中的测评要求，进行独立思考和实训。评估不合格者，学生提出申请，允许重新评估。压花装置行程程序控制实训记录见表6-4。

表6-4　压花装置行程程序控制实训记录

实训操作技能训练测试记录				
学生姓名		学　　号		
专　　业		班　　级		
课　　程		指导教师		
下列清单作为测评依据，用于判断学生是否通过测评已经达到所需能力标准				
第一阶段：测量数据				
学生是否能够			分　值	得　分
遵守实训室的各项规章制度			10	
熟悉原理图中各气动元件的基本工作原理			10	
熟悉原理图的基本工作原理			10	
正确搭建行程序控制回路			15	
正确调节气源开关、控制旋钮（开启与关闭）			20	
控制回路正常运行			10	
正确拆卸所搭接的气动回路			10	
第二阶段：处理、分析、整理数据				
学生是否能够			分　值	得　分
利用现有元件拟定其他方案，并进行比较			15	
实训技能训练评估记录				
实训技能训练评估等级：优秀（90分以上）　　□ 　　　　　　　　　　　良好（80分以上）　　□ 　　　　　　　　　　　一般（70分以上）　　□ 　　　　　　　　　　　及格（60分以上）　　□ 　　　　　　　　　　　不及格（60分以下）　□				
 　 指导教师签字_____　　　　　　日期_____				

6．完成实训报告和下列思考题

如果回路用二位五通双电控换向阀控制（位置检测元件可用行程开关，也可用磁性开关），如何设计、搭接？

6.4.3　垃圾压缩机行程程序控制实训

参考课时： 2课时

实训装置：亚龙 YL-381B 型气压、液压实训装置

1．实训目的、要求

（1）运用行程程序控制设计方法，掌握 X-D 图的画法。

（2）掌握压力顺序阀的使用方法，并用三个滚轮杆行程阀控制运动步序。

（3）了解行程阀的作用以及换向阀的不同操作方式。

（4）熟悉气动实训台、气动元件、管路等的连接、固定方法和操作规则。

（5）熟悉基本的气动控制回路和电气控制回路，能顺利搭建本实训回路，并完成规定的运动。

2．实训原理和方法

垃圾集装压实机的模型工作在最大工作压力（p=300kPa=3bar）的工况下，它装有预压实机（1.0），包括玻璃破碎机以及主压实机（2.0）。主压实机的最大工作压力 F=2200N。当按下启动开关按钮时，预压实机向前运动，然后主压实机向下运动。两个汽缸的回程运动是同步的（见图 6-23）。

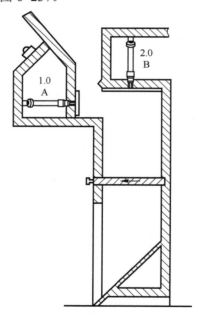

图 6-23　垃圾压缩机示意图

3．主要设备及实训元件

垃圾压缩机行程程序控制实训的主要设备及实训元件见表 6-5。

表 6-5　垃圾压缩机行程程序控制实训的主要设备及实训元件

序　　号	实训设备及元件	序　　号	实训设备及元件
1	气动实训平台	5	双气控二位五通阀
2	气源	6	气动三联件
3	双作用汽缸	7	气管
4	行程阀		

图 6-24 为本实训的回路参考图。

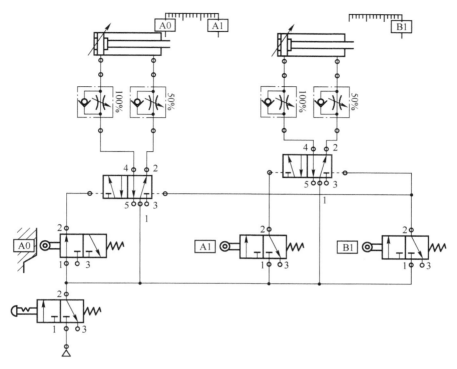

图 6-24　垃圾压缩机回路参考图

4．实训内容及步骤

（1）按照实训原理图选择所需要的气动元件、电器元件，并摆放在实训台上；

（2）根据图 6-24 进行回路连接；

（3）连接无误后，打开气压源的开关使压缩空气进入系统中，若有漏气，立刻关闭开关，进行检查并调整；

（4）观察汽缸运行情况是否符合控制要求；

（5）对实训中的现象和出现的问题进行分析和解决；

（6）关闭气压源，将各元件整理后放回原位。

5．操作技能测评

学生应能够按照实训步骤和技能测试记录表中的测评要求，进行独立思考和实训。评估不合格者，学生提出申请，允许重新评估。垃圾压缩机行程程序控制实训记录见表 6-6。

表 6-6　垃圾压缩机行程程序控制实训记录

实训操作技能训练测试记录			
学生姓名		学　号	
专　业		班　级	
课　程		指导教师	

下列清单作为测评依据，用于判断学生是否通过测评已经达到所需能力标准

第一阶段：测量数据		
学生是否能够	分　值	得　分
遵守实训室的各项规章制度	10	
熟悉原理图中各气动元件的基本工作原理	10	
熟悉原理图的基本工作原理	10	
正确搭建行程程序控制回路	15	
正确调节气源开关、控制旋钮（开启与关闭）	20	
控制回路正常运行	10	
正确拆卸所搭接的气动回路	10	
第二阶段：处理、分析、整理数据		
学生是否能够	分　值	得　分
利用现有元件拟定其他方案，并进行比较	15	
实训技能训练评估记录		

实训技能训练评估等级：优秀（90 分以上）　□
良好（80 分以上）　□
一般（70 分以上）　□
及格（60 分以上）　□
不及格（60 分以下）　□

指导教师签字_____　　　日期_____

6．完成实训报告和下列思考题

（1）当垃圾箱装满时，主压实机的汽缸不能达到前端位置，这时两汽缸的回程则由压力顺序阀来控制。压力顺序阀设置在 $p=280kPa=2.8bar$ 时动作，控制回路如何设计？

（2）如果回路用二位五通双电控换向阀控制（位置检测元件可用行程开关，也可用磁性开关），如何设计、搭接？

6.4.4　磨床夹紧装置行程程序控制实训

参考课时： 2 课时

实训装置： 亚龙 YL-381B 型气压、液压实训装置

1．实训目的、要求

（1）熟悉位置传感器的使用和安装方法。

（2）熟悉主要气动执行元件——双作用汽缸的工作特点。

（3）了解行程阀的作用以及换向阀的不同操作方式。

（4）熟悉气动实训台、气动元件、管路等的连接、固定方法和操作规则。

（5）熟悉基本的气动控制回路和电气控制回路，能顺利搭建本实训回路，并完成规定的运动。

2．实训原理和方法

现有一"磨床夹紧装置"，如图 6-25 所示。其工作流程是：汽缸 A 夹紧工件，然后进给工作台 B 汽缸驶出，等待 2s，横向进给汽缸 C 伸出等待 2s，然后进给工作台 B 汽缸回缩，汽缸 C 回缩，汽缸 A 回缩。

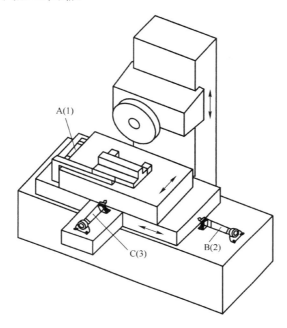

图 6-25　磨床夹紧装置示意图

图 6-26 为本实训的回路参考图。

3．主要设备及实训元件

磨床夹紧装置行程程序控制实训的主要设备及实训元件见表 6-7。

表 6-7　磨床夹紧装置行程程序控制实训的主要设备及实训元件

序　号	实训设备及元件	序　号	实训设备及元件
1	气动实训平台	5	双气控二位五通阀
2	气源	6	脉冲阀
3	双作用汽缸	7	气管
4	行程阀	8	气动三联件

4．实训内容及步骤

（1）按照实训原理图选择所需要的气动元件、电器元件，并摆放在实训台上；

（2）根据图 6-26 进行回路连接；

（3）连接无误后，打开气压源的开关使压缩空气进入系统中，若有漏气，立刻关闭开关，进行检查并调整；

（4）观察汽缸运行情况是否符合控制要求；

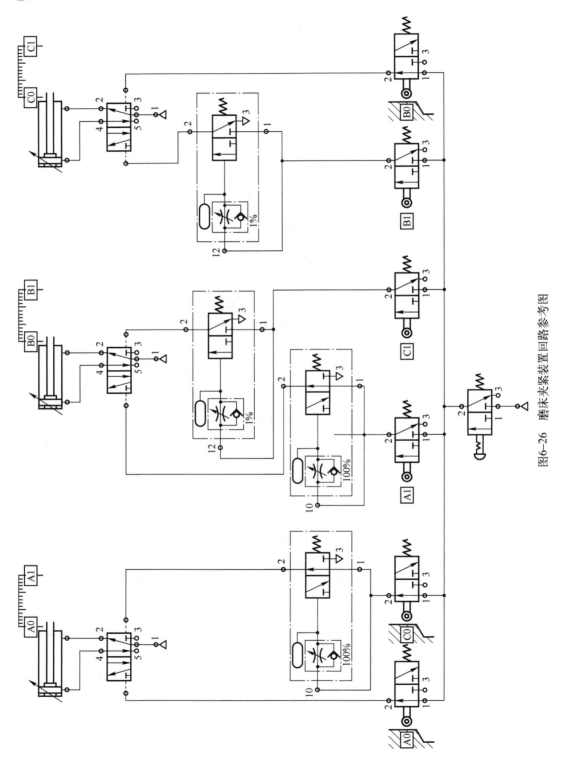

图6-26　磨床夹紧装置回路参考图

（5）对实训中的现象和出现的问题进行分析和解决；

（6）关闭气压源，将各元件整理后放回原位。

5．操作技能测评

学生应能够按照实训步骤和技能测试记录表中的测评要求，进行独立思考和实训。评估不合格者，学生提出申请，允许重新评估。磨床夹紧装置行程程序控制实训记录见表 6-8。

表 6-8　磨床夹紧装置行程程序控制实训记录

实训操作技能训练测试记录			
学生姓名		学　号	
专　业		班　级	
课　程		指导教师	
下列清单作为测评依据，用于判断学生是否通过测评已经达到所需能力标准			
第一阶段：测量数据			
学生是否能够		分　值	得　分
遵守实训室的各项规章制度		10	
熟悉原理图中各气动元件的基本工作原理		10	
熟悉原理图的基本工作原理		10	
正确搭建行程程序控制回路		15	
正确调节气源开关、控制旋钮（开启与关闭）		20	
控制回路正常运行		10	
正确拆卸所搭接的气动回路		10	
第二阶段：处理、分析、整理数据			
学生是否能够		分　值	得　分
利用现有元件拟定其他方案，并进行比较		15	
实训技能训练评估记录			
实训技能训练评估等级：优秀（90 分以上）　□ 良好（80 分以上）　□ 一般（70 分以上）　□ 及格（60 分以上）　□ 不及格（60 分以下）　□			
指导教师签字＿＿＿＿＿＿＿＿　　　　　　　日期＿＿＿＿＿＿＿＿			

6．完成实训报告

完成实训报告并提交。

6.5　习题与思考

1．一个典型的气动程序控制系统由哪几部分组成，各组成部分的功能是什么？

2．常用的位置传感器主要有哪几种？它们的图形符号是怎样的？在使用上有什么不同？

3．在用文字符号表示行程程序时，对汽缸、主控阀、行程阀是如何规定的？

4．什么是信号-动作状态图？

5．在 Fluid SIM-P 仿真软件上对图 6-1（b）所示检测装置控制回路进行电路设计并进行仿真练习。

项目七 工件拾放

教学提示： 本项目通过工件拾放系统应用的介绍为引子，对真空吸附回路的真空元件进行介绍。在教学中，对于真空元件以及真空吸附回路的介绍可结合实物或在控制现场展开教学，并通过实训技能训练加以巩固。

教学目标： 结合工件拾放系统的实际应用，熟悉真空吸附回路中各类真空元件的结构、动作原理及应用。

7.1 任 务 引 入

在电子、半导体元件组装、汽车组装、自动搬运机械、机械手动作等许多方面都要通过拾取工件来移动物体，为产品的加工和组装服务。以真空吸附为动力源,作为自动化系统吸附抓取物件的一种手段，已在上述领域得到了广泛应用。对任何具有较光滑表面的物体，特别对于非铁、非金属且不适合夹紧的物体，都可以使用真空吸附来完成各种作业。以真空吸附完成工件拾放的结构示意图如图7-1所示。

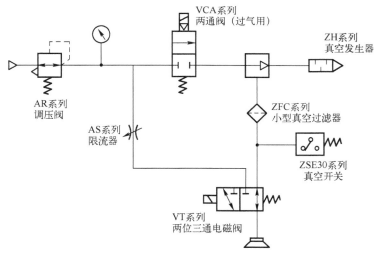

图 7-1　工件拾放结构示意图

为了熟悉以真空吸附完成工件拾放的系统的主要元件和工作原理，我们从基本的真空吸附回路入手展开分析。

7.2 真空吸附回路基础知识

真空吸附回路由真空泵或真空发生器产生真空并用真空吸盘吸附物体，以达到吊运物体、组装产品的目的。真空发生装置有真空泵和真空发生器两种。真空泵是吸入口形成负压（真空），排气口直接通大气，两端压力比很大的抽除气体的机械。它主要适用于连续大流量，集中使用且不宜频繁启停的场合，如彩色显像管制造等。真空发生器是利用压缩空气的流动而形成一定真空度的气动元件，适合从事流量不大的间歇工作和表面光滑的工件，如真空包装机械中包装纸的吸附、送标、贴标等。因此真空吸附回路可分为真空泵真空吸附回路和真空发生器真空吸附回路两种。

图 7-2 所示为由真空泵组成的真空吸附回路；真空泵 1 产生真空，当换向阀 2 通电后，产生的真空度达到规定值时，吸盘 4 将工件吸起；当电磁阀断电时，真空消失，工件依靠自重与吸盘脱离。

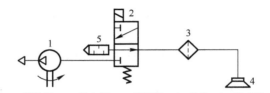

1—真空泵；2—换向阀；3—过滤器；4—吸盘；5—消声器

图 7-2　真空泵真空吸附回路

图 7-3 所示为真空发生器真空吸附回路。由于采用真空发生器获取真空比较容易，因此它的应用十分广泛。

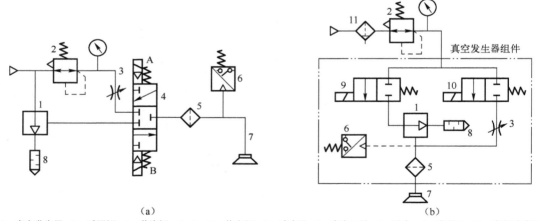

1—真空发生器；2—减压阀；3—节流阀；4、9、10—换向阀；5—过滤器；6—真空开关；7—吸盘；8—消声器；11—空气过滤器

图 7-3　真空发生器真空吸附回路

7.2.1　真空元件

气压传动中的气动元件，一类是在高于大气压力的气压作用下工作的，这些元件组成的系统称为正压系统，如前面项目中分析的各类气动元件，包括气源发生装置、执行元件、控制元件及各种辅件等。另一类元件可在低于大气压力下工作，这类元件称为真空元

件，所组成的气动系统称为负压系统（或称真空系统）。

1．真空发生器

1）结构与工作原理（见图 7-4）

典型的真空发生器的工作原理如图 7-4（a）所示，真空发生器是根据文丘里原理产生真空的。当压缩空气通过喷嘴 1 射入接收室 2，形成射流。射流卷吸接收室内的静止空气并和它一起向前流动进入混合室 3，并由扩散室 4 导出。由于卷吸作用，在接收室内会形成一定的负压。接收室下方与吸盘相连，就能在吸盘内产生真空。达到一定的真空度就能将吸附的物体吸持住。如果切断供气口的压缩空气，则抽空过程就会停止。真空发生器的实物外形如图 7-4（b）所示，职能符号如图 7-4（c）所示。

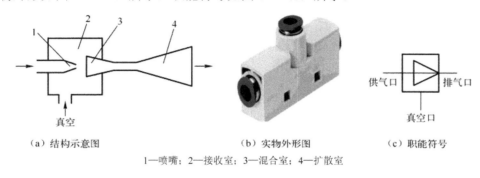

（a）结构示意图　　　　　　　（b）实物外形图　　　　　　（c）职能符号

1—喷嘴；2—接收室；3—混合室；4—扩散室

图 7-4　真空发生器工作原理及实物图

2）主要特性

（1）真空发生器的耗气量。

所谓耗气量是指每分钟消耗的压缩空气（单位为 L/min）。真空发生器的耗气量是指通过喷嘴的流量（L/min），由工作喷嘴直径决定，同时也与工作压力有关。同一喷嘴直径，其耗气量随工作压力的增加而增加。喷嘴直径是选择真空发生器的主要依据，喷嘴直径越大，抽吸流量和耗气量越大，而真空度越低；喷嘴直径越小，抽吸流量和耗气量越小，但真空度越高。

（2）排气特性和流量特性。

图 7-5 反映了真空发生器的排气特性和流量特性。排气特性表示最大真空度、空气消耗量和最大吸入流量三者分别与供给压力之间的关系。最大真空度是指真空口被完全封闭时，真空口内的真空度。最大吸入流量是指真空口向大气敞开时，从真空口吸入的流量（标准状态下）。流量特性是指供给压力为 0.45MPa 的条件下，真空口处于变化的不封闭状态下，吸入流量与真空度之间的关系。

从图 7-5 中的排气特性曲线可以看出，当真空口完全封闭时，在某个供给压力下，最大真空度达极限值；当真空口完全向大气敞开时，在某个供给压力下的最大吸入流量达到极限值。达到最大真空度的极限值和最大吸入流量的极限值时的供给压力不一定相同。为了获得较大的真空度或较大的吸入流量，真空发生器的供给压力宜处于 0.25～0.6MPa 范围内，最佳使用范围为 0.4～0.5MPa。

（3）抽吸时间。

抽吸时间表示了真空发生器的动态指标，是指真空吸盘内的真空度到达所需要的真空压力的时间。显然，抽吸时间与真空度有关，还与流经抽吸通道的容积、吸附表面泄漏状况等有关。

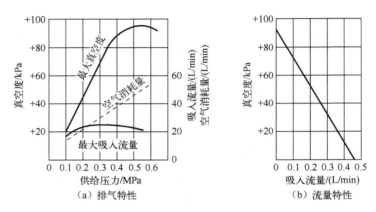

图 7-5　真空发生器排气特性和流量特性

2．真空吸盘

真空吸盘是直接吸吊物体的元件，是真空系统中的执行元件。通常它由橡胶材料和金属骨架压制而成。吸盘有多种不同的形状，常用的有圆形平吸盘和波纹吸盘。波纹吸盘（风琴型吸盘）相对圆形平吸盘有更强的适应性，允许工件表面有轻微的不平、弯曲或倾斜，同时在吸持工件进行移动时有较好的缓冲性能。图 7-6（a）、图 7-6（b）所示为常用真空吸盘的实物类型，图 7-6（c）所示为真空吸盘的职能符号。

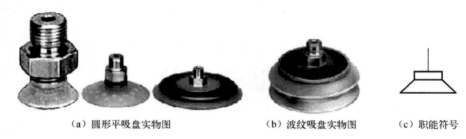

（a）圆形平吸盘实物图　　　　（b）波纹吸盘实物图　　（c）职能符号

图 7-6　真空吸盘

除材料、形状和安装形式外，真空吸盘的一个重要使用性能指标就是吸力。在工作使用过程中，真空吸盘相当于正压系统的汽缸。真空吸盘的外径称为公称直径，其吸持工件被抽空的直径称为有效直径。吸盘的理论吸力 F 可以用下面的公式进行计算：

$$F = \frac{\pi}{4} D_e^2 \cdot \Delta p_v$$

式中，D_e 为吸盘有效直径；Δp_v 为真空度。

根据吸盘安装位置和带动负载运动状态（方向和快慢，直线运动和回转运动）的不同，吸盘的实际吸力应考虑一个安全系数 n，即实际吸力 F_r 为

$$F_r = \frac{F}{n}$$

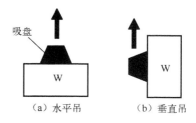

图 7-7 吸盘的安装位置

当水平安装提升物体时，$n \geqslant 4$；在垂直安装提升物体时，$n \geqslant 8$。水平吊及垂直吊如图 7-7 所示。如果吸盘吸取物体后要高速运动和回转，则要计算克服的惯性力和离心力，甚至风阻力，加大安全系数，增加吸盘数量或吸盘尺寸。对大型物件宜采用多个吸盘同时吸取。

3．其他真空元件

真空系统中除了真空发生器和真空吸盘这两个主要元件外，还有真空阀、真空压力开关、真空过滤器、真空安全开关等元件。这些真空元件应按负压元件来确定。

（1）真空阀：真空阀用于控制真空的通断，以及真空吸盘的吸着和脱离。真空阀的种类很多，其分类方法与气动换向阀的分类基本相同。按通口数目可分为两通阀、三通阀和五通阀。按控制方式可分为电磁控制真空阀、机械控制真空阀、人力控制真空阀和气控型真空阀。按主阀的结构形式可分为截止式、膜片式和软质密封滑阀式。真空电磁阀与普通电磁阀在结构、工作原理方面没什么两样，真空用换向阀要求不泄漏，且不用油雾润滑。一般来说，间隙密封的滑阀、没有使用气压密封圈的弹性密封的滑阀、直动式电磁阀、外部先导电磁阀和非气压密封的截止阀等都可以用于真空系统中。

（2）真空过滤器：将大气中吸入的污染物滤除，防止真空元件受污染引起故障。

（3）真空压力开关：是一种检测真空度范围的开关，又称真空继电器。真空压力未达到设定值，开关处于断开状态。当真空压力达到设定值时，开关接通发出电信号，控制真空吸附机构正常动作。真空开关按触点形式可分为有触点式（磁性舌簧开关式）和无触点式（电子式）。有触点式真空开关利用机械变位来确定真空压力的变化，如膜片式真空开关。无触点式真空开关利用半导体压力传感器来检测真空压力的变化，并能够将检测到的压力信号直接转换成电气信号。

（4）真空安全开关：在由多个真空吸盘构成的真空系统中确保一个吸盘失效后仍维持系统真空不变。

7.2.2 真空吸附回路原理分析

下面结合电气控制电路分析图 7-3 所示真空发生器吸附回路的工作过程。

如图 7-8 所示为图 7-3（a）所示真空回路和相应的电气控制电路。

按下工件吸合按钮 SB2，电磁铁线圈 YA 得电，三位三通阀上位接入系统，真空发生器 1 与真空吸盘 7 接通，对吸盘进行抽吸，吸盘将工件吸起，当吸盘内的真空压力达到真空压力开关 6 的设定值时，开关处于接通状态，发出电信号，进行后面的动作。松开按钮 SB2，线圈 YA 失电，电磁阀芯回到原位，吸盘保持吸合状态。按下工件松开按钮 SB3，电磁铁线圈 YB 得电，三位三通阀下位接入系统，压缩空气进入真空吸盘，将工件与吸盘吹开。吹力的大小由减压阀 2 设定，流量由节流阀 3 设定。松开按钮 SB3，线圈 YB 失电，电磁阀芯回到原位，吸盘保持原态。

如图 7-9 所示为图 7-3（b）所示真空回路和相应的电气控制电路。

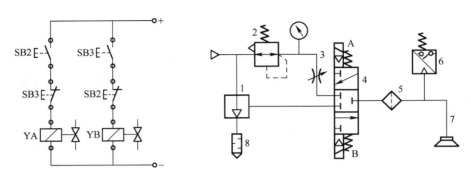

图 7-8　采用三位三通阀的真空回路及电气控制电路

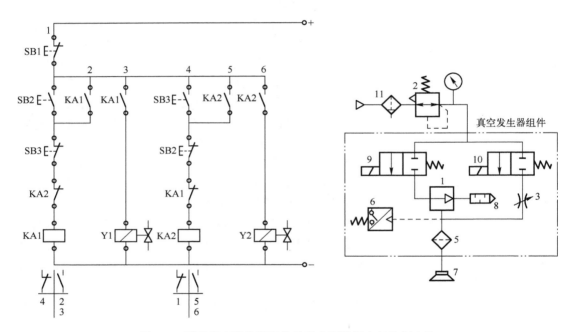

图 7-9　采用真空发生器组件的真空回路及电气控制电路

　　按下工件吸合按钮 SB2，KA1 线圈得电，KA1 自锁触点吸合，同时 3 路的 KA1 常开触点闭合，电磁阀 Y1 线圈得电，电磁阀 9 左位接入系统，压缩空气通过真空发生器 1，对吸盘 7 进行抽吸，吸盘将工件吸起。当真空压力达到真空压力开关 6 的设定值时，开关处于接通状态，发出电信号，控制真空吸附机构动作。松开按钮 SB2，KA1 线圈通过其自锁触点形成通电回路，电磁铁线圈 Y1 保持通电状态，吸盘保持吸力。按下工件松开按钮 SB3，KA1 线圈失电，Y1 线圈失电，电磁阀 9 复位，KA2 线圈得电，KA2 自锁触点吸合，同时 6 路的 KA2 常开触点吸合，Y2 线圈得电，电磁阀 10 左位接入系统，压缩空气进入真空吸盘，将工件与吸盘吹开。松开按钮 SB3 后，KA2 线圈通过其自锁触点形成通电回路，电磁铁线圈 Y2 保持通电状态，吸盘保持原态。只有按下停止按钮 SB1 后，电路中所有的线圈失电，真空发生器组件回路才停止工作。

7.2.3 真空吸附回路使用注意事项

（1）供给的气源应经过净化处理，也不能含有油雾。在恶劣环境中工作时，真空压力开关前也应安装过滤器。

（2）真空发生器与吸盘间的连接管应尽量短，且不承受外力。拧动时要防止连接管扭曲变形造成漏气。

（3）为保证停电后保持一定真空度，防止真空失效造成工件松脱，应在吸盘与真空发生器间设置单向阀，真空电磁阀也应采用常通型结构。

（4）吸盘的吸着面积应小于工件的表面积，以免发生泄漏。

（5）对于大面积的板材宜采用多个大口径吸盘吸吊，以增加吸吊平稳性。一个真空发生器带多个吸盘时，每个吸盘应单独配有真空压力开关，以保证其中任一吸盘漏气导致真空度不符合要求时，都不会起吊工件。

7.3 真空吸附回路控制程序分析

通过前面基础知识的介绍，不难得出以真空吸附实现工件拾放系统的控制程序：首先通过 AR 系列调压阀调定压缩空气输出压力的大小，保证真空发生器有合适的供气压力（0.4～0.5MPa），然后通过使用 VCA 系列二通阀来控制 ZH 系列真空发生器产生真空，来将工件吸附。ZSE30 系列真空开关用以确保工件被吸牢，到要释放工件时，只要将 VT 系列二位三通电磁阀打开便可。其中 AS 系列限流器则提供合适的气流来释放真空压力，ZFC 系列真空过滤器防止在抽吸过程中将异物和粉尘吸入发生器。其电气控制电路可参考图 7-9，其工作原理读者可自行分析，这里不再赘述。

7.4 实 训 操 作

参考课时：2 课时

1．实训目的、要求

（1）了解真空发生器的工作原理。

（2）了解一个气动回路中两个气动执行元件的关联控制方法。

（3）加深对真空回路的结构和工作方式的认识。

（4）熟悉气动实训台、气动元件、管路等的连接、固定方法和操作规则。

（5）熟悉基本的气动回路图，能顺利搭建本实训回路，并完成规定的运动。

2．实训原理和方法

本实训是模拟机械手吸附物体，当机械手伸出时将物体吸起，缩回时把物体放下。

在这个实训中，机械手伸缩由汽缸活塞控制。吸附力由真空发生器产生的真空通过吸盘来实现，真空发生器的供气压力由减压阀调定，真空开关保证工件被吸牢。

图 7-10 为本实训回路图。实训时首先合上控制面板的电源开关，打开气源通断开关，调整气体压力，此时按下运行按钮，换向阀 6 线圈得电，换向阀 6 下位接入系

统，压缩空气进入汽缸上腔，下腔排气，活塞伸出，当伸出到预定位置时，二位三通电磁阀 5 得电，上位接入系统，压缩空气通过真空发生器 3 产生真空，通过吸盘 1 吸起重物，当吸盘内的真空度达到真空压力开关 4 的调定值时，真空压力开关动作，指挥换向阀 6 复位，吸盘吸着物体被汽缸提升，提升期间用真空发生器 3 保持真空状态。当物体搬到指定位置时，二位三通电磁阀 5 失电，则物体与吸盘分开，完成一次吸放工件动作。

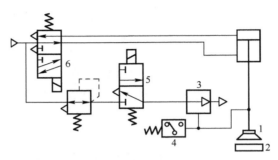

图 7-10　实训回路图

3．主要设备及实训元件

真空控制回路实训的主要设备及实训元件见表 7-1。

表 7-1　真空控制回路实训的主要设备及实训元件

序　号	实训设备及元件	序　号	实训设备及元件
1	气动实训平台	6	真空发生器
2	气源	7	吸盘
3	双作用汽缸	8	真空压力开关
4	二位五通电磁换向阀	9	减压阀
5	二位三通电磁换向阀	10	气管

4．实训内容及步骤

（1）按照实训原理图选择所需要的气动元件，并摆放在实训台上；

（2）关闭气源开关，在实训台上连接控制回路并检查；

（3）连接无误后打开气源开关，调节控制旋钮，观察两个气动执行元件动作的关联；

（4）对实训中出现的问题进行分析和解决；

（5）关闭气源开关，拆卸所搭接的气动回路，并将气动元件、气管等归位。

5．操作技能测评

学生应能够按照实训步骤和技能测试记录表中的测评要求，进行独立思考和实训。评估不合格者，学生提出申请，允许重新评估。真空控制回路实训记录见表 7-2。

6．完成实训报告和下列思考题

（1）气动回路中两执行元件的动作关联是怎样实现的？

（2）叙述实训所用气动元件的功能特点。

表 7-2 真空控制回路实训记录

实训操作技能训练测试记录				
学生姓名		学 号		
专 业		班 级		
课 程		指导教师		
下列清单作为测评依据，用于判断学生是否通过测评已经达到所需能力标准				
第一阶段：测量数据				
学生是否能够		分 值	得 分	
遵守实训室的各项规章制度		10		
熟悉原理图中各气动元件的基本工作原理		10		
熟悉原理图的基本工作原理		10		
正确搭建真空控制回路		15		
正确调节气源开关、控制旋钮（开、闭和调节）		20		
控制回路正常运行		10		
正确拆卸所搭接的气动回路		10		
第二阶段：处理、分析、整理数据				
学生是否能够		分 值	得 分	
利用现有元件拟订其他方案，并进行比较		15		
实训技能训练评估记录				
实训技能训练评估等级：优秀（90 分以上） □ 良好（80 分以上） □ 一般（70 分以上） □ 及格（60 分以上） □ 不及格（60 分以下） □				

指导教师签字_____   日期_____

7.5 习题与思考

1．真空吸附回路一般由哪些真空元件组成？

2．真空发生器的工作原理是什么？

3．试着画出图 7-3（a）所示真空回路的电气控制电路原理图。要求工件在吸附状态下，电路能实现自锁控制（记忆电路）。

4．真空系统在使用时主要有哪些注意事项？

5．试画出图 7-1 所示工件拾放系统的电气控制回路，并结合气动回路分析其工作过程。

项目八 气动系统安全启动装置

教学提示：本项目通过气动系统安全启动装置引出一些常用的安全保护回路和其他回路。对这些保护回路，除熟悉一些气动元件外，对回路的工作原理和控制方式要重点掌握。在教学中，可结合实物或在控制现场展开教学，并通过实训技能训练加以巩固。

教学目标：结合气动系统安全启动装置的实际应用，熟悉双压阀、消声器、液压缓冲器等相关气动元件的结构和动作原理，以及安全保护回路和其他回路的组成、工作原理和控制方式。

8.1　任　务　引　入

由于气动机构负荷的过载、气压的突然降低或者气动执行机构的快速动作等原因都可能危及操作人员或设备的安全，因此在气动回路中，常常需要加入安全回路。作为安全保护回路的应用之一，气动系统安全启动装置主要是防止汽缸在没有背压（排气腔的压力）下突然加压而导致汽缸失速并发生撞击。气动系统安全启动装置结构如图 8-1 所示，其中 AV 系列稳定启动电磁阀可用于系统启动时起安全保护作用。

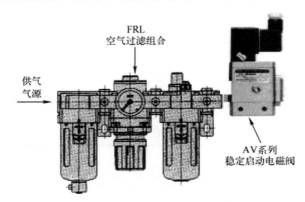

图 8-1　气动系统安全启动装置结构图

作为实现工业生产自动化的重要手段之一，气动技术正越来越受到人们的广泛重视，气动技术在各行各业中的应用也越来越广泛，因此气动回路除了要满足所需功能外，回路的安全性也引起了人们足够的重视，在不同的使用场合，对气动回路提出了不同的安全要求。我们在分析气动系统安全启动装置实例的结构和工作原理之前，首先介绍相关气动元件并对气动系统上常用的安全保护回路、手动自动并用回路、计数回路的工作原理进行分析。

8.2　气动元件的结构与原理

8.2.1　消声器

在气动系统中，压缩空气经控制阀（主要为换向阀）向大气排气，阀口处最大排气速度在声速附近，由于空气急剧膨胀和压力变化产生高频噪声，可利用消声器来降噪。

消声器是一种允许气流通过而使声能衰减的装置，能够降低气流通道上的空气动力性噪声。

气动元件使用的消声器一般有三种类型：吸收型消声器、膨胀干涉型消声器和膨胀干涉吸收型消声器，常用的是吸收型消声器，如图 8-2（a）所示是吸收型消声器结构示意图，这种消声器主要依靠吸声材料消声。消声套为多孔的吸声材料，吸声材料大多使用玻璃纤维、聚氯乙烯纤维、烧结金属等。其消声原理是：压缩空气通过多孔的吸声材料，靠气流流动摩擦生热，使气体的压力能部分转化为热能，从而减少排气噪声。消声器的实物外形如图 8-2（b）所示，职能符号如图 8-2（c）所示。

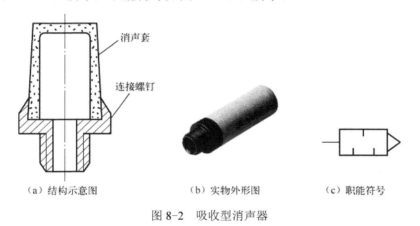

（a）结构示意图　　　　　（b）实物外形图　　　　　（c）职能符号

图 8-2　吸收型消声器

8.2.2　液压缓冲器

在气压传动中，当冲击能量较大时，除设置缓冲回路来解决外，还可在外部设置液压缓冲器（见图 8-3）来吸收冲击能。

用来吸收冲击能量，并能降低机械撞击噪声的液压元件为液压缓冲器。图 8-3 所示为一种典型液压缓冲器。当运动物体撞到活塞杆端部时，活塞向右运动，由于内筒上小孔的节流作用，右腔中的油不能通畅流出，外界冲击能使右腔的油压急剧上升，高压油从小孔高速喷出，使大部分压力能转变为热能，并散至大气中。当活塞移至行程终端之前，冲击能量已被全部吸收。当外负载去掉，复位弹簧力使活塞杆伸出返回到初始位置的同时，活塞右腔也产生负压，排到左腔和内筒储油空间内的液压油又返回到右腔，使活塞杆完全伸出。

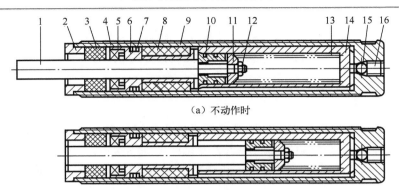

（a）不动作时

（b）动作时

1—活塞杆；2—前盖；3—防尘圈；4—密封架；5—杆密封圈；6—转套；7—密封圈；8—储油元件；9—外筒；
10—活塞；11—弹簧座；12—螺母；13—复位弹簧；14—内筒；15—钢球；16—止动螺堵

图 8-3　液压缓冲器

8.3　常用的安全保护回路

8.3.1　过载保护回路

图 8-4 所示为过载保护回路。操纵手动换向阀 1 使上位接入系统，则压缩空气经手动换向阀 1 上位推动主控阀 2 的阀芯左移，主控阀 2 右位接入系统，压缩空气经主控阀 2 右位进入汽缸左腔，活塞前进，当汽缸左腔压力升高超过预定值时（如当汽缸遇到障碍或其他原因使其过载），顺序阀 3 打开，控制气体推动气动换向阀 4 的阀芯下移，压缩空气经气动换向阀 4 上位推动主控阀 2 的阀芯右移，主控阀 2 切换至左位（图示位置），气体进入汽缸右腔，使活塞缩回，汽缸左腔的气体经主控阀 2 排掉，实现过载保护。

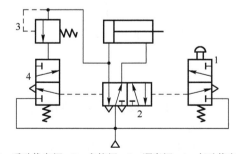

1—手动换向阀；2—主控阀；3—顺序阀；4—气动换向阀

图 8-4　过载保护回路

8.3.2　互锁回路

图 8-5 所示为互锁回路。该回路的作用是防止各缸的活塞同时动作，保证同一时间内只有一个活塞动作。回路主要是利用梭阀 1、2、3 及换向阀 4、5、6 进行互锁。在图示

位置，三缸 A、B、C 的活塞都处于最左端。此时如换向阀 7 被切换，控制气体经换向阀 7 左位推动换向阀 4 的阀芯右移，换向阀 4 左位接入系统，压缩空气经换向阀 4 的左位进入汽缸 A 的左腔， A 缸活塞伸出。与此同时，A 缸的进气管路的气体使梭阀 1、3 动作，压缩空气经梭阀 1、3 进入换向阀 5、6 弹簧一侧的控制口，在弹簧力和气压力作用下把换向阀 5、6 锁住（阀芯推向最左端）。所以此时换向阀 8、9 即使切换，换向阀 5、6 也不会换向，B、C 缸也就不会动作。如要改变缸的动作，必须把前动作缸的气控阀复位。

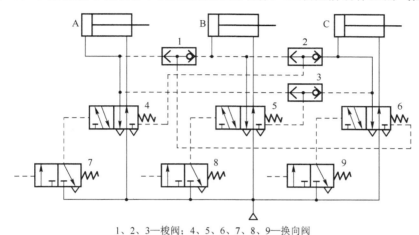

1、2、3—梭阀；4、5、6、7、8、9—换向阀

图 8-5　互锁回路

此回路是通过纯气动控制来实现的，结构相对复杂。为了实现相同的功能，并使控制更简单，可通过气动与电气控制相结合。如图 8-6 所示为气动回路，如图 8-7 所示为该回路的电气控制电路。下面结合电气控制电路对图 8-6 所示气动回路的控制过程进行分析：按下启动按钮 SB1，继电器线圈 KA1 得电，KA1 自锁触点吸合，第 3 路和第 5 路上的 KA1 常闭触点断开，同时第 7 路的 KA1 常开触点吸合，Y1 线圈得电，电磁阀 1 左位接入系统，主控阀 4 换向，使 A 缸活塞伸出。松开按钮 SB1，KA1 线圈通过其自锁触点形成通电回路，电磁铁线圈 Y1 保持通电状态。此时若再按下按钮 SB2 或 SB3，由于常闭

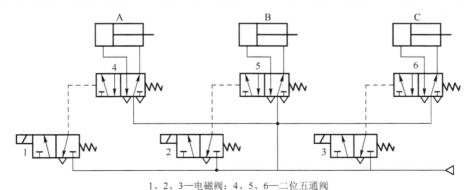

1、2、3—电磁阀；4、5、6—二位五通阀

图 8-6　互锁气动回路

触点 KA1 断开，继电器线圈 KA2 或 KA3 一定不会得电，电磁阀线圈 Y2、Y3 也不得电，B、C 缸也不会动作。同理，若先按下按钮 SB2 或 SB3，则 B 缸或 C 缸活塞伸出，另外两缸不会动作。如要改变缸的动作，必须通过停止按钮 SB0 把前动作缸的主控阀复位。

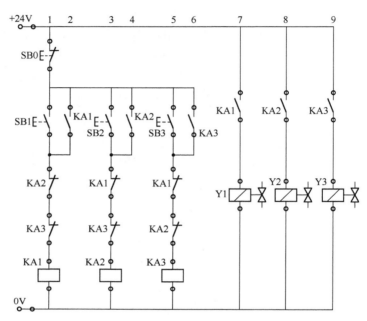

图 8-7　互锁回路的电气控制电路

8.3.3　双手操作回路

使用冲床等机器时，若一手拿冲料，另一手操作启动阀，很容易造成工伤事故。若改成两手同时操作，先把冲料放在冲模上，然后双手按下按钮，控制冲床动作，可保护双手安全。如图 8-8 所示采用的气动控制回路，需要双手在很短时间内同时操作手动阀 1、2，汽缸才能动作。若双手不同时按下，若先按下阀 1，气容（储气空间）3 中的气将经手动阀 2 的下位从手动阀 1 的排气口排空，主阀 4 就不能换向，汽缸不能动作。若先按下手动阀 2，手动阀 2 上位接入系统，气容 3 中的气经手动阀 2 上位也从手动阀 1 的排气口排空，汽缸也不能动作。此外，手动阀 1 或手动阀 2 因弹簧失效而未复位时，气容 3 得不到充气，汽缸也不会动作。

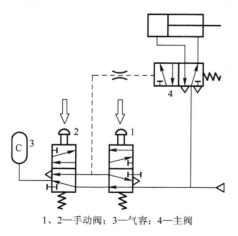

1、2—手动阀；3—气容；4—主阀

图 8-8　双手操作回路

此回路的实质是必须有两个控制信号同时输入，才有信号输出。为了实现该功能，除了使用两个换向阀串联来完成外，还可使用双压阀或采用两个电器按钮串联来实现。如图 8-9 所示。图 8-9（a）中 1 为双压阀。只有当双压阀的两个输入口 a 都有输入信号时，输出口 b 才有信号输出，当二位三通气控换向阀 2 切换，换向阀 3 不切换，则双压阀只有一个输入口有压缩空气，根据双压阀的工作原理，此时双压阀不能输出压缩空气。同理当阀 3 切换，阀 2 不切换，双压阀也没有压缩空气输出。图 8-9（b）中，只有当两个按钮 SB1、SB2 同时按下时，电磁阀线圈 Y1 才得电，二位五通电磁阀左位接入系统，压缩空气进入汽缸无杆腔，推动活塞右移。当只按下一个按钮时，电磁阀线圈 Y1 始终不得电，汽缸也不会动作。

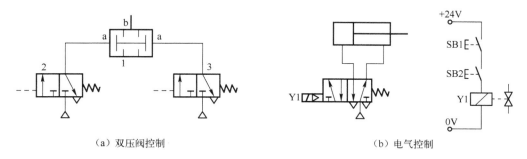

（a）双压阀控制　　　　　　　　　　　　　（b）电气控制

图 8-9　替代控制回路

8.3.4　缓冲回路

汽缸的负载可分为阻性负载（静负载）和惯性负载（有惯性力的负载）。当惯性负载较大时，汽缸停止运动的冲击能量较大，通常在汽缸内设置垫缓冲或气缓冲来吸收这种冲击能量。若冲击能量超过汽缸自身能吸收的能量时，通常在外部设置液压缓冲器或设计缓冲回路来解决，其缓冲原理是当汽缸接近停止位置时，增大排气阻力，使活塞减速。

如图 8-10 所示是使用溢流阀的缓冲回路。当汽缸接近停止位置时，电磁阀 1 断电，三位五通阀处于中封状态，有杆腔的气体被压缩，当压力超过溢流阀 2 调定的设定压力时，该处气体才能从溢流阀排出。若设定压力（一定大于供气压力）设定较高，则此背压将对汽缸产生较好的缓冲作用。

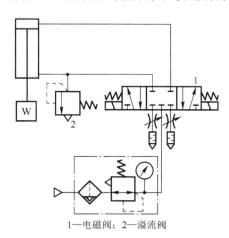

1—电磁阀；2—溢流阀

图 8-10　使用溢流阀的缓冲回路

如图 8-11 所示是在汽缸的行程终端实现缓冲的回路。电磁阀 1 通电，电磁阀左位接入系统，压缩空气进入汽缸无杆腔，推动活塞右移，汽缸有杆腔的气体经单向节流阀 2 和节流阀 3、行程阀 4，从电磁阀 1 排气。调节节流阀 3 的开度，可改变活塞杆伸出速度。当活塞杆撞块压住行程阀 4 时，行程阀 4 换向，通路被切断，有杆腔气体只能从单向节流阀 2 排出。若单向节流阀 2 的开度很小，则有杆腔内的压力急升，对活塞产生反向作用力，阻止活塞高速运动，从而达到在行程末端缓冲的目的。这种回路常用于运动速度较高、行程较长的汽缸。

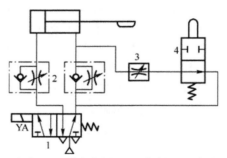

1—电磁阀；2—单向节流阀；3—节流阀；4—行程阀

图 8-11　汽缸行程终端进行缓冲的回路

8.3.5　防止启动时活塞杆"急速伸出"的回路

汽缸在启动时，如果排气侧没有背压，活塞会急速伸出，有可能造成伤害事故。避免这种情况的发生，一是在汽缸启动前使排气侧产生背压，二是使用进气节流的调速方法。

如图 8-12（a）所示，使用中压式三位五通电磁阀 1，一接通气源，汽缸两侧便有气压，便可避免启动时活塞杆急速伸出。为了使汽缸两侧保持力平衡，对单活塞杆汽缸，可在无杆侧设置一个带单向阀的减压阀 2。

如图 8-12（b）所示是使用进气节流调速阀防止启动时活塞杆急速伸出的回路。启动时，利用调速阀 3 的进气节流防止活塞杆急速伸出。由于进气节流的调速特性较差，故在汽缸的出口侧串联了一个排气节流调速阀 2，来改善启动后的调速特性。

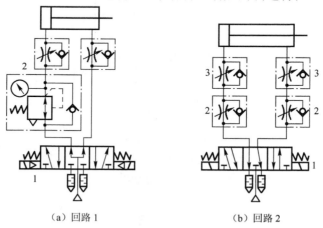

（a）回路 1　　　　　　　（b）回路 2

图 8-12　防止启动时活塞杆急速伸出的回路

8.3.6　防止落下回路

汽缸举起重物或吊起重物时，一旦气源被切断，为了安全，必须有防止重物落下的回路或采用锁紧汽缸来确保安全。

如图 8-13 所示是使用先导式单向阀及中泄式三位五通电磁阀来防止由于突然停电导致重物落下的气动回路。单向阀采用座阀式结构，泄漏极小，保压时间长。

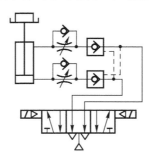

图 8-13　防止落下回路

8.4　其他常用回路

8.4.1　手动和自动并用回路

图 8-14（a）所示为采用五通电磁阀 1 和五通手动阀 2 组成的自动和手动并用回路。五通电磁阀 1 不通电时，汽缸处于缩回位置。当五通手动阀换向至左位时，则汽缸伸出。也就是说，通过改变手动阀的切换位置，可以改变原来由电磁阀控制的汽缸的位置，从而保证系统在电磁阀发生故障时，可以临时用手动阀进行操纵，以保证系统的正常运转。

图 8-14（b）所示为采用三通手动阀 7、三通电磁阀 8 和梭阀 6 控制的自动和手动转换回路。当电磁阀通电时，汽缸的动作由电气控制实现；当手动阀操纵时，汽缸的动作用手动实现。此回路的主要用途是当停电或电磁阀发生故障时，气动系统也可通过手动操纵进行工作。

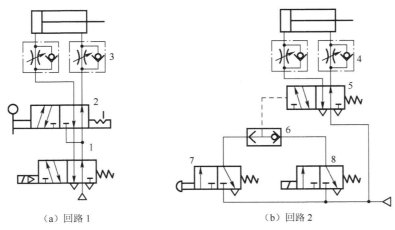

（a）回路 1　　　　　　　　　　　（b）回路 2

1—五通电磁阀；2—五通手动阀；3、4—单向节流阀；5—气控换向阀；6—梭阀；7—三通手动阀；8—三通电磁阀

图 8-14　自动和手动并用回路

8.4.2　计数回路

图 8-15 所示为二进制计数回路。图示状态是 S_0 输出状态。当按下手动换向阀 1 后，气控阀 2 产生一个脉冲信号经气控阀 3 输入气控阀 3 和气控阀 4 右侧，气控阀 3、气控阀 4 均换向至右工位，S_1 有输出。脉冲信号消失，气控阀 3、气控阀 4 两侧的压缩空气全部经气控阀 2、手动换向阀 1 排出。当放开手动换向阀 1 时，气控阀 2 左腔压缩空气经单向阀迅速排出，气控阀 2 在弹簧作用下复位。当第二次按动手动换向阀 1 时，气控阀 2 又出现一次脉冲，气控阀 3、气控阀 4 都换向至左位，S_0 有输出。手动换向阀 1 每按两次，S_0（或 S_1）就有一次输出，故此回路为二进制计数回路。

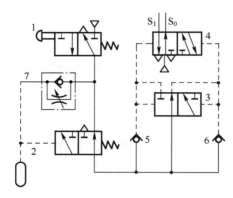

1—手动换向阀；2、3、4—气控阀；5、6—单向阀；7—单向节流阀

图 8-15　二进制计数回路

8.5　气动系统安全启动装置分析

通过前面常用安全回路的分析可知，气动系统安全启动装置实际上就是根据防止启动时活塞杆"急速伸出"回路的原理而获得的。下面分步骤对应用实例进行分析。

AV 系列稳定启动电磁阀实际上是个组合阀，这种阀可缩小外形尺寸，节省空间和配管，便于维修和管理，是气动元件的发展方向。该阀可与空气组合元件进行模块式连接。

如图 8-16 所示为气动系统安全启动装置的气路图。

启动时，使二位三通电磁换向阀（带手控开关）得电，二位三通气控阀换向，压缩空气经二位三通气控阀、节流阀进入汽缸。调节节流阀的开度可控制少量气体进入汽缸。进入汽缸气体压力为入口压力的一半后，二位二通气控阀换向，稳定启动电磁阀完全开启，达到最高流量。当关闭时，空气可由稳定启动电磁阀快速排走。

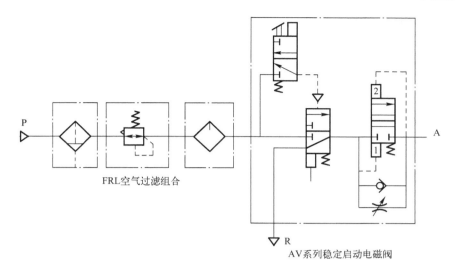

图 8-16　安全启动装置气路图

8.6　实　训　操　作

8.6.1　木条切断装置

参考课时： 2 课时

实训装置：YL-381B 型气压、液压实训装置

1．实训目的、要求

（1）熟悉双手控制安全回路的控制原理。

（2）熟悉双压阀、快速排气阀的作用和工作原理。

（3）熟悉气动实训台、气动元件、管路等的连接、固定方法和操作规则。

（4）熟悉基本的气动回路图，能顺利搭建本实训回路，并完成规定的运动。

2．实训原理和方法

该实训是模拟用切刀剪切木条（见图 8-17）。切刀可安装在一个双作用汽缸活塞杆的前端，剪切的长度可通过标尺进行调整。在切木条时，为保证安全，防止一手拿木条，另一手操作启动阀，本实训设置了双手操作安全保护回路，双手启动可以通过两个按钮的串联或用双压阀来实现，通过双手按下两个按钮后，汽缸活塞杆伸出，将木条切断。为保证木条切口质量，活塞杆应有较高的伸出速度。松开任何一个按钮，汽缸活塞杆就自动缩回。

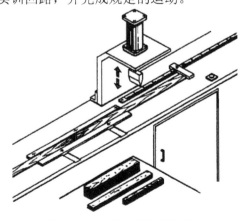

图 8-17　木条切断装置示意图

图 8-18 为本实训回路图。实训时首先合上控制面板的电源开关，打开气源通断开关，双手分别按下 S1、S2 按钮，二位五通气动换向阀换向，汽缸活塞杆伸出。若其中一个按钮松开，活塞自动缩回。安装快速排气阀的目的是提高活塞的伸出速度。

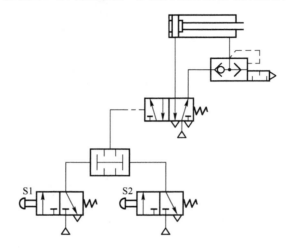

图 8-18　木条切断装置实训回路图

3．主要设备及实训元件

木条切断装置实训的主要设备及实训元件见表 8-1。

表 8-1　木条切断装置实训的主要设备及实训元件

序　号	实训设备及元件	序　号	实训设备及元件
1	气动实训平台	5	二位五通单气动换向阀
2	气源	6	双压阀
3	双作用汽缸	7	快速排气阀
4	手动二位三通换向阀（两个）	8	气管

4．实训内容及步骤

（1）按照实训原理图选择所需要的气动元件，并摆放在实训台上；

（2）关闭气源开关，在实训台上连接控制回路并检查；

（3）连接无误后，打开气源，观察汽缸运行情况是否符合控制要求；

（4）对实训中出现的问题进行分析和解决；

（5）实训完成后，关闭气源开关，拆卸所搭接的气动回路，并将气动元件、气管等归位。

5．操作技能测评

学生应能够按照实训步骤和技能测试记录表中的测评要求，进行独立思考和实训。评估不合格者，学生提出申请，允许重新评估。木条切断装置实训记录见表 8-2。

6．完成实训报告和下列思考题

此实训如用两个手动阀代替双压阀，怎样连接才能实现既定功能？

表 8-2　木条切断装置实训记录

实训操作技能训练测试记录				
学生姓名		学　号		
专　业		班　级		
课　程		指导教师		
下列清单作为测评依据，用于判断学生是否通过测评已经达到所需能力标准				
第一阶段：测量数据				
学生是否能够		分　值	得　分	
遵守实训室的各项规章制度		10		
熟悉原理图中各气动元件的基本工作原理		10		
熟悉原理图的基本工作原理		10		
正确搭建双手操作安全保护回路		15		
正确调节气源开关、控制旋钮（开启与关闭）		20		
控制回路正常运行		10		
正确拆卸所搭接的气动回路		10		
第二阶段：处理、分析、整理数据				
学生是否能够		分　值	得　分	
利用现有元件拟订其他方案，并进行比较		15		
实训技能训练评估记录				
实训技能训练评估等级：优秀（90 分以上）　　□ 良好（80 分以上）　　□ 一般（70 分以上）　　□ 及格（60 分以上）　　□ 不及格（60 分以下）　　□				
指导教师签字_____　　　　　　　日期_____				

8.6.2　冲床气动控制实训

参考课时：2 课时

实训装置：亚龙 YL-381B 型气压、液压实训装置

1．实训目的、要求

（1）正确运用所学的各种安全回路及气阀。

（2）正确选用符合工作要求的安全回路。

（3）熟悉气动实训台、气动元件、管路等的连接、固定方法和操作规则。

（4）熟悉基本的气动回路图，能顺利搭建本实训回路，并完成规定的运动。

2．实训原理和方法

一台冲床如图 8-19 所示，为安全起见用两个开关控制冲压，若其中一个开关未被按着则冲头无法冲下或自动退回。

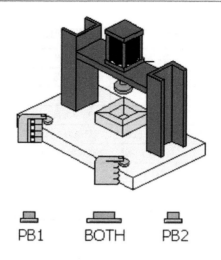

图 8-19　冲床气动控制示意图

图 8-20 为本实训回路图。实训时双手同时按下两个按钮，如图 8-20（a）所示，二位五通气动换向阀换向，汽缸活塞杆伸出。若其中一个按钮松开，活塞自动缩回。也可以用双脚同时踩下两个踏板，如图 8-20（b）所示。

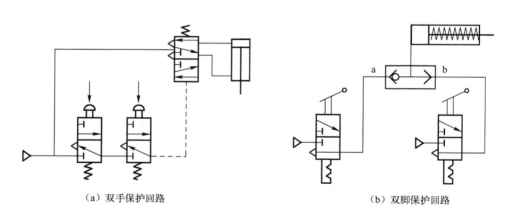

（a）双手保护回路　　　　　　　　　　　　　　　　（b）双脚保护回路

图 8-20　冲床气动控制实训回路图

3．主要设备及实训元件

冲床气动控制实训的主要设备及实训元件见表 8-3。

表 8-3　冲床气动控制实训的主要设备及实训元件

序　　号	实训设备及元件	序　　号	实训设备及元件
1	气动实训平台	5	二位五通单气动换向阀
2	气源	6	双压阀
3	双作用汽缸	7	单作用汽缸
4	手动二位三通换向阀（两个）	8	气管

4．实训内容及步骤

（1）按照实训原理图选择所需要的气动元件，并摆放在实训台上；

（2）关闭气源开关，在实训台上连接控制回路并检查；

（3）连接无误后，打开气源，观察汽缸运行情况是否符合控制要求；

（4）对实训中出现的问题进行分析和解决；

（5）实训完成后，关闭气源开关，拆卸所搭接的气动回路，并将气动元件、气管等归位。

5．操作技能测评

学生应能够按照实训步骤和技能测试记录表中的测评要求，进行独立思考和实训。评估不合格者，学生提出申请，允许重新评估。冲床气动控制实训记录见表 8-4。

表 8-4　冲床气动控制实训记录

实训操作技能训练测试记录			
学生姓名		学　号	
专　　业		班　级	
课　　程		指导教师	
下列清单作为测评依据，用于判断学生是否通过测评已经达到所需能力标准			
第一阶段：测量数据			
学生是否能够	分　值	得　分	
遵守实训室的各项规章制度	10		
熟悉原理图中各气动元件的基本工作原理	10		
熟悉原理图的基本工作原理	10		
正确搭建安全保护回路	15		
正确调节气源开关、控制旋钮（开启与关闭）	20		
控制回路正常运行	10		
正确拆卸所搭接的气动回路	10		
第二阶段：处理、分析、整理数据			
学生是否能够	分　值	得　分	
利用现有元件拟订其他方案，并进行比较	15		
实训技能训练评估记录			
实训技能训练评估等级：优秀（90 分以上）　□ 良好（80 分以上）　□ 一般（70 分以上）　□ 及格（60 分以上）　□ 不及格（60 分以下）　□			
指导教师签字＿＿＿＿＿＿＿　　　　日期＿＿＿＿＿＿＿			

6. 完成实训报告和下列思考题

此实训如用两个手动阀代替双压阀，怎样连接才能实现既定功能？

8.7 习题与思考

1. 分析图 8-21 所示双手操作回路，有无安全隐患？

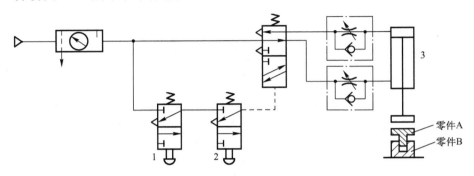

图 8-21 双手操作回路

2. 双手操作有什么作用？在气动控制和电气控制中如何实现？

3. 请分析说明如图 8-22 所示回路具有的功能。

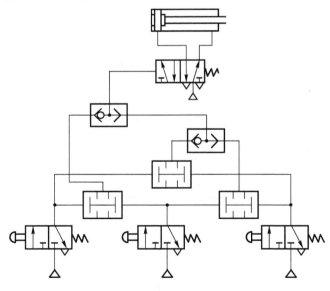

图 8-22 题 3 回路

4. 双压阀与梭阀分别有什么功能？

5. 启动时，为防止活塞杆急速伸出造成伤害，可采取什么办法使其平稳伸出？

6. 试画出如图 8-16 所示的气动系统安全启动装置的电气控制电路，并结合气动回路分析其工作过程。

项目九　平面磨床工作台的控制

教学提示：本项目内容以平面磨床工作台的结构组成和工作原理为引子，对液压装置组件、动力元件、方向控制元件以及执行元件进行介绍，在知识或技能展开介绍的过程中，可结合亚龙 YL-381B 型液压实训装置进行现场教学，并通过同步的实训操作训练加以理解和巩固。

教学目标：结合平面磨床工作台液压控制系统的实际应用，熟悉方向控制回路中液压泵、液压缸、换向阀等各类液压元件的结构和动作原理。

9.1　任　务　引　入

平面磨床主要用于磨削各种工件上的平面，可获得较高的加工精度和较小的表面粗糙度值。由于平面磨床实现的是低速且输出较大的推力或大转矩运动，工作过程中要求执行元件能快速启动、制动和频繁换向。采用液压传动工作比较平稳，反应快，换向冲击小，操作简单，调整控制方便，易于实现自动化。液压系统便于实现过载保护，液压元件能自行润滑，故使用寿命较长。M1432A 型万能外圆磨床结构示意图如图 9-1 所示。

9.1.1　平面磨床工作台原理

图 9-2 为平面磨床工作台液压传动系统原理图。如图 9-2（c）所示状态，电动机带动液压泵 3 旋转，经过滤器 2 从油箱 1 中吸油，然后油液经节流阀 5 和换向阀 6 压入工作台液压缸（缸筒固定在床身上，活塞杆与工作台连接）左腔，推动活塞及工作台向右移动，这时工作台液压缸右腔的油液经换向阀 6 排回油箱。

如图 9-2（b）所示状态，电动机带动液压泵 3 旋转，经过滤器 2 从油箱 1 中吸油，然后油液经节流阀 5 和换向阀 6 压入工作台液压缸右腔，推动活塞及工作台向左移动，这时工作台液压缸右腔的油液经换向阀 6 排回油箱。通过换向阀改变油液的通路，便能实现工作台液压缸运动换向。

通过节流阀 5 调节单位时间进入液压缸的油液体积，便能调节工作台的运动速度。

通过溢流阀 4 调定液压泵输出油液的压力，便能克服阻力推动工作台液压缸活塞运动，并让液压泵输出的多余油液溢回油箱。

由上述例子分析得到，液压传动是以密封容积中的受压液体作为工作介质来传递运动和动力的。它先通过动力元件（液压泵）将原动机（电动机）输入的机械能转化为液体的压力能，再经密封管道和控制元件等输送至执行元件（液压缸），将液体的压力能又转化为机械能以驱动工作部件。

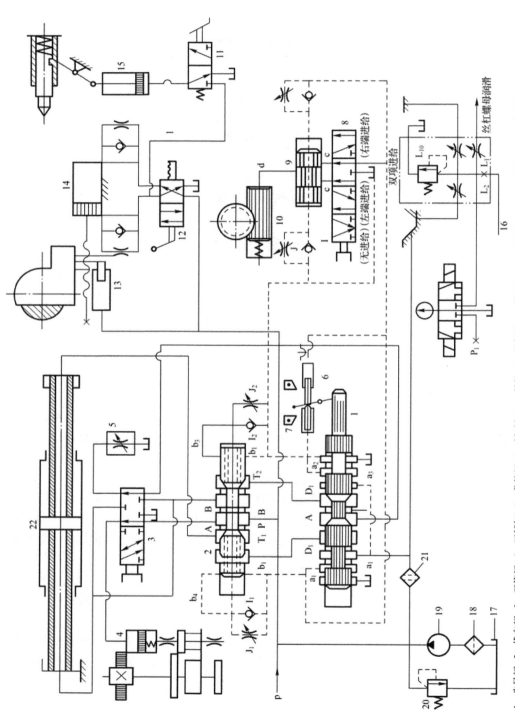

图9-1　M1432A 型万能外圆磨床

1—先导阀；2—换向阀；3—开停阀；4—互锁缸；5—节流阀；6—拨动缸；7—挡块；8—选择阀；9—进给阀；10—进给缸；11—尾架换向阀；12—快动换向阀；13—闸缸；14—快动缸；15—拨动缸；16—润滑稳定器；17—油箱；18—粗过滤器；19—油泵；20—溢流阀；21—精过滤器；22—工作台进给缸

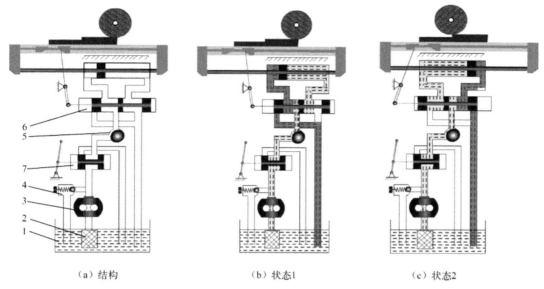

（a）结构　　　　　　　　　（b）状态1　　　　　　　　　（c）状态2

1—油箱；2—过滤器；3—液压泵；4—溢流阀；5—节流阀；6—换向阀；7—开停阀

图 9-2　平面磨床工作台液压传动系统原理图

9.1.2　液压传动系统的组成

从上述例子可以看出，液压传动系统由以下五个部分组成。

1．动力元件

动力元件即液压泵，它是将原动机输入的机械能转换为液压能的装置，其作用是为液压系统提供压力油，它是液压系统的动力源。

2．执行元件

执行元件是指液压缸和液压马达，它是将液体的压力能转换为机械能的装置，其作用是在压力油的推动下输出力和速度（或力矩和转速），以驱动工作部件。

3．控制调节元件

控制调节元件是指各种阀类元件，如溢流阀、节流阀、换向阀等。它们的作用是控制液压系统中油液的压力、流量和方向，以保证执行元件完成预期的工作运动。

4．辅助元件

辅助元件指油箱、油管、管接头、过滤器、蓄能器等，这些元件分别起散热、贮油、输油、连接、过滤等作用，以保证系统正常工作，是液压系统不可缺少的组成部分。

5．工作介质

工作介质即传动液体，通常为液压油，其作用是实现运动和动力的传递。

9.2　液　压　泵

液压动力元件起着向系统提供动力源的作用，是系统不可缺少的核心元件。液压系统以液压泵作为提供一定的流量和压力的动力元件，液压泵将原动机（电动机或内燃机）输出的机械能转换为工作液体的压力能，是一种能量转换装置。

9.2.1 液压泵的工作原理

液压泵都是依靠密封容积变化的原理来进行工作的，故一般称为容积式液压泵，图 9-3 所示的是单柱塞液压泵的工作原理图，图中柱塞 2 装在缸体 3 中形成一个密封容积 a，柱塞在弹簧 4 的作用下始终压紧在偏心轮 1 上。原动机驱动偏心轮 1 旋转使柱塞 2 作往复运动，使密封容积 a 的大小发生周期性的交替变化。当 a 由小变大时就形成部分真空，使油箱中油液在大气压作用下，经吸油管顶开单向阀 6 进入油箱 a 而实现吸油；反之，当 a 由大变小时，a 腔中吸满的油液将顶开单向阀 5 流入系统而实现压油。这样液压泵就将原动机输入的机械能转换成液体的压力能，原动机驱动偏心轮不断旋转，液压泵就不断地吸油和压油。

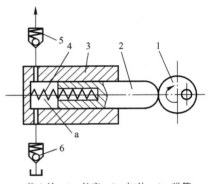

1—偏心轮；2—柱塞；3—缸体；4—弹簧；
5，6—单向阀

图 9-3　液压泵工作原理图

9.2.2 液压泵的主要性能参数

1．压力

（1）工作压力。液压泵实际工作时的输出压力称为工作压力。工作压力的大小取决于外负载的大小和排油管路上的压力损失，而与液压泵的流量无关。

（2）额定压力。液压泵在正常工作条件下，按试验标准规定连续运转的最高压力称为液压泵的额定压力。

（3）最高允许压力。在超过额定压力的条件下，根据试验标准规定，允许液压泵短暂运行的最高压力值，称为液压泵的最高允许压力。

2．排量和流量

（1）排量。液压泵每转一周，由其密封容积几何尺寸变化计算而得出的排出液体的体积叫液压泵的排量。排量可调节的液压泵称为变量泵，排量为常数的液压泵则称为定量泵。

（2）理论流量。理论流量是指在不考虑液压泵的泄漏流量的情况下，在单位时间内所排出的液体体积的平均值。

（3）实际流量。液压泵在某一具体工况下，单位时间内所排出的液体体积称为实际流量。

（4）额定流量。液压泵在正常工作条件下，按试验标准规定（如在额定压力和额定转速下）必须保证的流量。

3．功率和效率

（1）液压泵的功率损失。液压泵的功率损失有容积损失和机械损失两部分。

① 容积损失。容积损失是指液压泵流量上的损失，液压泵的实际输出流量总是小于其理论流量，其主要原因是由于液压泵内部高压腔的泄漏、油液的压缩以及在吸油过程中

由于吸油阻力太大、油液黏度大以及液压泵转速高等原因而导致油液不能全部充满密封工作腔。

②　机械损失。机械损失是指液压泵在转矩上的损失。液压泵的实际输入转矩总是大于理论上所需要的转矩，其主要原因是由于液压泵体内相对运动部件之间因机械摩擦而引起的摩擦转矩损失以及液体的黏性引起的摩擦损失。

（2）液压泵的功率。

①　输入功率。液压泵的输入功率是指作用在液压泵主轴上的机械功率。

②　输出功率。液压泵的输出功率是指液压泵在工作过程中的实际吸、压油口间的压差和输出流量的乘积。

（3）液压泵的总效率。液压泵的总效率是指液压泵的实际输出功率与其输入功率的比值。

液压泵的总效率等于其容积效率与机械效率的乘积。

9.2.3　齿轮泵的工作原理和结构

液压泵按其在单位时间内所能输出的油液的体积是否可调节而分为定量泵和变量泵两类，按结构形式可分为齿轮式、叶片式和柱塞式三大类。

齿轮泵是液压系统中广泛采用的一种液压泵，它一般做成定量泵，平面磨床动力元件采用的是齿轮泵。按其结构形式，可分为外啮合式和内啮合式两种。外合啮式齿轮泵，由于结构简单、制造方便、价格低廉、工作可靠、维修方便，因此已广泛应用于低压系统。下面以外啮合齿轮泵为例来剖析齿轮泵。

1.齿轮泵的工作原理

图 9-4 为齿轮泵的工作原理图。在泵体内有一对外啮合齿轮，齿轮两端面靠盖板密封，这样泵体、盖板和齿轮的各齿槽就形成了多个密封腔，轮齿啮合线又将左右两密封腔隔开而形成吸、压油腔。当齿轮按图示方向旋转时，吸油腔（右侧）内的轮齿不断脱开啮合，使其密封容积不断增大而形成一定真空，在大气压力作用下从油箱吸进油液，随着齿轮的旋转，齿槽内的油液被带到压油腔（左侧），压油腔内的轮齿不断进入啮合，使其密封容积不断减小，油液被压出。随着齿轮不停地转动，齿轮泵就不断地吸油和压油，这就是齿轮泵的工作原理。

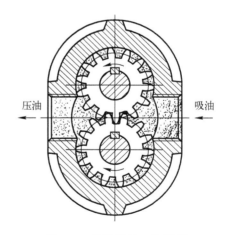

图 9-4　齿轮泵的工作原理

2.齿轮泵的结构

图 9-5 为 CB-B 型齿轮泵的结构图。该泵使用了泵体 4 与盖板 1、5 三片式结构，两盖板与泵体用两个定位销 8 和六个螺钉 2 连接，这种结构便于制造和维修时控制齿轮端面和盖板间的端面间隙。

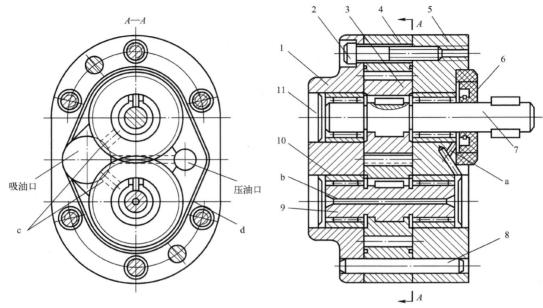

1、5—盖板；2—螺钉；3—齿轮；4—泵体；6—密封圈；7—主动轴；8—定位销；
9—从动轴；10—滚针轴承；11—堵头；a、b、c—泄油通道；d—封油卸荷槽

图 9-5　齿轮泵的结构

为了保证齿轮能灵活地转动，同时又要保证泄漏最小，在齿轮端面和泵盖之间应有适当间隙（轴向间隙），对小流量泵轴向间隙为 0.025～0.04mm，大流量泵为 0.04～0.06mm。齿顶和泵体内表面间的间隙（径向间隙），由于密封带长，同时齿顶线速度形成的剪切流动又和油液泄漏方向相反，故对泄漏的影响较小，这里要考虑的问题是，当齿轮受到不平衡的径向力后，应避免齿顶和泵体内壁相碰，所以径向间隙就可稍大，一般取0.13～0.16mm。

为了防止压力油从泵体和泵盖间泄漏到泵外，并减小压紧螺钉的拉力，在泵体两侧的端面上开有油封卸荷槽，使渗入泵体和泵盖间的压力油引入吸油腔。泵盖和从动轴上的小孔的作用是将泄漏到轴承端部的压力油引到泵的吸油腔去，防止油液外溢，同时也润滑了滚针轴承。

9.2.4　高压齿轮泵的特点

上述齿轮泵由于泄漏大（主要是端面泄漏，占总泄漏量的 70%～80%），且存在径向不平衡力，故压力不易提高。高压齿轮泵主要是针对上述问题采取了一些措施，如尽量减小径向不平衡力和提高轴与轴承的刚度；对泄漏量最大的端面间隙，采用了自动补偿装置等。下面对端面间隙的补偿装置进行简单介绍。

1．浮动轴套式

图 9-6（a）所示是浮动轴套式的间隙补偿装置。它利用泵的出口压力油，引入齿轮轴上的浮动轴套 1 的外侧 A 腔，在液体压力作用下，使轴套紧贴齿轮 3 的侧面，因而可

以消除间隙并可补偿齿轮侧面和轴套间的磨损量。在泵启动时，靠弹簧 4 来产生预紧力，保证了轴向间隙的密封。

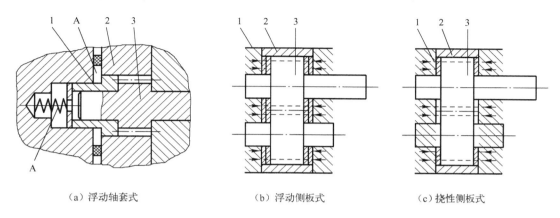

（a）浮动轴套式　　　　　　　（b）浮动侧板式　　　　　　　（c）挠性侧板式

图 9-6　端面间隙补偿装置示意图

2．浮动侧板式

浮动侧板式补偿装置的工作原理与浮动轴套式基本相似，它也是利用泵的出口压力油引到浮动侧板 1 的背面，如图 9-6（b）所示，使之紧贴于齿轮 2 的端面来补偿间隙。启动时，浮动侧板靠密封圈来产生预紧力。

3．挠性侧板式

图 9-6（c）所示是挠性侧板式间隙补偿装置，它是利用泵的出口压力油引到侧板的背面后，靠侧板自身的变形来补偿端面间隙的，侧板的厚度较薄，内侧面要耐磨（如烧结有 0.5～0.7mm 的磷青铜），这种结构采取一定措施后，易使侧板外侧面的压力分布大体上和齿轮侧面的压力分布相适应。

9.2.5　内啮合齿轮泵

内啮合齿轮泵有渐开线齿轮泵［见图 9-7（a）］和摆线齿轮泵［见图 9-7（b）］两种。它们也是利用齿间密封容积变化实现吸、压油的。图中双点画线所示，1 为吸油腔，2 为压油腔，内啮合齿轮泵中，小齿轮是主动轮。在渐开线齿形的内啮合齿轮泵中，小齿轮和内齿轮之间装有一月牙形隔板将吸油腔和压油腔隔开。对于摆线齿形的内啮合齿轮泵，由于小齿轮（又称内转子）和内齿轮（又称外转子）只差一齿，故不用设置隔板。内啮合齿轮泵结构紧凑，尺寸小，质量小，运转速度可达 10000r/min，流量脉动小，噪声小，在高转速下工作时有较高的容积效率。由于齿轮转向相同，相对滑动速度小，磨损小，使用寿命长。但齿形复杂，加

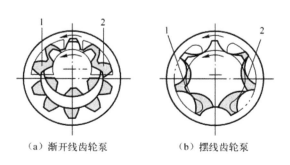

（a）渐开线齿轮泵　　　（b）摆线齿轮泵

图 9-7　内啮合齿轮泵的工作原理图

工困难，价格较外啮合齿轮泵高。随着工业技术的发展，摆线齿轮泵的应用将会越来越广泛。内啮合齿轮泵可正、反转，在一定的情况下可做液压马达用。

9.2.6　液压泵的选择方法

液压泵是液压系统提供一定流量和压力的油液动力元件，它是每个液压系统不可缺少的核心元件，合理地选择液压泵对于降低液压系统的能耗、提高系统的效率、降低噪声、改善工作性能和保证系统的可靠工作都十分重要。

选择液压泵的原则是：根据主机工作情况、功率大小和系统对工作性能的要求，首先确定液压泵的类型，然后按系统所要求的压力、流量大小确定其规格型号。

表 9-1 列出了液压系统中常用液压泵的主要性能。

表 9-1　液压系统中常用液压泵的性能比较

性能	外啮合轮泵	双作用叶片泵	限压式变量叶片泵	径向柱塞泵	轴向柱塞泵	螺杆泵
输出压力	低压	中压	中压	高压	高压	低压
流量调节	不能	不能	能	能	能	不能
效率	低	较高	较高	高	高	较高
输出流量脉动	很大	很小	一般	一般	一般	最小
自吸特性	好	较差	较差	差	差	好
对油的污染的敏感性	不敏感	较敏感	较敏感	很敏感	很敏感	不敏感
噪声	大	小	较大	大	大	最小

一般来说，由于各类液压泵各自突出的特点，其结构、功用和动转方式各不相同，因此应根据不同的使用场合选择合适的液压泵。一般在机床液压系统中，往往选用双作用叶片泵和限压式变量叶片泵，而在筑路机械、港口机械以及小型工程机械中往往选择抗污染能力较强的齿轮泵，在负载大、功率大的场合往往选择柱塞泵。

9.3　液压马达和液压缸

9.3.1　液压马达

液压马达是液压系统中的一种执行元件，其功能就是将液压能转变成圆周机械运动。

1. 液压马达的特点及分类

液压马达是把液体的压力能转换为机械能的装置，从原理上讲，液压泵可以做液压马达用，液压马达也可做液压泵用。相同类型的液压泵和液压马达虽然在结构上相似，但由于两者的工作情况不同，两者在结构上也有某些差异，很多类型的液压马达和液压泵是不能互换使用的。

液压马达按其额定转速分为高速和低速两大类，额定转速高于 500r/min 的属于高速液压马达，额定转速低于 500r/min 的属于低速液压马达。

高速液压马达的基本形式有齿轮式、螺杆式、叶片式和轴向柱塞式等。它们的主要特点是转速较高、转动惯量小，便于启动和制动，调速和换向的灵敏度高。通常高速液压马达的输出转矩不大（仅几十牛·米到几百牛·米），所以又称高速小转矩液压马达。

低速液压马达的基本形式是径向柱塞式，例如单作用曲轴连杆式、液压平衡式和多作用内曲线式等。此外在轴向柱塞式、叶片式和齿轮式中也有低速的结构形式。低速液压马达的主要特点是排量大、体积大、转速低（有时可达每分钟几转甚至零点几转），因此可直接与工作机构连接，不需要减速装置，使传动机构大为简化，通常低速液压马达输出转矩较大（可达几千牛顿·米到几万牛顿·米），所以又称低速大转矩液压马达。

2．液压马达的工作原理

液压马达也可按其结构类型来分，可以分为齿轮式、叶片式、柱塞式和其他型式。

常用的液压马达的结构与同类型的液压泵很相似，下面对叶片马达、轴向柱塞马达和摆动马达的工作原理进行介绍。

1）叶片马达

如图 9-8 所示，当压力为 p 的油液从进油口进入叶片 1 和 3 之间时，叶片 2 因两面均受液压油的作用，所以不产生转矩。叶片 1、3 上，一面作用有压力油，另一面为低压油。由于叶片 3 伸出的面积大于叶片 1 伸出的面积，因此作用于叶片 3 上的总液压力大于作用于叶片 1 上的总液压力，于是压力差使转子产生顺时针的转矩。同样道理，压力油进入叶片 5 和 7 之间时，叶片 7 伸出的面积大于叶片 5 伸出的面积，也产生顺时针转矩。这样，就把油液的压力能转变成了机械能，这就是叶片马达的工作原理。当输油方向改变时，液压马达就反转。

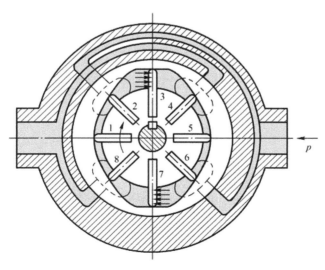

图 9-8 叶片马达的工作原理图

定子的长短径差值越大，转子的直径越大，以及输入的压力越高，叶片马达输出的转矩就越大。

叶片马达的体积小，转动惯量小，因此动作灵敏，换向频率较高。但泄漏较大，不能在很低的转速下工作，因此，叶片马达一般用于转速高、转矩小和动作灵敏的场合。

2）轴向柱塞马达

轴向柱塞马达的结构形式基本上与轴向柱塞泵一样，故其种类与轴向柱塞泵相同，也分为直轴式轴向柱塞马达和斜轴式轴向柱塞马达两类。

轴向柱塞马达的工作原理如图 9-9 所示。

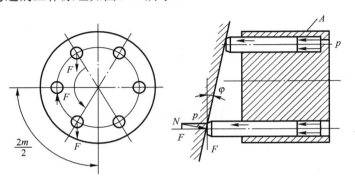

图 9-9　斜盘式轴向柱塞马达的工作原理图

当压力油进入液压马达的高压腔之后，工作柱塞受到的油压作用力为 pA（p 为油压力，A 为柱塞面积），通过滑靴压向斜盘，其反作用为 N。N 分解成两个分力，沿柱塞轴向分力 p，与柱塞所受液压力平衡；另一分力 F 与柱塞轴线垂直向上，它与缸体中心线的距离为 r，这个力便产生驱动马达旋转的力矩。

一般来说，轴向柱塞马达都是高速马达，输出扭矩小，因此，必须通过减速器来带动工作机构。如果能使液压马达的排量显著增大，也就可以把轴向柱塞马达做成低速大扭矩马达。

3）摆动马达

图 9-10（a）所示是单叶片摆动马达。若从油口Ⅰ通入高压油，叶片 2 作逆时针摆动，低压力从油口Ⅱ排出。因叶片与输出轴连在一起，输出轴摆动同时可输出转矩、克服负载。

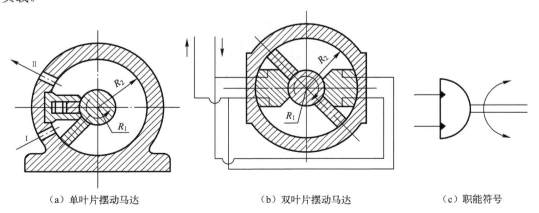

（a）单叶片摆动马达　　　　　　（b）双叶片摆动马达　　　　　（c）职能符号

图 9-10　摆动缸摆动液压马达的工作原理图

此类摆动马达的工作压力小于 10MPa，摆动角度小于 280°。由于径向力不平衡，叶片和壳体、叶片和挡块之间密封困难，限制了其工作压力的进一步提高，从而也限制了输出转矩的进一步提高。

图 9-10（b）所示为双叶片摆动马达。在径向尺寸和工作压力相同的条件下，其输出转矩是单叶片式摆动马达的 2 倍，但回转角度要相应减少，双叶片摆动马达的回转角度一般小于 120°。

叶片摆动马达的总效率 η=70%～95%。

9.3.2 液压缸

液压缸是液压系统中的一种执行元件，其功能就是将液压能转变成直线往复式的机械运动。液压缸结构简单，工作可靠，在液压系统中得到了广泛的应用。

1．液压缸的类型和特点

液压缸的种类很多，其详细分类可见表 9-2。

表 9-2 常见液压缸的种类及特点

名 称		图 型 符 号	特 点
单作用液压缸	活塞缸		活塞只单向受力而运动，反向运动依靠活塞自重或其他外力
	柱塞缸		柱塞只单向受力而运动，反向运动依靠柱塞自重或其他外力
	伸缩式套筒缸		有多个互相联动的活塞，可依次伸缩，行程较大，由外力使活塞返回
双作用液压缸	单活塞杆 普通缸		活塞双向受液压力而运动，在行程终了时不减速，双向受力及速度不同
	单活塞杆 不可调缓冲缸		活塞在行程终了时减速制动，减速值不变
	单活塞杆 可调缓冲缸		活塞在行程终了时减速制动，并且减速值可调
	单活塞杆 差动缸		活塞两端面积差较大，使活塞往复运动的推力和速度相差较大

续表

名 称		图 型 符 号	特 点
双作用液压缸	双活塞杆 等行程等速缸		活塞左右移动速度、行程及推力均相等
	双活塞杆 双向缸		利用对油口进、排油次序的控制，可使两个活塞作多种配合动作的运动
	伸缩式套筒缸		有多个互相联动的活塞，可依次伸出获得较大行程
组合缸	弹簧复位缸		单向液压驱动，由弹簧力复位
	增压缸		由 A 腔进油驱动，使 B 输出高压油
	串联缸		用于缸的直径受限制，长度不受限制处，能获得较大推力
	齿条传动缸		活塞的往复运动转换成齿轮的往复回转运动
	气-液转换器		气压力转换成大体相等的液压力

2．几种常用液压缸的工作原理

液压缸按结构特点不同，可分为活塞式、柱塞式、摆动式和伸缩套筒式等。

1）活塞式液压缸

活塞式液压缸有双活塞杆式和单活塞杆式两种，其图形符号如图 9-11 所示。

（a）双活塞杆缸　　　　　　　　　　（b）单活塞杆缸

图 9-11　活塞式液压缸的图形符号

（1）双活塞杆式液压缸。

双活塞杆式液压缸的两端都有活塞杆伸出，如图 9-12 所示。当液压缸的左腔进压力油，右腔回油时，活塞 5 拖动工作台向右运动；反之，活塞拖动工作台向左运动。油液经孔 a（或 b）、导向套 3 的环形槽和端盖 8 上部的小孔进入（或流出）液压缸。由于活塞两端的有效作用面积相同，若供油压力和流量不变，则活塞往复运动速度相等，两个方向的作用力相同。

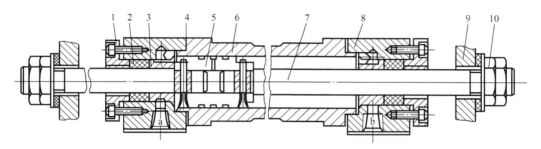

1—压盖；2—密封圈；3—导向套；4—密封垫；5—活塞；6—缸体；7—活塞杆；8—端盖；9—支架；10—螺母

图 9-12　双活塞杆式液压缸

双活塞杆式液压缸的活塞运动速度 v 和推力 F 可按下式计算：

$$v = \frac{4q_V}{A} = \frac{4q_V}{\pi(D^2 - d^2)}$$

$$F = pA = p\pi\frac{(D^2 - d^2)}{4}$$

式中，q_V 为供给液压缸的流量，A 为液压缸有效工作面积，p 为液压缸进油腔的工作压力，D、d 分别为液压缸内径和活塞杆直径。

双活塞杆式液压缸的固定方式有缸体固定和活塞杆固定两种。图 9-13（a）为缸体固定式结构，它的进回油口设置在缸筒两端，其运动范围约为液压缸有效行程的 3 倍，占地面积较大，一般用于中小型液压设备。图 9-13（b）为活塞杆固定式结构，进回油管采用软管时，进回油口可设置在缸筒两端；采用硬管时，进回油口则设置在空心活塞杆两端；其运动范围约为液压缸有效行程的两倍，占地面积较小，常用于行程长的大中型液压设备。

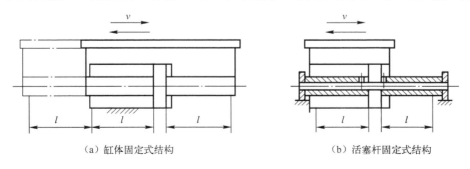

（a）缸体固定式结构　　　　　　　（b）活塞杆固定式结构

图 9-13　双活塞杆缸运动范围

（2）单活塞杆式液压缸。

单活塞杆式液压缸仅一端有活塞杆。由于液压缸两个腔的有效作用面积不相等，当输入液压缸两腔的压力和流量相等时，活塞（或缸体）在两个方向上的速度和推力均不相等。单活塞杆式液压缸，不论是缸体固定，还是活塞杆固定，其运动范围均为液压缸有效行程的两倍左右。

无杆腔进油、有杆腔回油的连接方式如图 9-14（a）所示，有杆腔进油、无杆腔回油的连接方式如图 9-14（b）所示，两腔同时进油的方式如图 9-14（c）所示，这种连接方式称为差动连接。这三种不同的连接方式下，活塞运动速度 v 和推力 F 各不相同，见表 9-3。

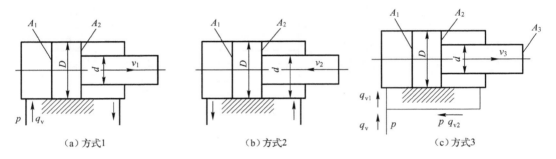

（a）方式1 　　　　　　（b）方式2 　　　　　　（c）方式3

图 9-14　单活塞杆液压缸

表 9-3　单活塞杆液压缸的运动

连　接　方　式	活塞的推力 F	活塞的运动速度 v
无杆腔进油、有杆腔回油	$F_1 = pA_1 = p\dfrac{\pi D^2}{4}$	$v_1 = \dfrac{q_V}{A_1} = \dfrac{4q_V}{\pi D^2}$
有杆腔进油、无杆腔回油	$F_2 = pA_2 = p\dfrac{\pi(D^2 - d^2)}{4}$	$v_2 = \dfrac{4q_V}{A_2} = \dfrac{4q_V}{\pi(D^2 - d^2)}$
两腔同时进油（差动连接）	$F_3 = F_1 - F_2 = \dfrac{\pi d^2}{4}p$	$v_3 = \dfrac{q_V}{A_3} = \dfrac{4q_V}{\pi d^2}$

由表 9-3 可知，$v_1 < v_2$，$F_1 > F_2$，即无杆腔进油时推力大，速度低；有杆腔进油时推力小，速度高。因此，单活塞杆式液压缸常用于在一个方向上有较大负载但运行速度较低、在另一方向上空载退回的设备，如各金属切削机床、压力机、注塑机。

由表 9-3 还可知，$v_3 > v_1$，$F_3 < F_1$，这说明差动连接时，能使运动部件获得较高的速度和较小的推力。因此单活塞杆式液压缸常用于需要实现"快进（v_3）→工进（v_1）→快退（v_2）"工作循环的组合机床等设备的液压系统中。且常要求单活塞杆式液压缸的快速进、退速度相等，即 $v_2 = v_3$，则 $D = \sqrt{2}d$（或 $d = 0.7D$）。

2）柱塞式液压缸

活塞式液压缸的内表面加工精度要求较高，若缸体较长时，加工则较困难。柱塞式液压缸的直体内壁和柱塞不接触，缸体内壁可不加工或仅作粗加工，因此，只对柱塞及其支承部分进行精加工。柱塞式液压缸结构简单，制造容易，适用于行程较长的导轨磨床、龙门刨床和液压机等设备。

图 9-15 所示为柱塞式液压缸结构。压力油从左端油口进入缸内，推动柱塞向右运

动。柱塞缸只能作单向运动,其回程须借助外力(自重、弹簧力等)。若想实现往复运动,柱塞式液压缸应成对使用。

3)摆动式液压缸

摆动式液压缸是输出转矩并实现往复摆动的液压缸(又称摆动液压马达),有单叶片和双叶片两种形式。图9-16为单叶片摆动式液压缸的工作原理图。摆动轴2上装有叶片1,叶片和封油隔板3将缸体内空间分成两腔。当缸的一个油口通压力油,而另一个油口通回油时,叶片产生转矩带动摆动轴摆动。

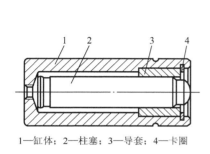

1—缸体;2—柱塞;3—导套;4—卡圈

图9-15 柱塞式液压缸结构

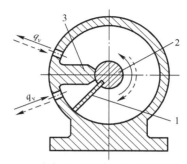

1—叶片;2—摆动轴;3—封油隔板

图9-16 摆动式液压缸的工作原理

摆动式液压缸主要特点是结构简单、紧凑,输出的转矩大,但密封困难。一般常用于机械手、转位机构及机床回转夹具中。

4)伸缩套筒式液压缸

图9-17所示为多级伸缩套筒式液压缸。这种缸的特点是活塞杆伸出行程大,收缩后结构尺寸小。它的推力和速度是分级变化的。伸出时,有效工作面积大的套筒活塞先运动,速度低、推力大;当套筒活塞全部伸出后,活塞才开始运动,此时,运动速度大、推力小。缩回时,一般在活塞全部缩回后,套筒活塞才开始返回。这种液压缸结构紧凑,适用于自卸汽车、起重机及自动线的输送带等。

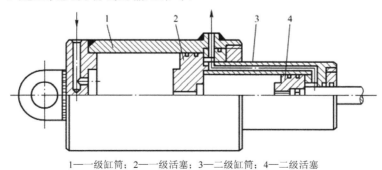

1——级缸筒;2——级活塞;3—二级缸筒;4—二级活塞

图9-17 伸缩套筒式液压缸

3. 液压缸的结构

1)液压缸的典型结构举例

（1）双作用单活塞杆式液压缸。它由缸底 20、缸筒 10、缸盖兼导向套 9、活塞 11 和活塞杆 18 等组成。缸筒一端与缸底焊接，另一端缸盖（导向套）与缸筒用卡键 6、套 5 和弹簧挡圈 4 固定，以便拆装检修，两端设有油口 A 和 B。活塞 11 与活塞杆 18 利用卡键 15、卡键帽 16 和弹簧挡圈 17 连在一起。活塞与缸孔的密封采用的是一对 Y 形聚氨酯密封圈 12，由于活塞与缸孔有一定间隙，采用由尼龙 1010 制成的耐磨环（又叫支承环）13 定心导向。活塞杆 18 和活塞 11 的内孔由 O 形密封圈 14 密封。较长的缸盖兼导向套 9 则可保证活塞杆不偏离中心，导向套外径由 O 形密封圈 7 密封，而其内孔则由 Y 形密封圈 8 和防尘圈 3 分别防止油外漏和灰尘带入缸内。缸与杆端销孔与外界连接，销孔内有尼龙衬套抗磨。

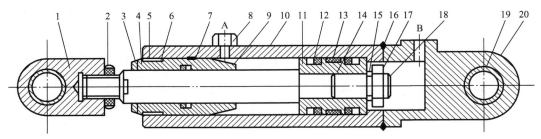

1—耳环；2—螺母；3—防尘圈；4、17—弹簧挡圈；5—套；6、15—卡键；7、14—O 形密封圈；8、12—Y 形密封圈；9—缸盖兼导向套；10—缸筒；11—活塞；13—耐磨环；16—卡键帽；18—活塞杆；19—衬套；20—缸底

图 9-18　双作用单活塞杆液压缸

（2）空心双活塞杆式液压缸。由图 9-19 可见，液压缸的左右两腔是通过油口 b 和 d 经活塞杆 1 和 15 的中心孔与左右径向孔 a 和 c 相通的。由于活塞杆固定在床身上，缸体 10 固定在工作台上，工作台在径向孔 c 接通压力油，径向孔 a 接通回油时向右移动；反之则向左移动。在这里，缸盖 18 和 24 通过螺钉（图中未画出）与压板 11 和 20 相连，并与钢丝环 12 相连，缸盖 24 空套在托架 3 孔内，可以自由伸缩。空心活塞杆的一端用堵头 2 堵死，并通过锥销 9 和 22 与活塞 8 相连。缸筒相对于活塞运动，由左右两个导向套 6 和 19 导向。活塞与缸筒之间、缸盖与活塞杆之间以及缸盖与缸筒之间分别用 O 形密封圈 7，V 形密封圈 4、17 和纸垫 13、23 进行密封，以防止油液的内、外泄漏。缸筒在接近行程的左右终端时，径向孔 a 和 c 的开口逐渐减小，对移动部件起制动缓冲作用。为了排除液压缸中残留的空气，缸盖上设置有排气孔 5 和 14，经导向套环槽的侧面孔道（图中未画出）引出与排气阀相连。

2）液压缸的组成

从上面所述的液压缸典型结构中可以看到，液压缸的结构基本上可以分为缸筒和缸盖、活塞和活塞杆、密封装置、缓冲装置和排气装置五个部分，分述如下。

（1）缸筒和缸盖。一般来说，缸筒和缸盖的结构形式和其使用的材料有关。工作压力 $p < 10\text{MPa}$ 时，使用铸铁；$p < 20\text{MPa}$ 时，使用无缝钢管；$p > 20\text{MPa}$ 时，使用铸钢或锻钢。图 9-20 所示为缸筒和缸盖的常见结构形式。图 9-20（a）所示为法兰连接式，结构简单，容易加工，也容易装拆，但外形尺寸和质量都较大，常用于铸铁制的缸筒上。

图 9-20（b）所示为半环连接式，它的缸筒壁部因开了环形槽而削弱了强度，为此有时要加厚缸壁，它容易加工和装拆，质量较小，常用于无缝钢管或锻钢制的缸筒上。图 9-20（c）所示为螺纹连接式，它的缸筒端部结构复杂，外径加工时要求保证内外径同心，装拆要使用专用工具，它的外形尺寸和质量都较小，常用于无缝钢管或铸钢制的缸筒上。图 9-20（d）所示为拉杆连接式，结构的通用性大，容易加工和装拆，但外形尺寸较大，且较重。图 9-20（e）所示为焊接连接式，结构简单，尺寸小，但缸底处内径不易加工，且可能引起变形。

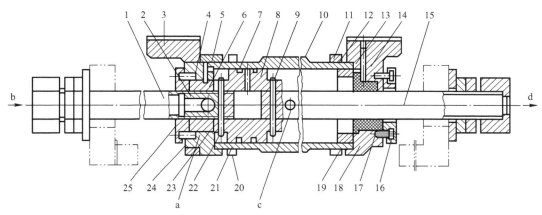

1—活塞杆；2—堵头；3—托架；4、17—V 形密封圈；5、14—排气孔；6、19—导向套；7—O 形密封圈；8—活塞；
9、22—锥销；10—缸体；11、20—压板；12、21—钢丝环；13、23—纸垫；15—活塞杆；16、25—压盖；18、24—缸盖

图 9-19　空心双活塞杆式液压缸

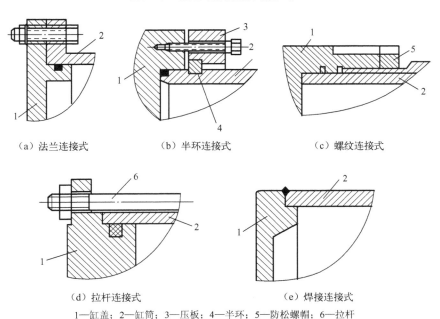

（a）法兰连接式　　　　　　（b）半环连接式　　　　　　（c）螺纹连接式

（d）拉杆连接式　　　　　　　　　　　（e）焊接连接式

1—缸盖；2—缸筒；3—压板；4—半环；5—防松螺帽；6—拉杆

图 9-20　缸筒和缸盖结构

（2）活塞与活塞杆。可以把短行程的液压缸的活塞杆与活塞做成一体，这是最简单的形式。但当行程较长时，这种整体式活塞组件的加工较费事，所以常把活塞与活塞杆分开制造，然后再连接成一体。图 9-21 所示为几种常见的活塞与活塞杆的连接形式。

图 9-21（a）所示为活塞与活塞杆之间采用螺母连接，它适用负载较小，受力无冲击的液压缸中。螺纹连接虽然结构简单，安装方便可靠，但在活塞杆上车螺纹将削弱其强度。图 9-21（b）和图 9-21（c）所示为卡环式连接方式。图 9-21（b）中活塞杆 5 上开有一个环形槽，槽内装有两个半环 3 以夹紧活塞 4，半环 3 由轴套 2 套住，而轴套 2 的轴向位置用弹簧卡圈 1 来固定。图 9-21（c）中的活塞杆，使用了两个半环 4，它们分别由两个密封圈座 2 套住，半圆形的活塞 3 安放在密封圈座的中间。图 9-21（d）所示是一种径向销式连接结构，用锥销 1 把活塞 2 固连在活塞杆 3 上。这种连接方式特别适用于双出杆式活塞。

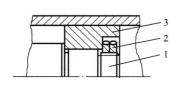

1—活塞；2—螺母；3—活塞杆

（a）螺母连接

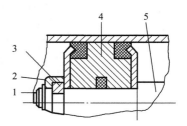

1—弹簧卡圈；2—轴套；3—半环；4—活塞；5—活塞杆

（b）卡环式连接1

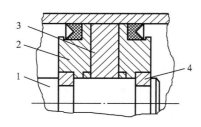

1—活塞杆；2—密封圈座；3—活塞；4—半环

（c）卡环式连接2

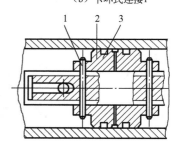

1—锥销；2—活塞；3—活塞杆

（d）径向销式连接

图 9-21 常见的活塞组件结构形式

（3）密封装置。液压缸中常见的密封装置如图 9-22 所示。图 9-22（a）所示为间隙密封，它依靠运动间的微小间隙来防止泄漏。为了提高这种装置的密封能力，常在活塞的表面上制出几条细小的环形槽，以增大油液通过间隙时的阻力。它的结构简单，摩擦阻力小，可耐高温，但泄漏大，加工要求高，磨损后无法恢复原有能力，只有在尺寸较小、压力较低、相对运动速度较高的缸筒和活塞间使用。图 9-22（b）所示为摩擦环密封，它依靠套在活塞上的摩擦环（尼龙或其他高分子材料制成）在 O 形密封圈弹力作用下贴紧缸壁而防止泄漏。这种材料效果较好，摩擦阻力较小且稳定，可耐高温，磨损后有自动补偿能力，但加工要求高，装拆较不便，适用于缸筒和活塞之间的密封。图 9-22（c）、

图 9-22（d）所示为密封圈（O 形圈、V 形圈等）密封，它利用橡胶或塑料的弹性使各种截面的环形圈贴紧在静、动配合面之间来防止泄漏。它结构简单，制造方便，磨损后有自动补偿能力，性能可靠，在缸筒和活塞之间、缸盖和活塞杆之间、活塞和活塞杆之间、缸筒和缸盖之间都能使用。

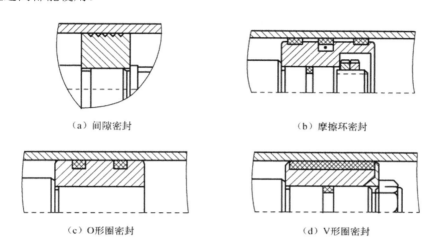

（a）间隙密封　　　　　　　　　（b）摩擦环密封

（c）O形圈密封　　　　　　　　　（d）V形圈密封

图 9-22　密封装置

对于活塞杆外伸部分来说，由于它很容易把脏物带入液压缸，使油液受污染，使密封件磨损，因此常须在活塞杆密封处增添防尘圈，并放在向着活塞杆外伸的一端。

（4）缓冲装置。液压缸一般都设置缓冲装置，特别是对大型、高速或要求高的液压缸，为了防止活塞在行程终点时和缸盖相互撞击，引起噪声、冲击，必须设置缓冲装置。

缓冲装置的工作原理是利用活塞或缸筒在其走向行程终端时封住活塞和缸盖之间的部分油液，强迫它从小孔或细缝中挤出，以产生很大的阻力，使工作部件受到制动，逐渐减慢运动速度，达到避免活塞和缸盖相互撞击的目的。

如图 9-23（a）所示，当缓冲柱塞进入与其相配的缸盖上的内孔时，孔中的液压油只能通过间隙 δ 排出，使活塞速度降低，由于配合间隙不变，故随着活塞运动速度的降低，起缓冲作用。当缓冲柱塞进入配合孔之后，油腔中的油只能经节流阀 1 排出，如图 9-23（b）所示。由于节流阀 1 是可调的，因此缓冲作用也可调节，但仍不能解决速度减低后缓冲作用减弱的缺点。如图 9-23（c）所示，在缓冲柱塞上开有三角槽，随着柱塞逐渐进入配合孔中，其节流面积越来越小，解决了在行程最后阶段缓冲作用过弱的问题。

（5）排气装置。液压缸在安装过程中或长时间停放重新工作时，液压缸和管道系统中会渗入空气，为了防止执行元件出现爬行、噪声和发热等不正常现象，须把缸中和系统中的空气排出。一般可在液压缸的最高处设置进出油口把气带走，也可在最高处设置如图 9-24（a）所示的放气孔，或专门的放气阀 [见图 9-24（b）、图 9-24（c）]。

（6）密封装置。

密封装置的作用在于防止液压缸工作介质的泄漏和外界尘埃与异物的侵入。缸内泄漏会引起容积效率下降，达不到所需的工作压力；缸外泄漏则会造成工作介质浪费和污染环境。密封装置选用、安装不当，又直接关系到缸的摩擦阻力和机械效率，还影响着缸的动、静态性能。因此，正确和合理地使用密封装置是保证液压缸正常动作的关键所在，应予以高度重视。

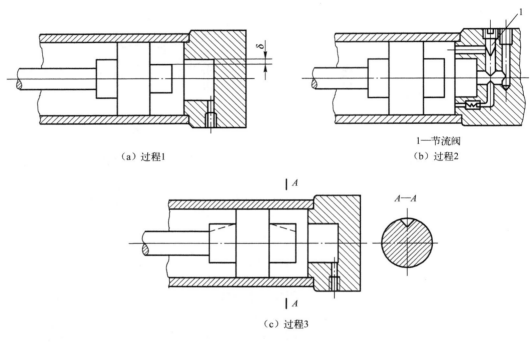

（a）过程1

1—节流阀
（b）过程2

（c）过程3

图 9-23　液压缸的缓冲装置

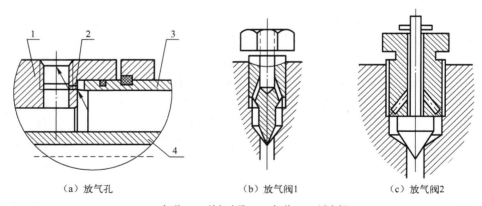

（a）放气孔　　　　　　　　（b）放气阀1　　　　　　　　（c）放气阀2

1—缸盖；2—放气小孔；3—缸体；4—活塞杆

图 9-24　放气装置

① 间隙密封。

它依靠相对运动表面间很小的配合间隙（一般为 0.01～0.05mm）来保证密封，如图 9-25 所示。在活塞外圆表面开有几道宽 0.3～0.5mm、深 0.5～1.0mm、间距 2～5mm

的环形小槽（常称为压力平衡槽）。由于平衡槽中的油液的压力作用可使活塞与缸体内孔趋于同轴，使泄漏量减小，并能避免金属间的直接接触而减小摩擦磨损。同时环形小槽还能增大油液泄漏的阻力（局部压力损失增大），从而提高密封性能。

间隙密封的特点是结构简单，摩擦力小，使用寿命长，但对零件的加工精度要求高，难以完全消除泄漏，磨损后不能自动补偿。因此，间隙密封仅用于尺寸较小、压力较低、运动速度较高的缸体内孔与活塞之间的密封。

② 密封圈密封。

密封圈密封在液压系统中应用最广泛。密封圈常用耐油橡胶（或尼龙）压制而成，其断面形状为 O 形、Y 形、V 形（见图 9-26）等。

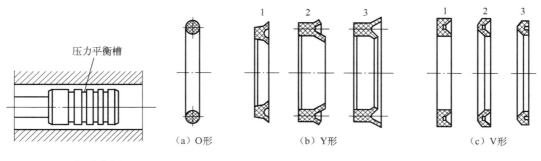

图 9-25　间隙密封　　　　　　　　　图 9-26　常用密封圈

图 9-26（a）所示为 O 形密封圈。装在槽内的 O 形密封圈是靠橡胶的初始变形及油液压力作用引起的变形来消除间隙而实现密封的。这种密封圈结构简单紧凑，制造容易，密封可靠，摩擦力小，安装方便，因此应用广泛，但密封处的精度要求高。

图 9-26（b）所示为 Y 形密封圈。它是依靠液压作用而使唇边紧贴于密封表面实现密封的，因此，随着压力增大能自动增大唇边与密封表面的接触压力，提高密封能力，且磨损后能自动补偿。Y 形密封圈主要用于往复运动的密封。安装 Y 形密封圈时，唇口端应对着压力高的一侧。

图 9-26（c）所示为 V 形密封圈。V 形密封装置由压环 1、密封环 2 和支承环 3 组成。工作原理与 Y 形密封圈相似。安装时，密封圈的唇口应面向压力高的一侧。V 形密封圈密封性能良好、耐高压、寿命长，通过调节压紧力，可获得最佳的密封效果，但 V 形密封装置的摩擦力及结构尺寸都较大。

9.4　方向控制阀

控制油液流动的阀称为方向控制阀（简称方向阀）。常用的方向控制阀有单向阀和换向阀。

9.4.1　单向阀

液压系统中常见的单向阀有普通单向阀和液控单向阀两种。

1．普通单向阀

普通单向阀的作用，是使油液只能沿一个方向流动，不许它反向倒流。图 9-27（a）所示为一种管式普通单向阀的结构，由阀体、阀芯和弹簧组成。压力油从阀体左端的通口 P_1 流入时，克服弹簧 3 作用在阀芯 2 上的力，使阀芯向右移动，打开阀口，并通过阀芯 2 上的径向孔 a、轴向孔 b 从阀体右端的通口流出。但是压力油从阀体右端的通口 P_2 流入时，它和弹簧力一起使阀芯锥面压紧在阀座上，使阀口关闭，油液无法通过。图 9-27（b）所示为单向阀的职能符号图。

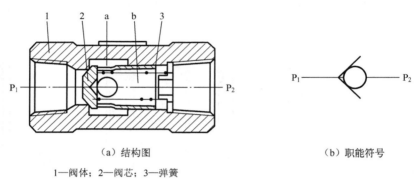

（a）结构图	（b）职能符号

1—阀体；2—阀芯；3—弹簧

图 9-27　单向阀

根据单向阀的使用特点，要求油液正向通过时阻力要小，液流有反向流动趋势时，关闭动作要灵敏，关闭后密封要好。因此弹簧通常很软，开启压力一般为 $3.5 \times 10^4 \sim 5.0 \times 10^4 \text{Pa}$，主要用于克服摩擦力。

单向阀的阀芯分为钢球式和锥式两种。钢球式阀芯结构简单，价格低，但密封性较差，一般仅用于在低压、小流量的液压系统中。锥式阀芯密封性好，使用寿命长，所以应用较广，多用于高压、大流量的液压系统中。

单向阀的连接方式分为管式连接和板式连接两种。管式连接的单向阀，其进出油口制出管螺纹，直接与管路的接头连接；板式连接的单向阀，其进出油口为孔口带平底锪孔的圆柱孔，用螺钉固定在底板上。平底锪孔中安放 O 形密封圈密封，底板与管路接头之间采用螺纹连接。其他各类控制阀也有管式连接和板式连接两种结构。

2．液控单向阀

在液压系统中，有时需要使被单向阀闭锁的油路重新接通，为此可把单向阀做成闭锁方向能够控制的结构，这就是液控单向阀。

图 9-28（a）所示为液控单向阀的结构。当控制口 K 处无压力油通入时，它的工作机制和普通单向阀一样；压力油只能从通口 P_1 流向通口 P_2，不能反向倒流。当控制口 K 有控制压力油时，因控制活塞 1 右侧 a 腔通泄油口，活塞 1 右移，推动顶杆 2 顶开阀芯 3，使通口 P_1 和 P_2 接通，油液就可在两个方向自由通流。控制用的最小油压约为液压系统主油路压力的 0.3～0.4 倍。

图 9-28（b）所示为液控单向阀的职能符号。液控单向阀也可以做成常开式结构，即平时油路畅通，需要时闭锁一个方向的油液流动，使油液只能单方向流动。

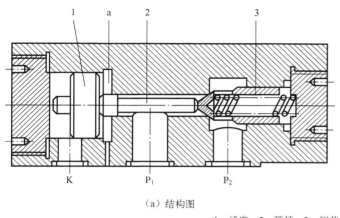

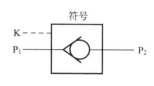

（a）结构图   （b）职能符号

1—活塞；2—顶杆；3—阀芯

图 9-28 液控单向阀

9.4.2 换向阀

换向阀通过改变阀芯和阀体的相对位置，控制油液流动方向，接通或关闭油路，从而改变液压系统的工作状态的方向。

1．换向阀的结构与原理

常用的换向阀阀芯在阀体内作往复滑动，称为滑阀。滑阀是一个有多段环形槽的圆柱体，其直径大的部分称为凸肩，凸肩与阀体内孔相配合。阀体内孔中加工有若干段环形槽，阀体上有若干个与外部相通的通路口，并与相应的环形槽相通，如图 9-29 所示。

换向阀有 3 个工作位置（滑阀在中间和左右两端）和 4 个通路口（压力油口 P、回油口 T 和通往执行元件两端的油口

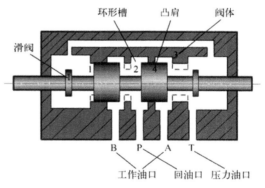

图 9-29 换向阀的结构

A 和 B）。当滑阀处于中间位置时［见图 9-30（a）］，滑阀的两个凸肩将 A、B 油口封死，并隔断进回油口 P 和 T，换向阀阻止向执行元件供压力油，执行元件不工作；当滑阀处于右位时［见图 9-30（b）］，压力油从 P 口进入阀体，经 A 口通向执行元件，而从执行元件流回的油液经 B 口进入阀体，并由回油口 T 流回油箱，执行元件在压力油作用下向某一规定方向运动；当滑阀处于左位时［见图 9-30（c）］，压力油经 P、B 口通向执行元件，回油则经 A、T 口流回油箱，执行元件在压力油作用下反向运动。控制时滑阀在阀体内作轴向移动，通过改变各油口间的连接关系，实现油液流动方向的改变，这就是滑阀式换向阀的工作原理。

2．换向阀的种类

换向阀滑阀的工作位置数称为"位"，油路相连通的油口数称为"通"。常用的换向

阀种类有：二位二通、二位三通、二位四通、二位五通、三位三通、三位四通、三位五通和三位六通等。控制滑阀移动的方法有人力、机械、电气、直接压力和先导控制等。

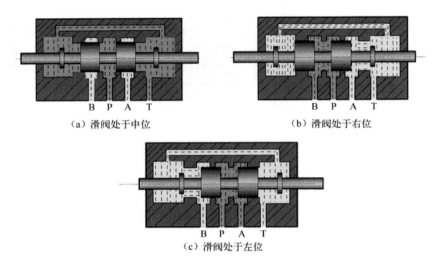

（a）滑阀处于中位　　　　　　　　　　　（b）滑阀处于右位

（c）滑阀处于左位

图 9-30　滑阀式换向阀的工作原理图

在液压传动系统中广泛采用的是滑阀式换向阀，这里主要介绍这种换向阀的几种典型结构。

1）手动换向阀

图 9-31（a）所示为自动复位式手动换向阀，放开手柄 1，阀芯 2 在弹簧 3 的作用下自动回复中位，该阀适用于动作频繁、工作持续时间短的场合，操作比较安全，常用于工程机械的液压传动系统中。

如果将该阀阀芯右端弹簧 3 的部位改为可自动定位的结构形式，即成为可在三个位置定位的手动换向阀。图 9-31（b）所示为其职能符号。

2）机动换向阀

机动换向阀又称行程阀，它主要用来控制机械运动部件的行程，它是借助于安装在工作台上的挡铁或凸轮来迫使阀芯移动，从而控制油液的流动方向，机动换向阀通常是二位的，有二通、三通、四通和五通几种，其中二位二通机动阀又分常闭和常开两种。图 9-32（a）为滚轮式二位三通常闭式机动换向阀，在图示位置阀芯 2 被弹簧 1 压向上端，油腔 P 和 A 通，B 口关闭。当挡铁或凸轮压住滚轮 4，使阀芯 2 移动到下端时，就使油腔 P 和 A 断开，P 和 B 接通，A 口关闭。图 9-32（b）所示为其职能符号。

3）电磁换向阀

电磁换向阀是利用电磁铁的通电吸合与断电释放直接推动阀芯来控制液流方向的。它是电气系统与液压系统之间的信号转换元件。

电磁铁按使用电源的不同，可分为交流和直流两种。按衔铁工作腔是否有油液又可分为"干式"和"湿式"。交流电磁铁启动力较大，不需要专门的电源，吸合、释放快，动作时间为 0.01～0.03s，其缺点是若电源电压下降 15%以上，则电磁铁吸力明显减小，若衔铁不动作，干式电磁铁会在 10～15min 后烧坏线圈（湿式电磁铁为 1～1.5h），且冲击及噪声较大，寿命低，因而在实际使用中交流电磁铁允许的切换频率一般为 10 次/min，不得超过 30 次/min。

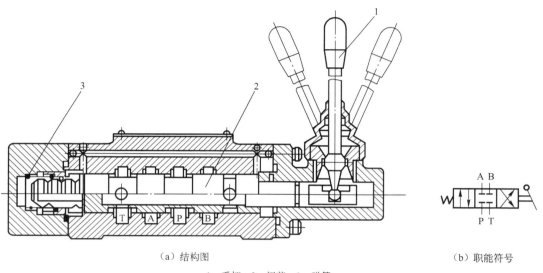

（a）结构图　　　　　　　　　　　　　　　　（b）职能符号

1—手柄；2—阀芯；3—弹簧

图 9-31　手动换向阀

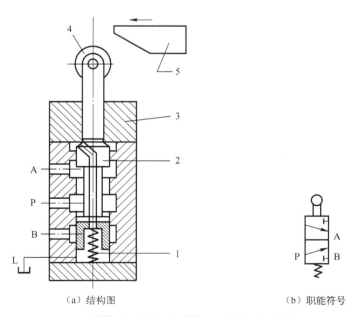

（a）结构图　　　　　　　　　　　　　　　　（b）职能符号

1—弹簧；2—阀芯；3—阀体；4—滚轮；5—挡铁

图 9-32　机动换向阀

直流电磁铁工作较可靠，吸合、释放动作时间为 0.05～0.08s，允许使用的切换频率较高，一般可达 120 次/min，最高可达 300 次/min，且冲击小、体积小、寿命长。但需要专门的直流电源，成本较高。此外，还有一种整体电磁铁，其电磁铁是直流的，但电磁铁本身带有整流器，通入的交流电经整流后再供给直流电磁铁。目前，国外新发展了一种油浸式电磁铁，不但衔铁，而且激磁线圈也都浸在油液中工作，它具有寿命更长，工作更平稳可靠等特点，但由于造价较高，应用面不广。

图 9-33（a）所示为二位三通交流电磁换向阀结构，在图示位置，油口 P 和 A 相通，油口 B 断开；当电磁铁通电吸合时，推杆 1 将阀芯 2 推向右端，这时油口 P 和 A 断开，而与 B 相通。而当磁铁断电释放时，弹簧 3 推动阀芯复位。图 9-33（b）所示为其职能符号。

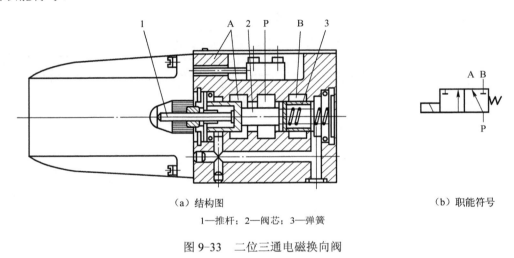

（a）结构图   （b）职能符号

1—推杆；2—阀芯；3—弹簧

图 9-33　二位三通电磁换向阀

如前所述，电磁换向阀就其工作位置来说，有二位和三位等。二位电磁阀有一个电磁铁，靠弹簧复位；三位电磁阀有两个电磁铁，如图 9-34 所示为一种三位五通电磁换向阀的结构和职能符号。

4）液动换向阀

液动换向阀是利用控制油路的压力油来改变阀芯位置的换向阀，图 9-35 为三位四通液动换向阀的结构和职能符号。阀芯是由其两端密封腔中油液的压差来移动的，当控制油路的压力油从阀右边的控制油口 K_2 进入滑阀右腔时，K_1 接通回油，阀芯向左移动，使压力油口 P 与 B 相通，A 与 T 相通；当 K_1 接通压力油，K_2 接通回油时，阀芯向右移动，使得 P 与 A 相通，B 与 T 相通；当 K_1、K_2 都通回油时，阀芯在两端弹簧和定位套作用下回到中间位置。

5）电液换向阀

在大中型液压设备中，当通过阀的流量较大时，作用在滑阀上的摩擦力和液动力较大，此时电磁换向阀的电磁铁推力相对太小，需要用电液换向阀来代替电磁换向阀。电液换向阀由电磁滑阀和液动滑阀组合而成。电磁滑阀起先导作用，它可以改变液流的方向，从而改变液动滑阀阀芯的位置。由于操纵液动滑阀的液压推力可以很大，所以主阀芯的尺寸可以做得很大，允许有较大的油液流量通过。这样用较小的电磁铁就能控制较大的液流。

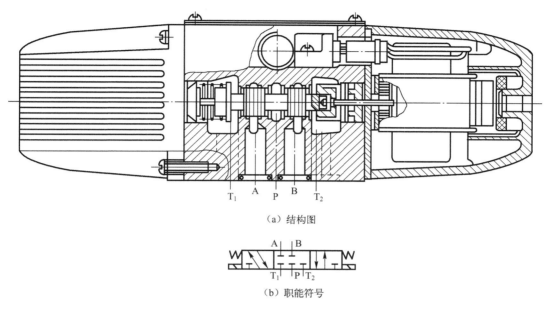

（a）结构图

（b）职能符号

图 9-34 三位五通电磁换向阀

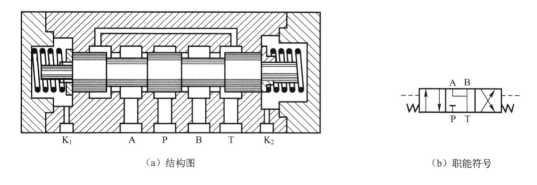

（a）结构图

（b）职能符号

图 9-35 三位四通液动换向阀

图 9-36 所示为弹簧对中型三位四通电液换向阀的结构和职能符号，当先导电磁阀左边的电磁铁通电后使其阀芯向右边位置移动，来自主阀 P 口或外接油口的控制压力油可经先导电磁阀的 A′口和左单向阀进入主阀左端容腔，并推动主阀阀芯向右移动，这时主阀阀芯右端容腔中的控制油液可通过右边的节流阀经先导电磁阀的 B′口和 T′口，再从主阀的 T 口或外接油口流回油箱（主阀阀芯的移动速度可由右边的节流阀调节），使主阀 P 与 A、B 和 T 的油路相通；反之，由先导电磁阀右边的电磁铁通电，可使 P 与 B、A 与 T 的油路相通；当先导电磁阀的两个电磁铁均不带电时，先导电磁阀阀芯在其对中弹簧作用下回到中位，此时来自主阀 P 口或外接油口的控制压力油不再进入主阀阀芯的左、右两容

腔，主阀芯左右两腔的油液通过先导电磁阀中间位置的 A′、B′ 两油口与先导电磁阀 T′ 口相通 [见图 9-36（b）]，再从主阀的 T 口或外接油口流回油箱。主阀阀芯在两端对中弹簧的预压力的推动下，依靠阀体定位，准确地回到中位，此时主阀的 P、A、B 和 T 油口均不通。电液换向阀除了上述的弹簧对中以外还有液压对中的，在液压对中的电液换向阀中，先导式电磁阀在中位时，A′、B′ 两油口均与油口 P 连通，而 T′ 则封闭，其他方面与弹簧对中的电液换向阀基本相似。

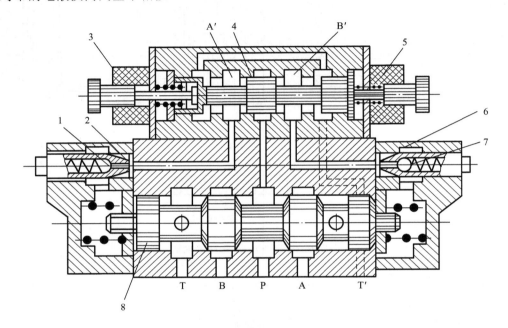

（a）结构图

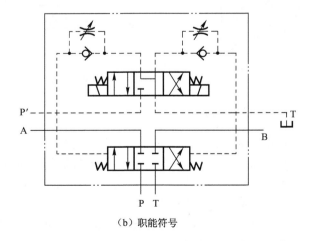

（b）职能符号 　　　　　　　　　　　　　（c）简化职能符号

图 9-36　电液换向阀

3．换向阀的滑阀机能

三位换向阀的滑阀在阀体中有左、中、右三个工作位置。左、右工作位置使执行元件获得不同的运动方向；中间位置则可利用不同形状及尺寸的阀芯结构，得到多种不同的油口连接方式，除使执行元件停止运动外，还具有其他功能。三位阀在中间位置时油口的连接关系称为滑阀机能。三位四通换向阀中位滑阀机能的图形符号见表 9-4。三位五通换向阀的情况与此相仿。不同的中位机能是通过改变阀芯的形状和尺寸得到的。

表 9-4　三位四通换向阀常见的中位机能、符号及其特点

滑阀机能	符号	中位油口状况、特点及应用
O 型		P、A、B、T 四油口全封闭；液压泵不卸荷，液压缸闭锁；可用于多个换向阀的并联工作
H 型		四油口全串通；活塞处于浮动状态，在外力作用下可移动；泵卸荷
Y 型		P 口封闭，A、B、T 三油口相通；活塞浮动，在外力作用下可移动；泵不卸荷
K 型		P、A、T 三油口相通；B 口封闭；活塞处于闭锁状态；泵卸荷
M 型		P、T 口相通，A 与 B 口均封闭；活塞不动；泵卸荷，也可用多个 M 型换向阀并联工作
X 型		四油口处于半开启状态；泵基本上卸荷，但仍保持一定压力
P 型		P、A、B 三油口相通，T 口封闭；泵与缸两腔相通，可组成差动回路
J 型		P 与 A 口封闭，B 与 T 口相通；活塞停止，外力作用下可向一边移动；泵不卸荷
C 型		P 与 A 口相通，B 与 T 口皆封闭；活塞处于停止位置
N 型		P 和 B 口皆封闭，A 与 T 口相通；与 J 型换向阀机能相似，只是 A 与 B 口互换了，功能也类似
U 型		P 和 T 口都封闭，A 与 B 口相通；活塞浮动，在外力作用下可移动；泵不卸荷

4．换向阀的中位机能分析

在分析和选择阀的中位机能时，通常考虑以下几点：

（1）系统保压。当 P 口被堵塞，系统保压，液压泵能用于多缸系统。当 P 口不太通畅地与 T 口接通时（如 X 型），系统能保持一定的压力供控制油路使用。

（2）系统卸荷。P 口通畅地与 T 口接通时，系统卸荷。

（3）启动平稳性。阀在中位时，液压缸某腔如通油箱，则启动时该腔内因无油液起缓冲作用，启动不太平稳。

（4）阀在中位，当 A、B 两口互通时，卧式液压缸呈"浮动"状态，可利用其他机构移动工作台，调整其位置。当 A、B 两口堵塞或与 P 口连接（在非差动情况下），可使液

压缸在任意位置处停下来。三位五通换向阀的机能与上述相仿。

9.5 万能外圆磨床液压系统实例分析

9.5.1 机床液压系统的功能

M1432A 型万能外圆磨床主要用于磨削 IT5～IT7 精度的圆柱形或圆锥形外圆和内孔，表面粗糙度值在 $Ra1.25～0.08$ 之间。该机床的液压系统具有以下功能。

（1）能实现工作台的自动往复运动，并能在 0.05～4m/min 之间无级调速，工作台换向平稳，启动制动迅速，换向精度高。

（2）在装卸工件和测量工件时，为缩短辅助时间，砂轮架具有快速进退动作，为避免惯性冲击，控制砂轮架快速进退的液压缸设置有缓冲装置。

（3）为方便装卸工件，尾架顶尖的伸缩采用液压传动。

（4）工作台可作微量抖动：切入磨削或加工工件略大于砂轮宽度时，为了提高生产率和改善表面粗糙度，工作台可作短距离（1～3mm）、频繁往复运动（100～150 次/min）。

（5）传动系统具有必要的联锁动作：

工作台的液动与手动联锁，以免液动时带动手轮旋转引起工伤事故。

砂轮架快速前进时，可保证尾架顶尖不后退，以免加工时工件脱落。

磨内孔时，为使砂轮不后退，传动系统中设置有与砂轮架快速后退联锁的机构，以免撞坏工件或砂轮。

砂轮架快进时，头架带动工件转动，冷却泵启动；砂轮架快速后退时，头架与冷却泵电动机停转。

9.5.2 液压系统的工作原理

图 9-37 为 M1432A 型外圆磨床液压系统原理图，其工作原理如下。

1．工作台的往复运动

（1）工作台右行：如图 9-37 所示状态，先导阀、换向阀阀芯均处于右端，开停阀处于右位。其主油路如下。

进油路：油泵 19→换向阀 2 右位（P→A）→液压缸 2 右腔。

回油路：液压缸左腔→换向阀 2 右位（B→T_2）→先导阀 1 右位→开停阀 3 右位→节流阀 5→油箱。液压油推液压缸带动工作台向右运动，其运动速度由节流阀来调节。

（2）工作台左行：当工作台右行到预定位置，工作台上左边的挡块接触先导阀 1 的阀芯相连接的杠杆，使先导阀阀芯左移，开始工作台的换向过程。先导阀阀芯左移过程中，其阀芯中段制动锥 A 的右边逐渐将回油路上通向节流阀 5 的通道（D_2→T）关小，使工作台逐渐减速制动，实现预制动；当先导阀阀芯继续向左移动到先导阀芯右部环形槽，使 a_2 点与高压油路 a_2' 相通，先导阀芯左部环槽使 a_1→a_1' 接通油箱时，控制油路被切换。这时借助于抖动缸推动先导阀向左快速移动（快跳）。其油路如下。

进油路：油泵 19→精过滤器 21→先导阀 1 左位（a_2'→a_2）→抖动缸 6 左端。

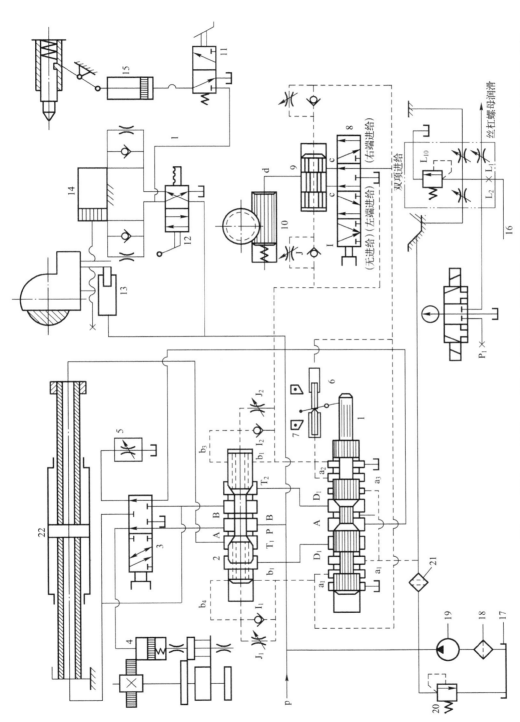

图9—37　M1432A型万能外圆磨床

1—先导阀；2—换向阀；3—开停阀；4—互锁阀；5—节流阀；6—抖动缸；7—挡块；8—选择阀；9—进给阀；10—进给阀；11—尾架换向阀；12—快动换向阀；13—闸缸；14—快动缸；15—尾架阀；16—润滑稳定器；17—油箱；18—粗过滤器；19—油泵；20—溢流阀；21—精过滤器；22—工作台进给缸

回油路：抖动缸 6 右端→先导阀 1 左位（a_1→a_1'）→油箱。

因为抖动缸的直径很小，上述流量很小的压力油足以使之快速右移，并通过杠杆使先导阀芯快跳到左端，从而使通过先导阀到达换向阀右端的控制压力油路迅速打通，同时又使换向阀左端的回油路也迅速打通。这时的控制油路如下。

进油路：油泵 19→精过滤器 21→先导阀 1 左位（a_2'→a_2）→单向阀 I_2→换向阀 2 右端。

回油路：换向阀 2 左端回油路在换向阀芯左移过程中有三种变换。

首先：换向阀 2 左端 b_1'→先导阀 1 左位（a_1→a_1'）→油箱。换向阀阀芯因回油畅通而迅速左移，实现第一次快跳。当换向阀阀芯快跳到制动锥 C 的右侧，关小主回油路（B→T_2）通道，工作台便迅速制动（终制动）。换向阀阀芯继续迅速左移到中部台阶处于阀体中间沉割槽的中心处时，液压缸两腔都通压力油，工作台便停止运动。

换向阀芯在控制压力油作用下继续左移，换向阀芯左端回油路改为：换向阀 2 左端→节流阀 J_1→先导阀 1 左位→油箱。这时换向阀阀芯按节流阀（停留阀）J_1 调节的速度左移，由于换向阀体中心沉割槽的宽度大于中部台阶的宽度，所以阀芯慢速左移的一定时间内，液压缸两腔继续保持互通，使工作台在端点保持短暂的停留。其停留时间在 0～5s 内由节流阀 J_1、J_2 调节。

最后当换向阀阀芯慢速左移到左部环形槽与油路（b_1→b_1'）相通时，换向阀左端控制油的回油路又变为换向阀 2 左端→油路 b_1→换向阀 2 左部环形槽→油路 b_1'→先导阀 1 左位→油箱。这时由于换向阀左端回油路畅通，换向阀阀芯实现第二次快跳，使主油路迅速切换，工作台则迅速反向启动（左行）。这时的主油路如下。

进油路：油泵 19→换向阀 2 左位（P→B）→工作台进给缸 22 左腔。

回油路：工作台进给缸 22 右腔→换向阀 2 左位（A→T_1）→先导阀 1 左位（D_1→T）→开停阀 3 右位→节流阀 5→油箱。

当工作台左行到位时，工作台上的挡铁又碰杠杆推动先导阀右移，重复上述换向过程。实现工作台的自动换向。

2．工作台液动与手动的互锁

工作台液动与手动的互锁是由互锁缸 4 来完成的。当开停阀 3 处于图 9-37 所示位置时，互锁缸 4 的活塞在压力油的作用下压缩弹簧并推动齿轮 Z_1 和 Z_2 脱开，这样，当工作台液动（往复运动）时，手轮不会转动。

当开停阀 3 处于左位时，互锁缸 4 通油箱，活塞在弹簧力的作用下带着齿轮 Z_2 移动，Z_2 与 Z_1 啮合，工作台就可用手摇机构摇动。

3．砂轮架的快速进退运动

砂轮架的快速进退运动是由手动二位四通换向阀 12（快动阀）来操纵，由快动缸来实现的。在图 9-37 所示位置时，快动阀右位接入系统，压力油经快动阀 12 右位进入快动缸 14 右腔，砂轮架快进到前端位置，快进终点靠活塞与缸体端盖相接触来保证其重复定位精度；当快动缸左位接入系统时，砂轮架快速后退到最后端位置。为防止砂轮架在快速运动到达前后终点处产生冲击，在快动缸两端设缓冲装置，并设有抵住砂轮架的闸缸 13，用以消除丝杠和螺母间的间隙。

手动换向阀 12（快动阀）的下面装有一个自动启、闭头架电动机和冷却电动机的行程开关和一个与内圆磨具联锁的电磁铁（图上均未画出）。当手动换向阀 12（快动阀）处于右位使砂轮架处于快进时，手动阀的手柄压下行程开关，使头架电动机和冷却电动机启动。当翻下内圆磨具进行内孔磨削时，内圆磨具压另一行程开关，使联锁电磁铁通电吸合，将快动阀锁住在左位（砂轮架在退的位置），以防止误动作，保证安全。

4. 砂轮架的周期进给运

砂轮架的周期进给运动是由选择阀 8、进给阀 9、进给缸 10 通过棘爪、棘轮、齿轮、丝杠来完成的。选择阀 8 根据加工需要可以使砂轮架在工件左端或右端时进给，也可在工件两端都进给（双向进给），也可以不进给，共四个位置可供选择。

图 9-37 所示为双向进给，周期进给油路：压力油从 a_1 点→J_4→进给阀 9 右端；进给阀 9 左端→I_3→a_2→先导阀 1→油箱。进给缸 10→d→进给阀 9→c_1→选择阀 8→a_2→先导阀 1→油箱，进给缸柱塞在弹簧力的作用下复位。当工作台开始换向时，先导阀换位（左移）使 a_2 点变高压、a_1 点变为低压（回油箱）；此时周期进给油路为：压力油从 a_2 点→J_3 →进给阀 9 左端；进给阀 9 右端→I_4→a_1 点→先导阀 1→油箱，使进给阀右移；与此同时，压力油经 a_2 点→选择阀 8→c_1→进给阀 9→d→进给缸 10，推动进给缸柱塞左移，柱塞上的棘爪拨棘轮转动一个角度，通过齿轮等推砂轮架进给一次。在进给阀活塞继续右移时堵住 c_1 而打通 c_2，这时进给缸右端→d→进给阀→c_2→选择阀→a_1→先导阀 a_1'→油箱，进给缸在弹簧力的作用下再次复位。当工作台再次换向，再周期进给一次。若将选择阀转到其他位置，如右端进给，则工作台只有在换向到右端才进给一次，其进给过程不再赘述。从上述周期进给过程可知，每进给一次是由一股压力油（压力脉冲）推动进给缸柱塞上的棘爪拨棘轮转一角度。调节进给阀两端的节流阀 J_3、J_4 就可调节压力脉冲的时间长短，从而调节进给量的大小。

5. 尾架顶尖的松开与夹紧

尾架顶尖只有在砂轮架处于后退位置时才允许松开。为操作方便，采用脚踏式二位三通阀 11（尾架换向阀）来操纵，由尾架缸 15 来实现。由图 9-37 可知，只有当快动换向阀 12 处于左位、砂轮架处于后退位置，脚踏尾架阀处于右位时，才能有压力油通过尾架阀进入尾架缸推动杠杆拨尾顶尖松开工件。当快动换向阀 12 处于右位（砂轮架处于前端位置）时，油路 L 为低压（回油箱），这时误踏尾架阀 11 也无压力油进入尾架缸 15，顶尖也就不会推出。尾顶尖的夹紧依靠弹簧力。

6. 抖动缸的功用

抖动缸 6 的功用有两个。第一是帮助先导阀 1 实现换向过程中的快跳，第二是当工作台需要作频繁短距离换向时实现工作台的抖动。

当砂轮作切入磨削或磨削短圆槽时，为提高磨削表面质量和磨削效率，须工作台频繁短距离换向——抖动。这时将换向挡铁调得很近或夹住换向杠杆，当工作台向左或向右移动时，挡铁带杠杆使先导阀阀芯向右或向左移动一个很小的距离，使先导阀 1 的控制进油路和回油路仅有一个很小的开口。通过此很小开口的压力油不可能使换向阀阀芯快速移动，这时，因为抖动缸柱塞直径很小，所通过的压力油足以使抖动缸快速移动。抖动缸的快速移动推动先导阀快速移动（换向），迅速打开控制油路的进、回油口，使换向阀也迅速换向，从而使工作台作短距离频繁往复换向。

9.5.3　本液压系统的特点

由于机床加工工艺的要求，M1432A 型万能外圆磨床液压系统是机床液压系统中要求较高、较复杂的一种。其主要特点如下。

（1）系统采用节流阀回油节流调速回路，功率损失较小。

（2）工作台采用了活塞杆固定式双杆液压缸，保证了左、右往复运动的速度一致，并使机床占地面积不大。

（3）本系统在结构上采用了将开停阀、先导阀、换向阀、节流阀、抖动缸等组合为一体的操纵箱，结构紧凑、管路减短、操纵方便，又便于制造和装配修理。此操纵箱属于行程制动换向回路，具有较高的换向位置精度和换向平稳性。

9.6　实　训　操　作

9.6.1　注塑机锁模机构液压传动系统回路设计

参考课时： 2 课时

实训装置：亚龙 YL-381B 型气压、液压实训装置

1．实训目的、要求

主要目的：掌握换向阀的结构与原理。

（1）了解三位四通电磁换向阀的各类中位机能的结构、工作原理。

（2）熟悉换向元件——三位四通电磁换向阀的工作原理。

（3）了解其他液压控制阀的作用（节流阀、溢流阀等）。

（4）熟悉液压实训台、液压元件、管路等的连接、固定方法、操作规则及步骤。

（5）熟悉基本的换向控制回路设计，能顺利搭建本实训回路，并完成规定的运动。

2．实训原理和方法

注塑机注射系统向模具注射塑料的过程中，需要在模具的动模和定模之间施加很大的力使模具处于锁紧状态，而当注射结束后，又要将模具分开以便能取出制件，完成这一工作的机构称为锁模机构。

注塑机的锁模机构在工作时有两个最主要的要求：一是要求整个工作非常平稳，以防止在锁模过程中模具的动模和定模之间发生大的冲击造成模具的损坏，二是要求锁模力足够大且能很方便地根据需要进行调节。通常可以采用液压传动的换向机构来达到上述要求。

如图 9-38 所示是注塑机锁模机构液压传动系统原理图。

初始状态：液压泵 3 由电动机带动从油箱 1 中吸油，然后将具有压力能的油液输送到管路中，油液通过节流阀 4 和管路流至换向阀 6。当阀芯处于图示位置（中间位置）时，这时阀口 P、A、B、T 互不相通，此时液压缸里没有压力油输入，活塞 9 不产生运动。

锁模工作状态：电磁线圈 7 通电时，阀芯向左移动（左位工作），这时阀口 P 和 A 相通、阀口 B 和 T 相通，压力油经 P 口流入换向阀 6，经 A 口流入液压缸 8 的左腔，活塞

9 在液压缸左腔压力油的推动下向右移动并带动锁模机构的机械装置完成锁模动作，而液压缸右腔的油则经 B 口和 T 口回到油箱 1。

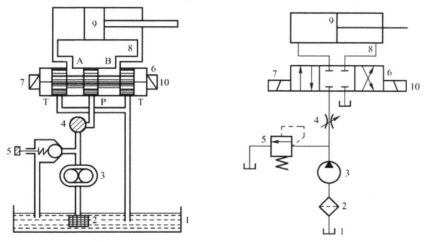

图 9-38 注塑机锁模机构

开模工作状态：电磁线圈 10 通电，阀芯向右移动（右位工作），这时阀口 P 和 B 相通，阀口 A 和 T 相通，压力油通过换向阀 6 的 B 口流入液压缸的右腔，活塞 9 在液压缸右腔压力油的推动下向左移动，并带动锁模机构的机械装置完成开模动作，而液压缸左腔的液压油则通过阀口 A 和 T 流回油箱 1。

3．主要设备及实训元件

注塑机锁模机构液压传动系统回路设计实训的主要设备及实训元件见表 9-5。

表 9-5 注塑机锁模机构液压传动系统回路设计实训的主要设备及实训元件

序 号	实训设备及元件	序 号	实训设备及元件
1	液压实训平台	5	三位四通电磁换向阀
2	液压泵	6	节流阀
3	单作用液压缸	7	溢流阀
4	油管、油箱、过滤器	8	接近开关及其支架

4．实训内容及步骤

（1）参照回路的液压系统原理图，找出所需的液压元件，逐个安装到实训台上。

（2）参照回路的液压系统原理图，将安装好的元件用油管进行正确的连接，并与泵站相连。

（3）根据回路动作要求画出电磁铁动作顺序表，并画出电气控制原理图。根据电气控制原理图连接好电路。

（4）全部连接完毕由老师检查无误后，接通电源，对回路进行调试。

① 启动泵站前，先检查安全阀是否完全打开；

② 启动泵站电动机，调节并确定安全阀压力范围，压力值从压力表上直接读取；

③ 按下按钮，电磁换向阀 7 得电处于左位，油缸向右运行，运行到底时，记录压力表值；

④ 按下按钮，电磁换向阀 6 处于中位，从程序图可以看出，电磁换向阀 7、10 均没有输出，从实训原理图中可以看出，中位机构是为 O 形，记录压力表值；

⑤ 按下按钮，电磁换向阀 10 得电处于右位，油缸向左运行，到底后，查看压力表并记录。

（5）实训完毕后，应先旋松溢流阀手柄，然后停止油泵工作。经确认回路中压力为零后，取下连接油管和元件，归类放入规定地方。

5．操作技能测评

学生应能够按照实训步骤和技能测试记录表中的测评要求，进行独立思考和实训。评估不合格者，学生提出申请，允许重新评估。注塑机锁模机构液压传动系统回路设计实训记录见表 9-6。

表 9-6　注塑机锁模机构液压传动系统回路设计实训纪录

实训操作技能训练测试记录				
学生姓名		学　号		
专　业		班　级		
课　程		指导教师		
下列清单作为测评依据，用于判断学生是否通过测评已经达到所需能力标准				
第一阶段：测量数据				
学生是否能够			分　值	得　分
遵守实训室的各项规章制度			10	
熟悉原理图中各液压元件的基本工作原理			10	
熟悉原理图的基本工作原理			10	
正确搭建换向控制回路			20	
正确调节开关、控制旋钮（开启与关闭）			10	
控制回路正常运行			15	
正确拆卸所搭接的换向控制回路			10	

实训操作技能训练测试记录			
学生姓名		学　号	
专　　业		班　级	
课　　程		指导教师	
下列清单作为测评依据，用于判断学生是否通过测评已经达到所需能力标准			
第二阶段：处理、分析、整理数据			
学生是否能够		分值	得分
利用现有元件拟订另一种方案，并进行比较		15	
实训技能训练评估记录			
实训技能训练评估等级：优秀（90分以上）　□ 　　　　　　　　　　良好（80分以上）　□ 　　　　　　　　　　一般（70分以上）　□ 　　　　　　　　　　及格（60分以上）　□ 　　　　　　　　　　不及格（60分以下）□			

指导教师签字_____　　日期_____

6．完成实训报告和下列思考题

（1）液压回路中的换向阀是怎样实现换向运动的？

（2）叙述实训所用液压元件的功能特点。

9.6.2 折弯机液压系统回路设计

参考课时： 2课时

实训装置：亚龙YL-381B型气压、液压实训装置

1．实训目的、要求

主要目的：掌握液压泵的性能及选用。

（1）掌握齿轮泵的主要性能参数。

（2）熟悉动力元件——液压泵的选择方法。

（3）掌握齿轮泵的结构和工作原理。

（4）熟悉气动实训台、液压元件、管路等的连接、固定方法和操作规则。

（5）熟悉基本的液压传动原理图，能顺利搭建本实训回路，并完成规定的运动。

2．实训原理和方法

图9-39（b）为由液压传动驱动的折弯机，薄板工件的弯曲成形是由液压缸带动压力头向下运动实现的。折弯机在压制薄板时，要使薄板在压头向下运动的作用下产生变形从而得到所需要的形状，就要求进入液压缸的压力油的压力和流量能使液压缸推动压头向下运动并克服薄板变形时产生的抗力。

图9-39（c）是折弯机工作原理简图，液压泵6输出的压力油进入液压缸进油口1后

进入液压缸的上工作腔，这时与活塞杆相连的压头 4 向下运动，将薄板工件 5 压弯。

折弯机工作时需要的功率较大，系统工作时对液压泵的最大流量、最大工作压力有一定的要求。折弯机液压泵的选择：折弯机作为一般的机床，整个液压系统要求成本较低、维护方便，在压制薄板的工作过程中要求运动平稳，所以可以选择外啮合齿轮泵作为系统的动力元件。

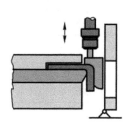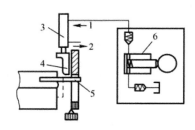

（a）折弯机液压系统　　　　　　　（b）折弯机简图　　　　　　　（c）工作原理简图

图 9-39　折弯机液压系统

3．主要设备及实训元件

折弯机液压系统回路设计实训的主要设备及实训元件见表 9-7。

表 9-7　折弯机液压系统回路设计实训的主要设备及实训元件

序　号	实训设备及元件	序　号	实训设备及元件
1	液压实训平台	5	溢流阀
2	齿轮泵	6	油管
3	液压缸	7	油箱、过滤器
4	电磁换向阀		

4．实训内容及步骤

（1）根据试验内容，设计自己要进行实训的基本回路，认真检查，确保正确无误。

（2）选择所需的液压元件，并且检查其性能的完好性。

（3）将检验好的液压元件安装在插件板的适当位置，通过快速接头和软管按照回路要求，把各个元件连接起来。

（4）按照回路图安装连接，经过检查确认正确无误后，再启动油泵。

（5）实训完毕后，应先旋松溢流阀手柄，然后停止油泵工作。经确认回路中压力为零后，取下连接油管和元件，归类放入规定地方。

5．操作技能测评

学生应能够按照实训步骤和技能测试记录表中的测评要求，进行独立思考和实训。评估不合格者，学生提出申请，允许重新评估。折弯机液压系统回路设计实训记录见表 9-8。

表9-8　折弯机液压系统回路设计实训记录

实训操作技能训练测试记录				
学生姓名		学　号		
专　业		班　级		
课　程		指导教师		
下列清单作为测评依据，用于判断学生是否通过测评已经达到所需能力标准				
第一阶段：测量数据				
学生是否能够			分　值	得　分
遵守实训室的各项规章制度			10	
熟悉原理图中各液压元件的基本工作原理			10	
熟悉原理图的基本工作原理			10	
正确搭建液压回路			20	
正确使用与调节液压开关、控制旋钮			15	
使液压回路正常运行			10	
正确拆卸所搭接的液压回路			10	
第二阶段：处理、分析、整理数据				
学生是否能够			分　值	得　分
利用现有元件拟订一种方案，并进行比较			15	
实训技能训练评估记录				
实训技能训练评估等级：优秀（90分以上）　　□ 良好（80分以上）　　□ 一般（70分以上）　　□ 及格（60分以上）　　□ 不及格（60分以下）□				

指导教师签字＿＿＿＿＿＿＿＿＿　　　日期＿＿＿＿＿＿＿＿＿

6．完成实训报告和下列思考题

（1）设计一个满足速度的有极变化，采用压力补偿变量液压泵供油（即在快速下降的时候，液压泵以全流量供油，当转化成慢速，加压压制时，泵油量减少，最后为0）的折弯机液压回路。

（2）叙述实训所用齿轮泵的功能、特点。

9.6.3　液压吊车锁紧回路设计

参考课时： 2课时

实训装置：亚龙 YL-381B 型实训装置

1．实训目的、要求

主要目的：利用液控单向阀实现自锁。

（1）了解液压缸"自锁"的作用及工作原理。

（2）掌握主要液压控制元件——液控单向阀的工作原理、职能符号及其运用。

（3）了解部分液压阀的作用（三位四通单电磁换向阀、液控单向阀等）以及单出杆液压缸的作用。

（4）熟悉液压实训台、液压元件、管路等的连接、固定方法和操作规则。

（5）熟悉液压吊车锁紧回路图，能顺利搭建本实训回路，并完成规定的运动。

2．实训原理和方法

液压吊车液压系统对执行机构往复运动过程中的停止位置要求较高，其本质就是对执行机构进行锁紧，使之不动，这种起锁紧作用的回路称为锁紧回路。锁紧回路的功用是使液压缸能在任意位置上停留，且停留后不会因外力作用而移动。

如图 9-40（b）所示为使用液控单向阀（又称双向液压锁）的锁紧回路。当换向阀处于左位时，压力油经液控单向阀 A 进入液压缸左腔，同时压力油也进入液控单向阀 B 的控制油口，打开阀 B，使液压缸右腔的回油可经阀 B 及换向阀流回油箱，活塞向右运动。反之，活塞向左运动，到了需要停留的位置，只要使换向阀处于中位，因换向阀的中位机能为 H 型机能（或 Y 型），所以阀 A 和阀 B 均关闭，使活塞双向锁紧。在这个回路中，由于液控单向阀的阀座一般为锥阀式结构，所以密封性好，泄漏极少，锁紧的精度高（主要取决于液压缸的泄漏）。这种回路被广泛用于工程机械、起重运输机械等有锁紧要求的场合。

（a）液压吊车

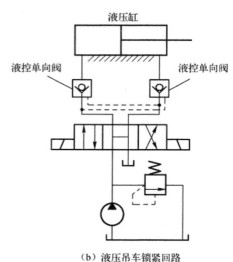

（b）液压吊车锁紧回路

图 9-40　液压吊车锁紧回路工作原理图

3．主要设备及实训元件

液压吊车锁紧回路设计实训的主要设备及实训元件见表 9-9。

表 9-9　液压吊车锁紧回路设计实训的主要设备及实训元件

序　号	实训设备及元件	序　号	实训设备及元件
1	液压传动综合教学实训台	6	接近开关及其支架
2	换向阀	7	油管
3	液控单向阀	8	四通油路过渡底板
4	液压缸	9	压力表（量程为 10MPa）
5	溢流阀	10	油泵

4．实训内容及步骤

（1）根据实验内容，设计自己要进行实训的基本回路，所设计的回路必须经过认真检查，确保正确无误。

（2）按照检查无误的回路要求，选择所需的液压元件，并且检查其性能的完好性。

（3）将检验好的液压元件安装在插件板的适当位置，通过快速接头和软管按照回路要求，把各个元件连接起来（包括压力表）。

（4）将电磁阀及行程开关与控制线连接。

（5）按照回路图，确认安装连接正确后，旋松泵出口自行安装的溢流阀。经过检查确认正确无误后，再启动油泵，按要求调压。

（6）系统溢流阀做安全阀使用，不得随意调整。

（7）根据回路要求，调节换向阀，使液压油缸停止在要求的位置。

（8）实训完毕后，应先旋松溢流阀手柄，然后停止油泵工作。经确认回路中压力为零后，取下连接油管和元件，归类放入规定地方。

5．操作技能测评

学生应能够按照实训步骤和技能测试记录表中的测评要求，进行独立思考和实训。评估不合格者，学生提出申请，允许重新评估。液压吊车锁紧回路设计实训记录见表9-10。

表9-10　液压吊车锁紧回路设计实训记录

实训操作技能训练测试记录				
学生姓名		学　号		
专　业		班　级		
课　程		指导教师		
下列清单作为测评依据，用于判断学生是否通过测评已经达到所需能力标准				
第一阶段：测量数据				
学生是否能够			分　值	得　分
遵守实训室的各项规章制度			10	
熟悉原理图中各液压元件的基本工作原理			10	
熟悉原理图的基本工作原理			10	
正确搭建液控单向阀的锁紧回路			15	
正确调节液压传动中的开关、控制旋钮			10	
控制回路正常运行			20	
正确拆卸所搭接的液压回路			10	
第二阶段：处理、分析、整理数据				
学生是否能够			分　值	得　分
利用现有元件拟订另一种方案，并进行比较			15	
实训技能训练评估记录				
实训技能训练评估等级：优秀（90分以上）　□ 　　　　　　　　　　　良好（80分以上）　□ 　　　　　　　　　　　一般（70分以上）　□ 　　　　　　　　　　　及格（60分以上）　□ 　　　　　　　　　　　不及格（60分以下）□				
指导教师签字_____　　　日期_____				

6．完成实训报告和下列思考题

（1）锁紧回路中的液控单向阀怎样实现液压缸的锁紧功能？

（2）叙述实训所用液压元件的功能、特点。

9.7　习题与思考

1．什么是方向控制回路？方向控制回路如何分类？

2．常见的方向阀有哪几种？

3．滑阀式换向阀的结构和原理是什么？

4．简述三位四通换向阀常见的中位机能、符号及其特点。

5．什么是电磁换向阀？常用的电磁换向阀有哪几种？

6．简述注塑机锁模机构液压传动系统的工作过程。

7．液压泵的种类有哪些？外啮合齿轮泵的工作原理是什么？

8．简述液压泵的主要性能参数。

9．试比较外啮合齿轮泵和内啮合齿轮泵的特点。

10．如何根据液压系统要求来合理选择液压泵？

11．高压齿轮泵有哪几种？

12．平面磨床采用液压传动系统有哪些工作特点？

13．液压传动系统由哪几部分组成？各部分的代表元件分别是什么？

14．简述自锁回路的应用场合。

15．单向阀如何分类？简述单向阀的应用场合。

16．简述利用液控单向阀与利用换向阀中位机能两种自锁回路的区别。

项目十 半自动车床的夹紧控制

教学提示： 本项目内容以半自动车床的夹紧控制的结构组成和工作原理为引子，对液压装置组件、控制元件以及压力控制回路进行介绍，在内容展开过程中，结合亚龙 YL-381B 型液压实训装置进行现场教学，并通过同步的实训操作训练加以理解和巩固。

教学目标： 结合半自动车床的夹紧控制的实际应用，熟悉压力控制回路中各种压力控制元件的结构特点和工作原理。

10.1 任 务 引 入

半自动车床是用以加工齿轮坯、轴承环、压盖等各种盘类零件的外圆、端面、内孔、台阶以及锥面等的高效率机床。车床上采用液压卡盘，设有前、后两个刀架，刀架上可装多把刀具以供同时或分别切削，借助电气控制和液压驱动能够实现（除装卸工件外）车床的自动工作循环。在卡盘上夹紧零件有内卡和外卡两种夹紧方式，由液压缸驱动弹簧夹头或卡盘来实现，夹紧力可调。

半自动车床液压系统中的夹紧装置，往往要求比主油路低的压力，当泵的输出压力是高压，加紧装置支路要求低压时，可以采用减压回路。如图 10-1 所示，是半自动车床

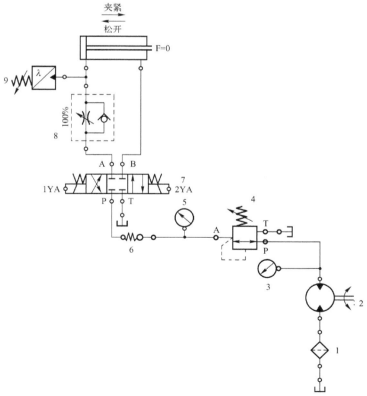

1—滤油器；2—液压泵；3、5—液压开关；4—减压阀；6—单向阀；7—三位四通换向阀；8—单向节流阀；9—压力继电器

图 10-1 液压夹紧回路

液压系统的一条支路。为了熟悉压力控制系统中元件的选型和系统工作原理，我们从基本的压力控制元件及基本压力控制回路入手展开分析。

10.2　压力控制回路基础知识

压力控制回路利用压力阀来控制和调节液压系统主油路或某一支路的压力，以满足执行元件所需的力或力矩的要求。利用压力控制回路可实现对系统进行调压（稳压）、减压、增压、卸荷、保压与平衡等各种控制。其中压力控制回路的典型元件为压力控制阀，包括减压阀、安全阀、顺序阀和压力继电器等，下面从相关元件的基本结构与原理开始介绍，在此基础上分析常用压力控制回路的工作原理。

10.2.1　压力控制阀

在液压传动系统中，控制油液压力高低的液压阀称为压力控制阀，简称压力阀。其工作原理是：通过液压作用力与弹簧力进行比较来实现对油液压力的控制。

1．溢流阀

溢流阀的主要作用是对液压系统定压或进行安全保护。几乎在所有的液压系统中都需要用到它，其性能好坏对整个液压系统的正常工作有很大影响。常用的溢流阀按其结构形式和基本动作方式可归结为直动式和先导式两种。

1）溢流阀的作用

在液压系统中维持定压是溢流阀的主要用途。它常用于节流调速系统中，和流量控制阀配合使用，调节进入系统的流量，并保持系统的压力基本恒定。如图 10-2（a）所示，溢流阀 2 并联于系统中，进入液压缸 4 的流量由节流阀 3 调节。由于定量泵 1 的流量大于液压缸 4 所需的流量，油压升高，将溢流阀 2 打开，多余的油液经溢流阀 2 流回油箱。因此，在这里溢流阀的功用就是在不断的溢流过程中保持系统压力基本不变。

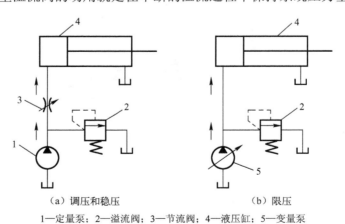

（a）调压和稳压　　　　　　（b）限压

1—定量泵；2—溢流阀；3—节流阀；4—液压缸；5—变量泵

图 10-2　溢流阀的作用

用于过载保护的溢流阀一般称为安全阀。图 10-2（b）所示为变量泵调速系统，在正

气压与液压传动控制技术

· 192 ·

常工作时，溢流阀 2 关闭，不溢流，只有在系统发生故障，压力升至安全阀的调整值时，阀口才打开，使变量泵排出的油液经溢流阀 2 流回油箱，以保证液压系统的安全。

2）直动式溢流阀

直动式溢流阀依靠系统中的压力油直接作用在阀芯上，与弹簧力相平衡，以控制阀芯的启闭动作。图 10-3 所示为直动式溢流阀，P 是进油口，O 是回油口，进口压力油经阀芯 3 中间的阻尼孔 1 作用在阀芯的底部端面上，当进油压力较小时，阀芯在弹簧 7 的作用下处于下端位置，将 P 和 O 两油口隔开。当油压力升高，在阀芯下端所产生的作用力超过弹簧的压紧力 F_s。此时，阀芯上升，阀口被打开，将多余的油液排回油箱，阀芯上的阻尼孔 1 用来对阀芯的动作产生阻尼，以提高阀的工作平衡性，调整调压螺钉 5 可以改变弹簧的压紧力，这样也就调整了溢流阀进口处的油液压力 p。

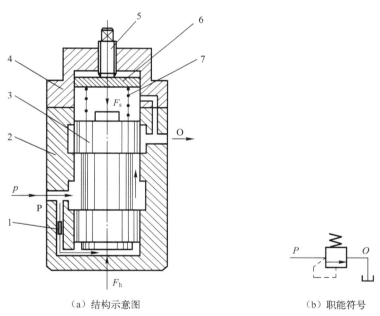

（a）结构示意图　　　　　　　　（b）职能符号

1—阻尼孔；2—阀体；3—阀芯；4—阀盖；5—调压螺钉；6—弹簧座；7—弹簧

图 10-3　直动式溢流阀

溢流压力可通过调节弹簧预压缩量来调节，溢流压力与弹簧的倔强系数（也称劲度系数）有关，故直动式溢流阀只适用于低压小流量系统中。

特点：反应灵敏，结构简单，弹簧刚度大，冲击、噪声和压力波动大，适用于低压、小流量的场合，最大调节压力为 2.5MPa。

3）先导式溢流阀

在高压大流量系统中一般应采用先导控制。所谓先导型压力控制，是指控制系统中有大、小两个阀芯，小阀芯为先导阀芯，大阀芯为主阀芯，并相应形成先导级和主级两个压力调节回路。

图 10-4（a）所示为先导式溢流阀的结构示意图，由先导阀和主阀组成；先导阀是一

个小流量直动型溢流阀，其阀芯为锥阀。在图中压力油从 P 口进入，通过阻尼孔 3 后作用在导阀阀芯 5 上，当进油口压力较低，导阀上的液压作用力不足以克服导阀弹簧 6 的作用力时，导阀关闭，没有油液流过阻尼孔，所以主阀阀芯 2 两端压力相等，在较软的主阀弹簧 1 作用下主阀阀芯 2 处于最下端位置，溢流阀阀口 P 和 T 隔断，没有溢流。当进油口压力升高到作用在导阀上的液压力大于导阀弹簧作用力时，导阀打开，小量液体溢流到回油口 T。此小量油液流经主阀阻尼孔时产生压差，而使主阀开启，P、T 口直接相通，产生溢流而保持系统压力稳定。调压手轮可调节溢流压力。

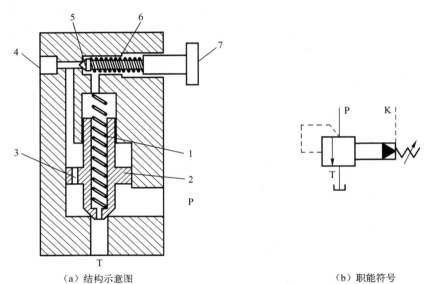

（a）结构示意图　　　　　　　　　　　　　（b）职能符号

1—主阀弹簧；2—主阀阀芯；3—阻尼孔；4—外控口 K；5—导阀阀芯；6—导阀弹簧；7—调节手柄

图 10-4　先导式溢流阀

2．减压阀

减压阀主要用于降低系统某一支路的油液压力，使同一系统能有两个或多个不同压力的回路。油液流经减压阀后能使压力降低，并保持恒定。只要液压阀的输入压力（一次压力）超过调定的数值，二次压力就不受一次压力的影响而保持不变。例如，当系统中的夹紧支路或润滑支路需要稳定的低压时，只要在该支路上串联一个减压阀即可。减压阀利用流体流过阀口产生压降的原理，使出口压力低于进口压力。按调节要求的不同可分为定值减压阀和定差减压阀。按照工作原理，减压阀也有直动式和先导式之分。直动式减压阀在液压系统中较少单独使用，先导式减压阀应用较多。

1）直动式减压阀结构及工作原理

如图 10-5 所示，P 口是进油口，A 口是出油口，阀不工作时，阀芯在弹簧作用下处于最下端位置，阀的进、出油口是相通的，即阀是常开的。若出口压力增大，使作用在阀芯下端的压力大于弹簧力时，阀芯上移，关小阀口，这时阀处于工作状态。若忽略其他阻力，仅考虑作用在阀芯上的液压力和弹簧力相平衡的条件，则可以认为出口压力基本上维持在某一定值——调定值上。这时如出口压力减小，阀芯就下移，开大阀口，阀口处阻力减小，压降减小，使出口压力回升到调定值；反之，若出口压力增大，则阀芯上移，关小阀口，阀口处阻力加大，压降增大，使出口压力下降到调定值。

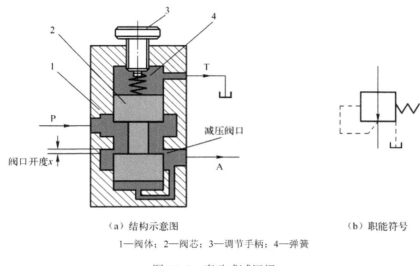

（a）结构示意图　　　　　　　　　　（b）职能符号

1—阀体；2—阀芯；3—调节手柄；4—弹簧

图 10-5　直动式减压阀

2）先导式减压阀结构及工作原理

如图 10-6 所示，减压阀主阀的阀口常开，进口 A 的压力油经阀口减压缝流至出口 B，压力降至 p_2。当出口压力超过调定压力时，出油口部分液体经阻尼孔、先导阀口、泄油口流回油箱。由于阻尼孔中有液体流动，使主阀上的下腔产生压差，当此压差所产生的作用力大于主阀弹簧力时，主阀上移，使减压口关小，减压作用增强，直至出口压力 p_2 稳定在先导阀所调定的压力值。

由此可以看出，与溢流阀相比较，减压阀的主要特点是：阀口常开，从出口引压力油去控制阀口开度，使出口压力恒定，泄油单独接入油箱。这些特点在元件符号上都有所反映。

3．顺序阀

顺序阀是以压力作为控制信号，自动接通或切断某一油路的压力阀。由于它经常被用来控制执行元件动作的先后顺序，故称顺序阀。

顺序阀是控制液压系统各执行元件先后顺序动作的压力控制阀，实质上是一个由压力油液控制其开启的二通阀。顺序阀根据结构和工作原理不同，可以分为直动型顺序阀和先导型顺序阀两类，目前直动型应用较多。

1）直动型顺序阀的结构和工作原理

直动型顺序阀的结构如图 10-7 所示，其结构和工作原理都和直动式溢流阀相似，压力油由进口 P_2 经阀体和下盖作用在控制活塞下方，使阀芯受到向上的推力。当进口压力低于调定压力时，阀芯不动，进出油口 P_2、P_1 不通。当进口压力大于调定压力时，阀芯上移，进出油口连通，压力油便从顺序阀通向某一执行元件，使其动作。

当 A 口与进口 P_2 相通时，阀芯动作由系统内压力控制，称为内控式顺序阀；当 A 口下盖旋转 90°，压力口 K 与外压力相通时，阀芯动作由系统外压力控制，称为外控式顺序阀。

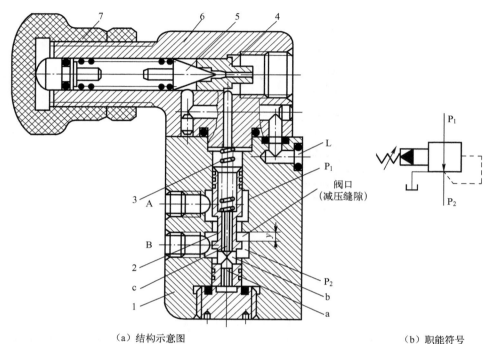

（a）结构示意图　　　　　　　　　　　（b）职能符号

1—阀体；2—主阀（减压）阀芯；3—主阀弹簧；4—先导阀（锥）阀座；5—先导阀阀芯；6—先导阀弹簧；7—调节螺母

图 10-6　先导式减压阀

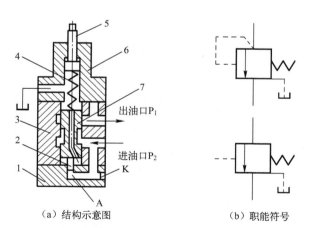

（a）结构示意图　　　　　　　（b）职能符号

1—阀下盖；2—控制活塞；3—阀体；4—弹簧；5—调节螺钉；6—阀上盖；7—阀芯

图 10-7　直动型顺序阀

2）先导型顺序阀的结构和工作原理

先导型顺序阀（见图 10-8）的结构与直动型顺序阀的主要差异在于阀芯下部有一个控

制油口 K。当由控制油口 K 进入阀芯下端油腔的控制压力油产生的液压作用力大于阀芯上端调定的弹簧力时，阀芯上移，使进油口 P_1 与出油口 P_2 相通，压力油液自 P_2 口流出，可控制另一执行元件动作。如将出油口 P_2 与油箱接通，先导型顺序阀可用做卸荷阀。

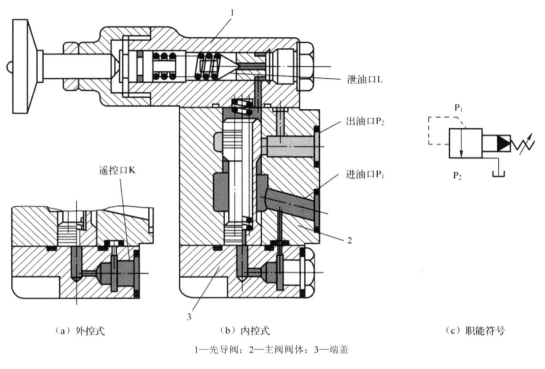

（a）外控式　　　　　（b）内控式　　　　　（c）职能符号

1—先导阀；2—主阀阀体；3—端盖

图 10-8　先导型顺序阀

3）顺序阀与溢流阀的主要区别

（1）溢流阀出油口连通油箱，顺序阀的出油口通常连接另一工作油路，因此顺序阀的进、出口处的油液都是压力油。

（2）溢流阀打开时，进油口的油液压力基本上保持在调定压力值附近，顺序阀打开后，进油口的油液压力可以继续升高。

（3）由于溢流阀出油口连通油箱，其内部泄油可通过出油口流回油箱，而顺序阀出油口油液为压力油，且通往另一工作油路，所以顺序阀的内部要有单独设置的泄油口（见图 10-8 中的 L）。

4. 压力继电器

压力继电器是一种将油液的压力信号转换成电信号的电液控制元件，当油液压力达到压力继电器的调定压力时，即发出电信号，以控制电磁铁、电磁离合器、继电器等元件动作，使油路卸压、换向、执行元件实现顺序动作，或关闭电动机，使系统停止工作，起安全保护作用等。图 10-9 所示为常用柱塞式压力继电器的结构示意图和职能符号，当从压力继电器下端进油口通入的油液压力达到调定压力值时，推动柱塞 1 上移，此位移通过杠杆 2 放大后推动开关 4 动作。改变弹簧 3 的压缩量即可以调节压力继电器的动作压力。

压力继电器有柱塞式、弹簧管式、膜片式和波纹式四种形式，结构原理基本相同。

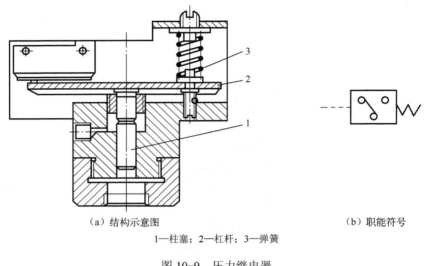

（a）结构示意图　　　　　　　　　　　　　（b）职能符号

1—柱塞；2—杠杆；3—弹簧

图 10-9　压力继电器

10.2.2　压力控制回路

压力控制回路是利用压力控制阀来调节液压系统中主油路或某一支路的压力，以满足执行元件所需的力或力矩的要求的回路。压力控制回路对液压系统可实现调压（稳压）、减压、增压、卸荷、保压与平衡等控制要求。

1．调压及限压回路

当液压系统工作时，液压泵应向系统提供所需压力的液压油，同时，又能节省能源，减少油液发热，提高执行元件运动的平稳性。所以，应设置调压或限压回路。当液压泵一直工作在系统的调定压力时，就要通过溢流阀调节并稳定液压泵的工作压力。在变量泵系统或旁路节流调速系统中用溢流阀（当安全阀用）限制系统的最高安全压力。当系统在不同的工作时间内需要有不同的工作压力时，可采用二级或多级调压回路。

1）单级调压回路

如图 10-10（a）所示，通过液压泵 1 和溢流阀 2 的并联，即可组成单级调压回路。通过调节溢流阀的压力，可以改变泵的输出压力。当溢流阀的调定压力确定后，液压泵就在溢流阀的调定压力下工作，从而实现了对液压系统进行调压和稳压控制。如果将液压泵 1 改换为变量泵，这时溢流阀将作为安全阀来使用，液压泵的工作压力低于溢流阀的调定压力，这时溢流阀不工作，当系统出现故障，液压泵的工作压力上升时，一旦压力达到溢流阀的调定压力，溢流阀将开启，并将液压泵的工作压力限制在溢流阀的调定压力下，使液压系统不至因压力过载而受到破坏，从而保护了液压系统。

2）二级调压回路

图 10-10（b）所示为二级调压回路，该回路可实现两种不同的系统压力控制。由先导式溢流阀 2 和直动式溢流阀 4 各调一级，当二位二通电磁阀 3 处于图示位置时系统压力

由阀 2 调定，当阀 3 得电后处于右位时，系统压力由阀 4 调定，但要注意：阀 4 的调定压力一定要小于阀 2 的调定压力，否则不能实现；当系统压力由阀 4 调定时，先导式溢流阀2 的先导阀口关闭，但主阀开启，液压泵的溢流流量经主阀回油箱，这时阀 4 也处于工作状态，并有油液通过。应当指出：若将阀 3 与阀 4 对换位置，则仍可进行二级调压，并且在二级压力转换点上可获得比图 10-10（b）所示回路更为稳定的压力转换。

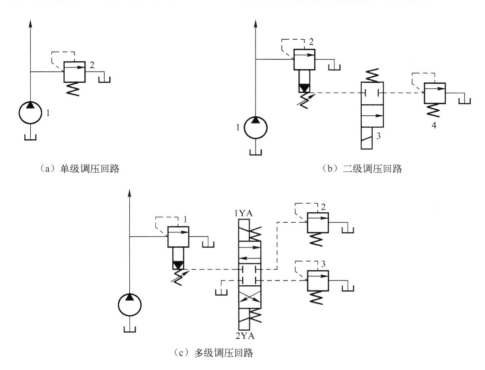

（a）单级调压回路　　　　　　　　　　（b）二级调压回路

（c）多级调压回路

图 10-10　调压回路

　　3）多级调压回路

　　图 10-10（c）所示为三级调压回路，三级压力分别由溢流阀 1、2、3 调定，当电磁铁 1YA、2YA 失电时，系统压力由主溢流阀调定。当 1YA 得电时，系统压力由阀 2 调定。当 2YA 得电时，系统压力由阀 3 调定。在这种调压回路中，阀 2 和阀 3 的调定压力要低于主溢流阀的调定压力，而阀 2 和阀 3 的调定压力之间没有什么一定的关系。当阀 2或阀 3 工作时，阀 2 或阀 3 相当于阀 1 上的另一个先导阀。

　　2．减压回路

　　当泵的输出压力是高压而局部回路或支路要求低压时，可以采用减压回路（见图 10-11），如机床液压系统中的定位、夹紧、回路分度以及液压元件的控制油路等，它们往往要求比主油路低的压力。减压回路较为简单，一般是在所需低压的支路上串接减压阀。采用减压回路虽能方便地获得某支路稳定的低压，但压力油经减压阀口时要产生压力损失，这是它的缺点。

　　最常见的减压回路为通过定值减压阀与主油路相连，如图 10-11（a）所示。回路中的单向阀在主油路压力降低（低于减压阀调整压力）时，可防止油液倒流，起短时保压作用，减压回路中也可以采用类似两级或多级调压的方法获得两级或多级减压。图 10-11（b）所示为利用先导型减压阀 1 的远控口接一远控溢流阀 2，则可由阀 1、阀 2 各调得一种低压。但要注意，阀 2 的调定压力值一定要低于阀 1 的调定减压值。

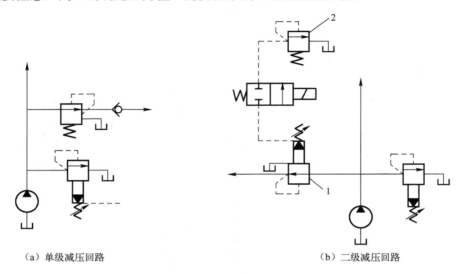

（a）单级减压回路　　　　　　　　　　　　　　　　　（b）二级减压回路

图 10-11　减压回路

为了使减压回路工作可靠，减压阀的最低调整压力不应小于 0.5MPa，最高调整压力至少应比系统压力小 0.5MPa。当减压回路中的执行元件需要调速时，调速元件应放在减压阀的后面，以避免减压阀泄漏（指由减压阀泄油口流回油箱的油液）对执行元件的速度产生影响。

3．增压回路

如果系统或系统的某一支油路需要压力较高但流量又不大的压力油，而采用高压泵又不经济，或者根本没有必要增设高压力的液压泵时，常采用增压回路（见图 10-12），这样不仅易于选择液压泵，而且系统工作较可靠，噪声小。增压回路中提高压力的主要元件是增压缸或增压器。

1）单作用增压缸的增压回路

如图 10-12（a）所示为利用增压缸的单作用增压回路，当系统在图示位置工作时，系统的供油压力 p_1 进入增压缸的大活塞腔，此时在小活塞腔即可得到所需的较高压力 p_2；当二位四通电磁换向阀右位接入系统时，增压缸返回，辅助油箱中的油液经单向阀补入小活塞。因而该回路只能间歇增压，所以称为单作用增压回路。

2）双作用增压缸的增压回路

如图 10-12（b）所示的采用双作用增压缸的增压回路，能连续输出高压油，在图示位置，液压泵输出的压力油经换向阀 5 和单向阀 1 进入增压缸左端大、小活塞腔，右端大活塞腔的回油通油箱，右端小活塞腔增压后的高压油经单向阀 4 输出，此时单向阀 2、3 被关闭。当增压缸活塞移到右端时，换向阀得电换向，增压缸活塞向左移动。同理，左端小活塞腔输出的高压油经单向阀 3 输出，这样，增压缸的活塞不断往复运动，两端便交替输出高压油，从而实现了连续增压。

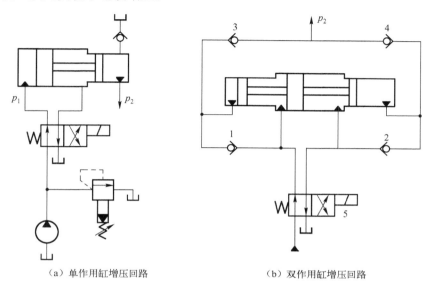

（a）单作用缸增压回路　　　　（b）双作用缸增压回路

图 10-12　增压回路

4．卸荷回路

在液压系统工作中，有时执行元件短时间停止工作，不需要液压系统传递能量，或者执行元件在某段工作时间内保持一定的力，而运动速度极慢，甚至停止运动，在这种情况下，不需要液压泵输出油液，或只需要很小流量的液压油，于是液压泵输出的压力油全部或绝大部分从溢流阀流回油箱，造成能量的无谓消耗，引起油液发热，使油液加快变质，而且还会影响液压系统的性能及泵的寿命。为此，需要采用卸荷回路，即卸荷回路的功用是指在液压泵驱动电动机不频繁启闭的情况下，使液压泵在功率输出接近于零的情况下运转，以减少功率损耗，降低系统发热，延长泵和电动机的寿命。因为液压泵的输出功率为其流量和压力的乘积，因而，两者任一近似为零，功率损耗即近似为零。因此液压泵的卸荷有流量卸荷和压力卸荷两种，前者主要是使用变量泵，使变量泵仅为补偿泄漏而以最小流量运转，此方法比较简单，但泵仍处在高压状态下运行，磨损比较严重；压力卸荷的方法是使泵在接近零压下运转。

常见的压力卸荷方式有以下几种。

1）换向阀卸荷回路

M、H 和 K 型中位机能的三位换向阀处于中位时，如图 10-13 所示为采用 M 型中位机能的电液换向阀的卸荷回路，这种回路切换时压力冲击小，但回路中必须设置单向阀，以使系统能保持 0.3MPa 左右的压力，供操纵控制油路之用。

2）远程控制口卸荷回路

如图 10-14 所示，使先导式溢流阀的远程控制口直接与二位二通电磁阀相连，便构成了一种用先导式溢流阀的卸荷回路，这种卸荷回路卸荷压力小，切换时冲击也小。

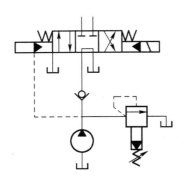

图 10-13　M 型中位机能卸荷回路

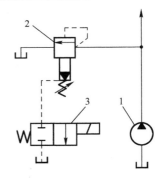

图 10-14　远程控制口卸荷回路

10.3　实 训 操 作

实训名称：压力控制回路的设计

参考课时： 2 课时

实训装置：亚龙 YL-381B 型气压、液压实训装置

1．实训目的、要求

（1）通过实训，深入理解压力控制回路的组成、原理和特点。

（2）掌握减压阀的内部结构及工作原理。

（3）使用减压阀调节系统的工作压力，使其低于油泵所提供的压力。

（4）掌握压力控制回路的设计方法和所用仪器、设备的使用方法，并能根据实训结果对所设计的回路进行分析。

2．实训原理和方法

实训时按图 10-15 接好油路、电路，液压泵启动时油缸伸出，按下 SB2 按钮时，油缸缩回，按下调节减压阀的旋钮可以清楚地显示减压回路系统的压力值，可与溢流阀调定压力值比较。在液压系统中，当某个支路所需要的工作压力低于设定的压力值时，可采用一级减压回路。液压泵的最大工作压力由溢流阀 1 调定，液压缸 3 的工作压力则由减压阀 2 调定。一般情况下，减压阀的调定压力要在 0.5MPa 以上，但又要低于溢流阀 1 的调定压力 0.5MPa 以上，这样可使减压阀出口压力保持在一定的范围内。

3．主要设备及实训元件

压力控制回路的设计实训的主要设备及实训元件见表 10-1。

表 10-1　压力控制回路的设计实训的主要设备及实训元件

序　号	实训设备及元件	序　号	实训设备及元件
1	液压实训平台	5	节流阀压力表
2	定量泵	6	溢流阀
3	液压缸	7	减压阀
4	单电控二位四通阀	8	接线柱

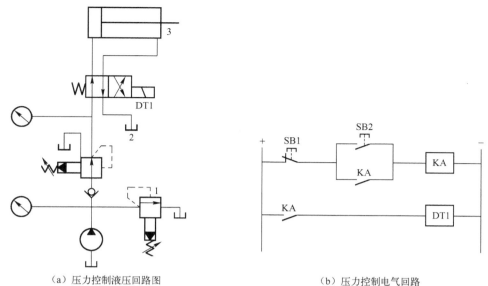

（a）压力控制液压回路图　　　　　　　　　　　（b）压力控制电气回路

图 10-15　压力控制回路工作原理图

4．实训内容及步骤

（1）根据液压控制回路图中的图形符号找出相应的元器件。

（2）将各元器件按照执行元件—主控阀—辅助控制阀—溢流阀的顺序，并遵循从上到下的原则有序地卡在安装板上。

（3）安装完毕后仔细检查回路连接是否正确，特别是各阀口的进、出油口与油管及液压缸的连接是否可靠。

（4）根据设计连接好电气控制电路。

（5）检查正确无误后开启液压泵向系统供油。

（6）控制开关按钮，检验执行元件的动作顺序。

（7）实训完毕后，关闭所有的电源。

（8）待全部回油后，拆下各液压元器件，放到指定的位置。

5．操作技能测评

学生应能够按照实训步骤和技能测试记录表中的测评要求，进行独立思考和实训。评估不合格者，学生提出申请，允许重新评估。压力控制回路的设计实训记录见表 10-2。

表 10-2　压力控制回路的设计实训记录

实训操作技能训练测试记录				
学生姓名		学　　号		
专　　业		班　　级		
课　　程		指导教师		
下列清单作为测评依据，用于判断学生是否通过测评已经达到所需能力标准				
第一阶段：测量数据				
学生是否能够			分　　值	得　　分
遵守实训室的各项规章制度			10	

续表

实训操作技能训练测试记录				
学生姓名		学　号		
专　业		班　级		
课　程		指导教师		
下列清单作为测评依据，用于判断学生是否通过测评已经达到所需能力标准				
第一阶段：测量数据				
学生是否能够			分　值	得　分
熟悉原理图中各液压元件的基本工作原理			10	
熟悉原理图的基本工作原理			10	
正确搭建压力控制回路			15	
正确调节液压泵、控制旋钮（开启与关闭）			20	
控制回路正常运行			10	
正确拆卸所搭接的压力控制回路			10	
第二阶段：处理、分析、整理数据				
学生是否能够			分　值	得　分
利用现有元件拟订另一种方案，并进行比较			15	
实训技能训练评估记录				
实训技能训练评估等级：优秀（90分以上）　□ 　　　　　　　　　　良好（80分以上）　□ 　　　　　　　　　　一般（70分以上）　□ 　　　　　　　　　　及格（60分以上）　□ 　　　　　　　　　　不及格（60分以下）□				
指导教师签字＿＿＿＿＿＿＿＿　　日期＿＿＿＿＿＿＿＿				

6．完成实训报告和下列思考题

（1）多级减压回路是通过使用不同出口压力设定值的减压阀，使系统得到多级工作压力，如何设计？

（2）叙述实训所用压力控制阀的功能特点。

10.4　习题与思考

1．溢流阀、减压阀和顺序阀各自的出油口情况和进油口状态是怎样的？

2．试画出直动式溢流阀、直动型减压阀、直动型顺序阀的图形符号。

3．什么是压力继电器？其作用是什么？

4．什么是压力控制回路？其主要功能有哪些？

5．卸荷回路的功用是什么？

项目十一　组合机床动力滑台的控制

教学提示：本项目内容以组合机床动力滑台的结构组成和工作原理为引子，对液压装置组件、控制元件以及速度控制回路进行介绍，在内容展开过程中，结合亚龙 YL-381B 型气、液压实训装置进行现场教学，并通过同步的实训操作训练加以理解和巩固。

教学目标：结合组合机床动力滑台的实际应用，熟悉速度控制回路中液压缸、流量控制阀、液压源、按钮、中间继电器等各类电器元件的结构和动作原理。

11.1　任　务　引　入

组合机床是由按系列化、标准化、通用化原则设计的通用部件，以及按工件形状和加工工艺要求而设计的专用部件所组成的高效专用机床。液压动力滑台是组合机床用以实现进给运动的通用部件，配置动力头和主轴箱后可以对工件完成钻、扩、铰、铣、刮端面及攻螺纹等工序。液压动力滑台用液压缸驱动，可实现多种进给循环。它对液压系统性能的主要要求是速度换接平稳，进给速度稳定，功率利用合理，效率高，发热小。图 11-1 为组合机床结构示意图。

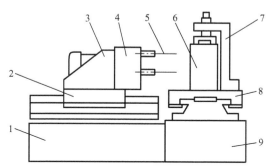

1—床身；2—动力滑台；3—动力头；4—主轴箱；5—刀具；6—工件；7—夹具；8—工作台；9—底座

图 11-1　组合机床结构示意图

11.2　速度控制回路基础知识

从组合机床动力滑台的应用功能可以看出，组成系统的基本回路有换向回路、快速运动回路、速度换接回路、二次进给回路、容积式节流调速回路、卸荷回路。在前面的项目中，我们已经介绍了方向控制和压力控制的主要元器件及基本的方向控制回路和压力控制回路，下面介绍速度控制元件的工作原理、特点、职能符号以及基本的速度控制回路等。

11.2.1 流量控制阀

1．节流口的结构形式

图 11-2 所示为流量阀中常用的几种节流口形式。其特点及应用场合比较见表 11-1。

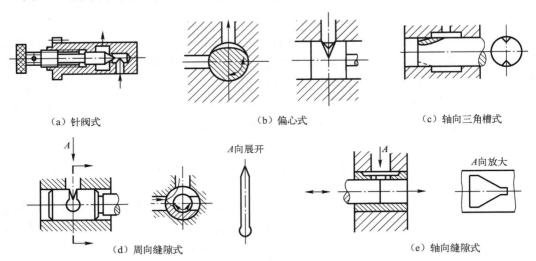

（a）针阀式　　　　　　（b）偏心式　　　　　（c）轴向三角槽式

（d）周向缝隙式　　　　　　　　　　　（e）轴向缝隙式

图 11-2　典型节流口的形式

表 11-1　节流口形式比较

分　类	特　点	应　用场合
针阀式节流口	结构简单，易堵塞，流量受油温影响较大	要求较低的场合
偏心式节流口	性能与针阀式节流口相同，缺点是阀芯上的径向力不平衡	压力较低的场合
轴向三角槽式节流口	结构简单，可得到较小的稳定流量，油温变化对流量有一定的影响	应用广泛
周向缝隙式节流口	不易堵塞，油温变化对流量影响小	压力较低的场合
轴向缝隙式节流口	节流口是薄壁阀口，油温的变化对流量稳定性影响较小	低压小流量的场合

2．节流阀

1）节流阀的结构与工作原理

图 11-3 所示为一种普通节流阀。这种节流阀的孔口形状为轴向三角槽式。油液从进油口 P_1 进入，经阀芯上的三角槽节流口，从出油口 P_2 流出。转动手柄 3 可通过推杆 2 推动阀芯 1 作轴向移动，改变节流口的通流截面积来调节流量。

这种节流阀的结构简单、体积小，但负载和温度的变化对流量的稳定性影响较大，因此，只适用于负载和温度变化不大或速度稳定性要求不高的液压系统中。

2）节流阀的应用

（1）起节流调速作用。在定量泵系统中，节流阀与溢流阀一起组成节流调速回路。改变节流阀的开口面积，可调节通过节流阀的流量，从而调节执行元件的运动速度。

（2）起负载阻尼作用。对某些液压系统，通流量是一定的，改变节流阀开口面积将改变液体流动的阻力（液阻），节流口面积越小液阻越大。

（3）起压力缓冲作用。在液流压力容易发生突变的地方安装节流元件，可延缓压力突变的影响，起保护作用。

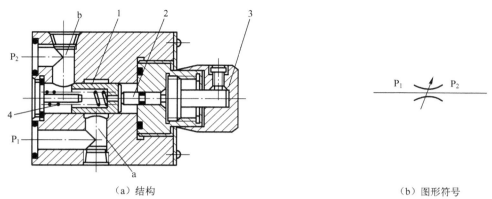

（a）结构　　　　　　　　　　　　　　　　　　　（b）图形符号

1—阀芯；2—推杆；3—手柄；4—弹簧

图 11-3　普通节流阀

3．调速阀

普通节流阀由于刚性差，在节流开口一定的条件下通过它的工作流量受工作负载（即其出口压力）变化的影响，不能保持执行元件运动速度的稳定，因此只适用于工作负载变化不大和速度稳定性要求不高的场合，在实际工作中，由于工作负载的变化很难避免，为了改善调速系统的性能，通常是对节流阀进行补偿，即采取措施使节流阀前后压力差在负载变化时始终保持不变。由 $q=KA\Delta p^m$ 可知，当Δp 基本不变时，通过节流阀的流量只由其开口量大小来决定，使Δp 基本保持不变的方式有两种：一种是将定压差式减压阀与节流阀并联起来构成调速阀，另一种是将稳压溢流阀与节流阀并联起来构成溢流节流阀。

这两种阀利用流量的变化引起油路压力变化，通过阀芯的负反馈动作来自动调节节流部分的压力差，使其保持不变。

调速阀（见图 11-4）是由定差减压阀与节流阀并联而成的组合阀。节流阀用来调节通过的流量，定差减压阀则自动补偿负载变化的影响，使节流阀前后的压差为定值，消除了负载变化对流量的影响。

图 11-4（a）为其工作原理图。液压泵的出口（即调速阀的进口）压力 p_1 由溢流阀调整基本不变，而调速阀的出口压力 p_3 则由液压缸负载 F 决定。油液先经减压阀产生一次压力降，将压力降到 p_2，p_2 经通道 e、f 作用到减压阀的 d 腔和 c 腔；节流阀的出口压力 p_3 又经反馈通道 a 作用到减压阀的上腔 b，当减压阀的阀芯在弹簧力 F_s、油液压力 p_2 和 p_3 作用下处于某一平衡位置时（忽略摩擦力和液动力等），则有

$$p_2A_1+p_2A_2=p_3A+F_s$$

式中，A、A_1 和 A_2 分别为 b 腔、c 腔和 d 腔内压力油作用于阀芯的有效面积，且 $A=A_1+A_2$。故

$$p_2-p_3=\Delta p=F_s/A$$

因为弹簧刚度较低，且工作过程中减压阀阀芯位移很小，可以认为 F_s 基本保持不变。故节流阀两端压力差 p_2-p_3 也基本保持不变，这就保证了通过节流阀的流量稳定。

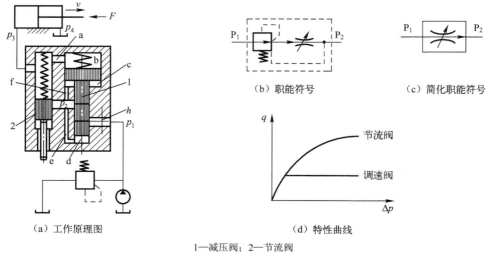

（b）职能符号　　　　　　　（c）简化职能符号

（a）工作原理图　　　　　　　　　　（d）特性曲线

1—减压阀；2—节流阀

图 11-4　调速阀

4．温度补偿调速阀

普通调速阀的流量虽然已能基本上不受外部负载变化的影响，但是当流量较小时，节流口的通流面积较小，这时节流口的长度与通流截面直径的比值相对地增大，因而油液的黏度变化对流量的影响也增大，所以当油温升高后油的黏度变小时，流量仍会增大，为了减小温度对流量的影响，可以采用温度补偿调速阀。

温度补偿调速阀的压力补偿原理部分与普通调速阀相同，据 $q=KA\Delta pm$ 可知，当 Δp 不变时，由于黏度下降，K 值（$m\neq0.5$ 的孔口）上升，此时只有适当减小节流阀的开口面积，才能保证 q 不变。

图 11-5 为温度补偿原理图，在节流阀阀芯和调节螺钉之间放置一个温度膨胀系数较大的聚氯乙烯推杆，当油温升高时，本来流量增加，这时温度补偿杆伸长使节流口变小，从而补偿了油温对流量的影响。在 20～60℃ 的温度范围内，流量的变化率超过 10%，最小稳定流量可达 20mL/min(3.3×10^{-7}m³/s)。

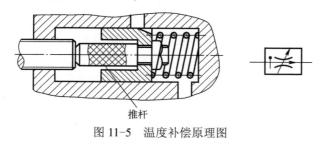

推杆

图 11-5　温度补偿原理图

11.2.2　速度控制回路

1．调速回路

1）基本理论知识

在液压传动的机器上，工作部件由执行元件（液压缸或液压马达）驱动。若改变执行元件的速度，即可改变液压缸的运动速度或液压马达的转速。

液压缸的运动速度 v 取决于输入的流量 q 和液压缸的有效作用面积 A，即

$$v=\frac{q}{A}$$

液压马达的转速 n_M 由输入的流量 q_M 和液压马达的排量 v_M 决定，即

$$n_M=\frac{q_M}{v_M}$$

由此可见，改变输入流量 q，或改变液压缸的有效面积 A 和液压马达的每转排量 v_M，均可改变执行元件的运动速度。但是，在执行元件结构确定以后，对于液压缸来说，有效工作面积也就确定了，所以只能用改变流量的办法来调速。对于液压马达来说，故只能用改变 q_M 的办法来调速；若是变量液压马达可通过改变 v_M 或流量 q_M 两条途径来调速。因此调节执行元件的速度，可通过改变流量 q 和排量 v_M 的办法来实现，即常用速度控制回路调速。

常用的调速方法有以下三种。

（1）节流调速：即采用定量泵供油，由流量阀改变进入或流出执行元件的流量来实现调速。

（2）容积调速：通过改变变量泵的供油量或改变节流阀或液压马达的每转排量来实现调速。

（3）容积节流调速：即采用变量泵供油，通过节流阀或调速阀改变流入或流出执行元件的流量，以实现调速。

调速回路应满足以下基本要求：

（1）能在工作部件所需的最大和最小的速度范围内，灵敏地实现无级调速。

（2）负载变化时，调好的速度不发生变化，或仅在允许的范围内变化。

（3）力求结构简单，安全可靠。

（4）功率损失要小，以节省能源，减少系统发热。

2）节流调速回路

在采用定量泵的液压系统中，利用节流阀或调速阀改变进入或流出液动机的流量来实现速度调节的方法称为节流调速。采用节流调速，方法简单，工作可靠，成本低，但它的效率不高，容易产生温升。

（1）进油节流调速回路。

进油节流调速回路如图 11-6 所示，节流阀设置在换向阀和油箱之间，无论怎样换向，回油总是经过节流阀流回油箱。通过调整节流口的大小，控制压力油进入液压缸的流量，从而改变它的运动速度。

回路描述：回路工作时，液压泵输出的油液（压力由溢流阀调定），经可调节流阀进入液压缸左腔，推动活塞向右运动，多余的油液经溢流阀流回油箱。右腔的油液则直接流回油箱。由于溢流阀处于溢流状态，因此，泵的出口压力保持恒定。

调节通过节流阀的流量，才能调节液压缸的工作速度。因此，定量泵多余的油液必须经溢流阀流回油箱。如果溢流阀不能溢流，定量泵的流量只能全部进入液压缸，而不能

实现调速功能。

特点及应用：该回路结构简单，成本低，使用维修方便，但它的能量损失大，效率低，发热大。进油节流调速回路适用于轻载、低速、负载变化不大和对速度稳定性要求不高的小功率的场合。

（2）回油节流调速回路。

回油节流调速回路如图 11-7 所示，节流阀设置在液压泵与油箱之间，液压泵输出的压力油总是经过节流阀流回油箱。通过调节节流的大小，控制液压缸回油的流量，从而改变它的运动速度。

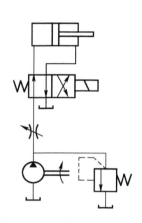　　　　　　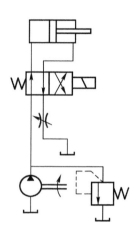

图 11-6　进油节流调速回路　　　　　图 11-7　回油节流调速回路

回路描述：借助节流阀控制液压缸的回油量，实现速度的调节。用节流阀调节流出液压缸的流量，也就调节了流入液压缸的流量，定量泵多余的油液经溢流阀流回油箱。溢流阀始终处于溢流状态，泵的出口压力保持恒定。

特点及应用：节流阀装在回油路上，回油路上有较大的背压，因此在外界负载变化时可起缓冲作用，运动的平稳性比进油节流回路要好。回油节流调速回路广泛应用于功率不大、负载变化较大或运动平稳性要求较高的液压系统中。

（3）旁路节流调速回路。

旁路节流调速回路如图 11-8 所示，节流阀设置在液压泵与油箱之间，液压泵输出的压力油的一部分经换向阀进入液压缸，另一部分经节流阀流回油箱，通过调整旁路节流阀开口的大小来控制进入液压缸压力油的流量，从而改变它的运动速度。

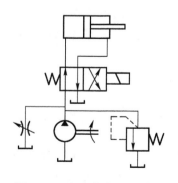

图 11-8　旁路节流调速回路

回路描述：通过调节节流阀的通流面积，控制了定量泵流回油箱的流量，实现了调速。溢流阀作为安全阀，正常工作时关闭，过载时才打开，在工作过程中，定量泵的压力随负载变化。

特点及应用：这种回路只有节流损失而无溢流损失。泵的压力随负载的变化而变化，因此，本回路比前两种回路效率高。由于本回路的速度-负载特性很软，低速承载能力差，应用比前两种少，只适用于高速、重载、对速度平稳性要求不高的较大功率系统，如牛头刨床主运动系统、输送机械液压系统等。

（4）进回油同时节流的调速回路。

进回油同时节流的调速回路如图 11-9 所示，它在换向阀前的压力管路和换向阀后的回油管路各设置一个节流阀同时进行节流调速。

回路描述：采用进油路和回油路中联动的节流阀进行调速，可使单杆液压缸的往返速度差很小，速度刚性高，且允许负载改变作用方向，往返刚性差小，液压缸可以实现近似往返等刚性传动。

特点及应用：双向速度刚性均比回油节流调速系统高，且低速性能也较好。由于多采用了一个节流阀，故效率较低。适用于单杆液压缸、往返都工作、负载变化不大、不要求速度绝对稳定的场合，如磨床、镗床的进给系统。

（5）双向节流调速回路。

双向节流调速回路如图 11-10 所示，在单活塞杆液压缸的液压系统中，有时要求往复运动的速度都能独立调节，以满足工作的要求，此时可采用两个单向节流阀，分别设在液压缸的进出油管路上。

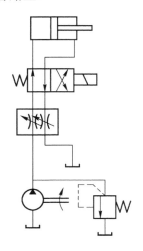

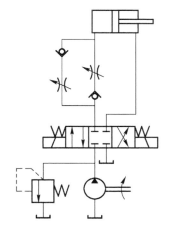

图 11-9　进回油同时节流调速回路　　　　图 11-10　双向节流调速回路

回路描述：活塞向右运动时由进油路调速，速度由左边的节流阀调定；活塞向左运动时由回油路调速，速度由右边的节流阀调定。同时，也可以把这些控制阀装在液压缸右腔的油路上，则向右运动为回油路调速，向左运动为进油路调速。

3）容积调速回路

容积节流调速是通过改变回路中液压泵或液压马达的排量来实现无级调速的。其主要优点是没有溢流损失和节流损失，所以功率损失小，并且其工作压力随负载变化，所以效率高，系统温升小，适用于高速、大功率系统，如高压、大流量的大型机床、工程机械和矿山机械等大功率设备的液压系统。

根据油路油液循环方式的不同，容积调速回路分为开式回路和闭式回路两种。

开式回路：泵从油箱吸油，执行元件的回油仍返回油箱。其优点是油液在油箱中便于沉淀杂质，析出气体，并得到冷却。其缺点是空气易侵入油液，致使运动不平稳。

闭式回路：泵吸油口与执行元件回油口直接连接，油液在系统内封闭循环。其优点是油、气隔绝，结构紧凑，运动平稳，噪声小。其缺点是散热条件差。为了补偿泄漏须设置补油装置，这样同时还能起到热交换作用，降低系统油液温度。补油泵流量一般为主泵流量的 10%～15%，压力为 0.3～1.0MPa。

根据液压泵和执行元件组合方式的不同，容积调速回路分为泵-缸式和泵-马达式。具体分类如下：

$$
容积调速回路\begin{cases}
泵\text{-}缸式 \\ 容积调速回路\end{cases}\begin{cases}
变量泵和液压缸组成的容积调速回路（开式）\\
变量泵和液压缸组成的容积调速回路（闭式）
\end{cases} \\
\begin{cases}
泵\text{-}马达式 \\ 容积调速回路\end{cases}\begin{cases}
变量泵和定量马达组成的容积调速回路\\
定量泵和变量马达组成的容积调速回路\\
变量泵和变量马达组成的容积调速回路
\end{cases}
$$

（1）变量泵和液压缸组成的容积调速回路（开式）。

回路描述（见图 11-11）：当电磁铁通电时，换向阀切换至右位，液压缸右腔进油，活塞向左移动。改变变量泵的排量即可调节液压缸的运动速度。溢流阀 2 在此回路做安全阀使用，溢流阀 5 做背压阀使用。

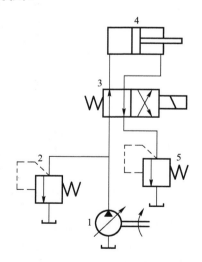

图 11-11　变量泵和液压缸组成的容积调速回路（开式）

特点及应用：当安全阀 2 的调定压力不变时，在调速范围内，液压缸的最大推力是不变的。即液压缸的最大推力与泵的排量无关，不会因调速发生变化。因此该回路又称恒推力调速回路。而最大功率是随速度的上升而增加的。

（2）变量泵和液压缸组成的容积调速回路（闭式）。

回路描述（见图 11-12）：通过改变泵的排量来改变液压缸的运动速度。两个溢流阀

1、2 做安全阀用，两个单向阀 3、4 分别用于吸油和补油。手动换向阀 5 使液压泵卸荷，或使液压缸处于浮动状态。

特点及应用：可用变量泵进行换向和调速。泵输出的压力和流量可根据液压缸的负载和速度进行调节。适用于大功率液压系统，如锻压机械。

（3）变量泵和定量马达组成的容积调速回路。

回路描述（见图 11-13）：改变变量泵的排量即可调节液压马达的转速。图中的溢流阀的 5 起安全阀的作用，用于防止系统过载；单向阀 2 用来防止停机时油液倒流进入油箱和空气进入系统。为了补偿马达 6 的泄漏，增加了补油泵 1。补油泵 1 将冷却后的油液送入回路，而从溢流阀 3 溢出回路中多余的热油，进入油箱冷却。补油泵的工作压力由溢流阀 3 来调节。

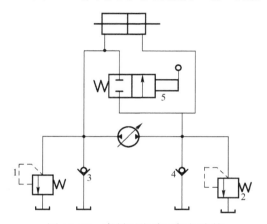

图 11-12　变量泵和液压缸组成的
容积调速回路（闭式）

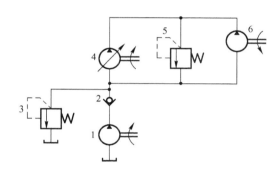

图 11-13　变量泵和定量马达组成的
容积调速回路

特点及应用：当安全阀 5 的调定压力不变时，在调速范围内，执行元件（定量马达 6）的最大输出转矩是不变的。即马达的最大输出转矩与泵的排量无关，不会因调速而发生变化。故此回路又称恒转矩调速回路。而最大输出功率是随速度的上升而增加的。

（4）定量泵和变量马达组成的容积调速回路。

回路描述（见图 11-14）：此回路为开式回路，由定量泵 4、变量马达 1、安全阀 3、换向阀 2 组成；此回路由调节变量马达的排量来改变马达的输出转速，从而实现调速。

特点及应用：此回路输出功率不变，故称为恒功率调速回路。

（5）变量泵和变量马达组成的容积调速回路。

回路描述（见图 11-15）：由于泵和马达的排量均改变，故增大了调速范围，所以此回路可以调节变量马达的排量来实现调速，也可以调节变量泵的排量来实现调速。在此回路中，单向阀 4 和 5 用于辅助补油泵 7 双向补油，而单向阀 2 和 3 使安全阀 9 在两个方向都能起到过载保护作用。

特点及应用：这种调速回路实际上是上述两种容积调速回路的组合，属于闭式回路。

4）容积节流调速回路

容积节流调速回路是由变量泵与流量控制阀（节流阀或调速阀）配合进行调速的回路。容积节流调速回路采用压力补偿变量泵供油，用流量控制阀调节进入或流出液压缸的流量来控制其运动速度，并使变量泵的输出量自动地与液压缸所需负载流量相适应。这种调速回路没有溢流损失，效率较高，速度稳定性也比容积调速回路好，常用于执行元件速度范围较大的中小功率液压系统。下面介绍两种容积节流调速回路。

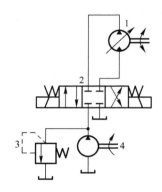

图 11-14 定量泵和变量马达组成的容积调速回路

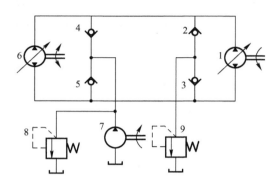

图 11-15 变量泵和变量马达组成的容积调速回路

（1）限压式变量泵和调速阀容积节流调速回路（见图 11-16）。

回路描述：调节调速阀节流口的开口大小，就改变了进入液压缸的流量，从而改变了液压缸活塞的运动速度。如果变量液压泵的流量大于调速阀调定的流量，由于系统中没有设置溢流阀，多余的油液没有排油通路，势必使液压泵和调速阀之间油路的油液压力升高，但是当限压式变量叶片泵的工作压力增大到预先调定的数值后，泵的流量会随工作压力的升高而自动减小。变量泵的输出流量自动与液压缸所需流量相适应。

特点及应用：在这种回路中，泵的输出流量与通过调速阀的流量是相适应的，回路没有溢流损失，因此效率高，发热量小。同时，采用调速阀，液压缸的运动速度根本不受负载的影响，即使在较低的运动速度下工作，运动也比较稳定。该回路广泛应用在负载变化不大的中、小功率组合机床的液压系统中。

（2）差压式变量泵和节流阀容积节流调速回路（见图 11-17）。

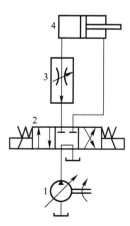

图 11-16 限压式变量泵和调速阀
容积节流调速回路

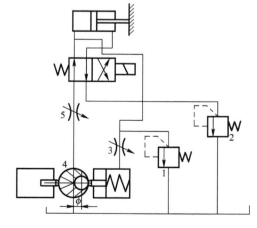

图 11-17 差压式变量泵和节流阀
容积节流调速回路

回路描述：调速回路由差压式变量叶片泵和节流阀组成。当液压缸运动时，速度由节流阀 5 调定，差压式变量叶片泵的流量自动与液压缸速度相适应。系统压力随负载变化而变化。

特点及应用：阀 2 为背压阀，用来提高输出速度的稳定性。系统效率高，适用于对速度稳定性要求较高的场合。

2．快速运动回路

在工作部件的工作循环中，往往只有部分时间要求较高的速度，如机床的快进-工进-快退的自动工作循环。在快进和快退时负载轻，要求压力低，流量大；工作进给时，负载大，速度低，要求压力高，流量小。这种情况下，若用一个定量泵向系统供油，则慢速运动时，势必使液压泵输出的大部分流量从溢流阀溢回油箱，造成很大的功率损失，并使油温升高。为了克服低速运动时出现的问题，又满足快速运动的要求，可在系统中设置快速运动回路。

实现执行元件快速运动的方法主要有三种：增加输入执行元件中的流量，减小执行元件在快速运动时的有效工作面积，将上面两种方法联合使用。

下面介绍常见的几种快速运动回路。

1）液压缸差动连接的快速运动回路

图 11-18 所示为差动连接快速运动回路，通过改变电磁铁的得断电来实现。图 11-18（a）中，当换向阀处于中位时，接入液压缸油路形成差动连接，实现快速运动。通过换向阀的最大流量为液压泵的输出流量与液压缸右腔回油之和，因此换向阀的规格要与之相适应。其用于组合机床动力滑台液压回路、压力机差动增速回路等。图 11-18（b）中，当电磁铁失电时，二位三通电磁换向阀处于左位，液压缸形成差动连接，液压缸的实际有效面积等于活塞杆的面积，从而实现了活塞的快速运动。当电磁铁得电时，二位三通电磁换向阀处于右位，液压缸回油直接回油箱，此时，执行元件可以承受较大的负载，运动速度较低。这种回路比较简单、经济。可以选择流量规格小一些的泵，效率得到提高，因此应用较多。

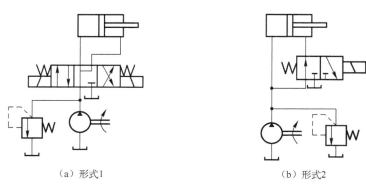

（a）形式1　　　　　　　　　　（b）形式2

图 11-18　　差动连接快速运动回路

2）双泵供油的快速运动回路

图 11-19 中，1 为高压小流量泵，用以实现工作进给运动。2 为低压大流量泵，用以

实现快速运动。在快速运动时，液压泵 2 输出的油经单向阀 4 和液压泵 1 输出的油共同向系统供油。在工作进给时，系统压力升高，打开液控顺序阀（卸荷阀）3 使液压泵 2 卸荷，此时单向阀 4 关闭，由液压泵 1 单独向系统供油。溢流阀 5 控制液压泵 1 的供油压力。而卸荷阀 3 使液压泵 2 在快速运动时供油，在工作进给时则卸荷，因此它的调整压力应比快速运动时系统所需的压力要高，但比溢流阀 5 的调整压力低。

本回路利用低压大流量泵和高压小流量泵并联为系统供油。双泵供油回路功率利用合理，效率高，并且速度换接平稳，在快、慢速度相差较大的机床中应用很广泛，缺点是要用一个双联泵，油路系统也稍微复杂些。

3）蓄能器快速运动回路

图 11-20 所示为蓄能器快速运动回路。换向阀 2 处于左位，液控单向阀 3 打开，泵经过换向阀 2，蓄能器 4 经液控单向阀 3，同时向液压缸左腔供油，活塞快速向右移动。若阀 2 切换到右位，活塞向左退回，并通过阀 3 向蓄能器 4 充液，直到压力达到卸荷阀 5 的调定压力后，泵通过阀 5 卸荷。

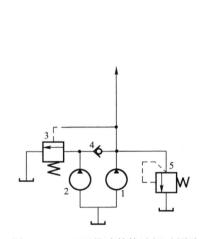

图 11-19　双泵供油的快速运动回路

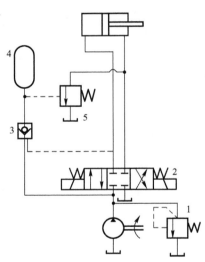

图 11-20　蓄能器快速运动回路

该回路中，活塞向右单方向快速运动，向左运动时向蓄能器 4 充液。其应用于间歇运动的液压机械，当执行元件间歇或低速运动时，泵向蓄能器充油，如液压电梯等。

3．速度换接回路

机床工作部件在实现自动工作循环的过程中，往往需要有不同的运动速度，例如刀具对工件进行的切削加工工作循环为：快进—Ⅰ工进—Ⅱ工进—快退。在这种工作循环中，刀具首先要快速接近工件，然后以第Ⅰ种工进速度（慢速）对工件进行加工，接着又以第Ⅱ种工进速度（更慢的速度）对工件进行加工，加工完了，快速退回原处，实现上述要求的工作循环，刀具的运动速度由快速转为慢速，再转换为快速运动。为满足这种速度换接的要求，在液压系统中，须采用速度换接回路。

速度换接回路在性能上应满足以下两个基本要求：速度换接时应平稳，速度换接过程中不允许出现前冲现象。下面介绍几种常见的速度换接回路。

1）采用行程阀的速度换接回路

图 11-21 所示为用行程阀实现快速运动转为工作进给运动的速度换接回路。当换向阀 3 和行程阀 6 在图示位置时，液压缸的活塞快速向右运动；当活塞向右运动到所需位置时，活塞杆上的撞块压下行程阀 6，将其油路关闭，回油经节流阀 5 和换向阀 3 流回油箱，这时活塞转为慢速工作进给向右运动；当换向阀 3 左位工作时，压力油经单向阀 4 进入液压缸右腔，左腔排油，活塞快速向左退回。

2）调速阀并联速度换接回路

图 11-22 所示为调速阀并联的速度换接回路，两调速阀由二位三通电磁阀转换，当 1YA 和 2YA 通电时，液压缸左腔进油，活塞向右移动，速度由调速阀 B 调节；当 1YA 断电，2YA 通电时，速度由调速阀 A 决定。

在速度转换过程中，由于原来没工作的调速阀中的减压阀处于最大开口位置，速度转换时大量油液通过该阀，将使执行元件突然前冲。

3）调速阀串联速度换接回路

图 11-23 所示为调速阀串联的速度换接回路，两调速阀由二位二通换向阀转换，当 1YA 断电，2YA 通电时，速度由调速阀 A 调节；当 1YA 和 2YA 同时通电时，调速阀 B 接入进油路，液压缸活塞的速度由调速阀 B 调节。

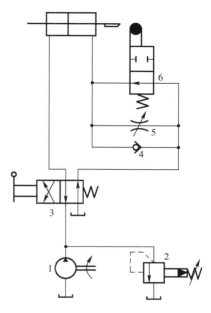

图 11-21　采用行程阀的速度换接回路

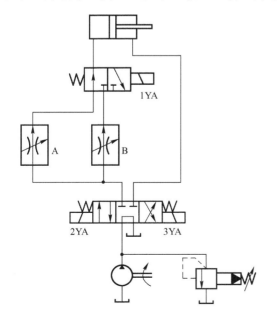

图 11-22　调速阀并联的速度换接回路

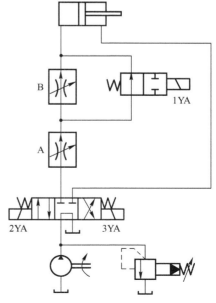

图 11-23　调速阀串联速度换接回路

气压与液压传动控制技术

该回路的速度转换平稳性比调速阀并联的速度转换回路好，调速阀 B 的开口要比调速阀 A 的开口小，否则，转换后得不到所需要的速度，起不到调速的作用。

11.3　速度控制的实例分析

速度控制回路广泛应用于机械加工机床上，下面以国产组合机床中一种典型的通用部件产品——YT4543 型液压动力滑台为例，分析其液压系统及控制原理。

1．液压系统组成和元件作用

液压系统原理图（见图 11-24）中左下侧为液压缸的工作循环图。该系统在机械和电气的配合下，能够实现的自动工作循环为：快进→一工进→二工进→停留→快退→原位停止。

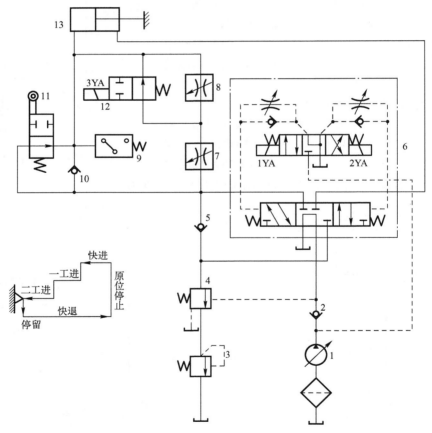

1—变量泵；2、5、10—单向阀；3—背压阀；4—液控顺序阀；6—三位四通电液换向阀；

7、8—调速阀；9—压力继电器；11—行程阀；12—二位二通电磁阀；13—单出杆液压缸

图 11-24　YT4543 型组合机床动力滑台液压系统原理图

限压式变量叶片泵 1 与串联的调速阀 7、8 和背压溢流阀 3 组成容积节流调速回路。

218

单杆活塞缸为差动连接，以实现快速运动，缸的运动方向变换由三位四通电液换向阀 6 控制，上方的电磁换向阀为先导阀，下方的液控换向阀为主阀；二位二通机动换向阀（行程阀）11 和二位二通电磁换向阀 12 用于液压缸的快、慢速换接；液控换向阀（主阀）的 M 型中位机能用于停止时的卸荷。快进与工进由液控顺序阀 4 控制，阀 4 的设定压力低于工进时的系统压力而高于快进时的系统压力。压力继电器 9 用于死挡铁停留开始时的发信号。系统中有三个单向阀：单向阀 2 用于保护液压泵免受液压冲击，同时用于保证系统卸荷时电液换向阀的先导控制油路保持一定的控制压力，以确保换向动作的实现；单向阀 5 用于工进时进油路和回油路的隔离；单向阀 10 用于提供快退回油。

2．电磁铁和行程阀的动作顺序

电磁铁和行程阀的动作顺序详见表 11-2。

表 11-2　电磁铁和行程阀的动作顺序

元件\\工况	1YA	2YA	3YA	行　程　阀
快进	＋	－	－	－
一工进	＋	－	－	＋
二工进	＋	－	＋	＋
停留	＋	－	＋	＋
快退	－	＋	－	±
原位停止	－	－	－	－

3．液压系统工作原理

1）动力滑台快进

按下启动按钮，电磁铁 1YA 通电，在先导压力油的作用下液动换向阀切换至左位。由于滑台快进时负载较小，系统压力不高，故顺序阀 4 关闭，变量泵输出最大流量。此时，液压缸 13 为差动连接，动力滑台快进。系统中主油路的油液流动路线如下。

进油路：变量泵 1→单向阀 2→液动换向阀（左位）→行程阀 11（下位）→液压缸 13 无杆腔。

回油路：液压缸 13 有杆腔→液动换向阀（左位）→单向阀 5→行程阀 11（下位）→液压缸 13 无杆腔。

2）第一次工作进给

当滑台快速前进到预定位置时，滑台上的活动挡块压下行程阀 11。此时系统压力升高，在顺序阀打开的同时，限压式变量泵自动减小其输出流量，以便与调速阀 7 的开口相适应。系统中油液流动路线如下。

进油路：变量泵 1→单向阀 2→液动换向阀（左位）→调速阀 7→电磁换向阀 12（右位）→液压缸 13 无杆腔。

回油路：液压缸 13 有杆腔→液动换向阀 6（左位）→顺序阀 4→背压阀 3→油箱。

3）第二次工作进给

当第一次工作进给结束时，活动挡块压下电器行程开关，使电磁铁 3YA 通电。顺序阀仍开启，变量泵输出流量与调速阀 8 的开口相适应（调速阀 8 的开口比调速阀 7 小）。系统中油液流动路线如下。

进油路：变量泵 1→单向阀 2→液动换向阀（左位）→调速阀 7→调速阀 8→液压缸 13 无杆腔。

回油路：液压缸 13 有杆腔→液动换向阀 6（左位）→顺序阀 4→背压阀 3→油箱，与第一次工作进给相同。

4）停留及动力滑台快退

在动力滑台第二次工作进给到预定位置碰到死挡块后，停止前进，液压系统的压力进一步升高，在变量泵 1 保压卸荷的同时，压力继电器 9 发出信号接通电气系统中的时间继电器，停留时间到时后，给出动力滑台快速退回的信号，电磁铁 1YA 断电，2YA 通电，此时系统压力下降；变量泵流量又自动增大，动力滑台实现快速运动。系统中油液流动路线如下。

进油路：变量泵 1→单向阀 2→液动换向阀（右位）→液压缸 13 有杆腔。

回油路：液压缸 13 无杆腔→单向阀 10→液动换向阀（右位）→油箱。

5）动力滑台原位停止

当动力滑台快速退回到原位时，活动挡块压下终点行程开关，使电磁铁 1YA～3YA 均断电，此时换向阀 6 处于中位，液压缸 13 两腔封闭，滑台停止运动，液压泵 1 卸荷。

4．工作特点

YT4543 型动力滑台的液压系统由以下基本回路组成：

（1）限压式变量泵、调速阀、背压阀组成的容积节流调速回路。

（2）差动连接的快速运动回路。

（3）电液换向阀换向回路。

（4）行程阀和电磁阀组成的速度换接回路。

（5）串联调速阀组成的二次进给回路。

（6）采用 M 型中位机能的卸荷回路。

这些基本回路就决定了系统的主要性能，该系统具有以下特点：

（1）限压式变量叶片泵和调速阀组成了容积节流调速回路，并在回油路上设置了背压阀，使动力滑台能获得稳定的低速运动、较好的调速刚性以及较大的调速范围。

（2）采用限压式变量泵和差动连接回路，快进时能量利用比较合理；工进时只输出与液压缸相适应的流量；止挡块停留时，变量泵只输出补偿泵及系统内泄漏所需要的流量，系统无溢流损失，效率高。

（3）采用了行程阀和液控顺序阀，实现快进与工进的转换，使速度换接平稳、可靠、无冲击，且位置准确。

（4）在第二次工作进给结束时，采用止挡块停留，这样动力滑台的停留位置精度高，适用于镗端面、镗阶梯孔、锪孔和锪端面等工序使用。

（5）由于采用调速阀串联的二次进给进油节流调速方式，可使启动和进给速度换接时的前冲量较小，并有利于利用压力继电器发出信号进行自动控制。

11.4　实　训　操　作

11.4.1　节流调速回路

实训装置：亚龙 YL-381B 型液压实训装置

1．实训目的、要求

（1）了解液压实训的基本操作流程。

（2）了解节流阀的组成及工作原理。

（3）了解部分液压阀的作用（二位四通电磁换向阀、单向阀、溢流阀等）以及换向阀的不同操作方式。

（4）熟悉液压实训台、控制元件、管路等的连接、固定方法和操作规则。

（5）熟悉常见的节流调速回路图，能顺利搭建本实训回路，并完成规定的运动。

2．实训原理和方法

节流调速回路由定量泵、流量控制阀、溢流阀和执行元件等组成，它通过改变流量控制阀阀口的开度，即通流截面积来调节和控制流入或流出执行元件的流量，以调节其运动速度。节流调速回路按照其流量控制阀类型或安放位置的不同，有进口节流调速、出口节流调速和旁路节流调速三种。流量控制阀采用节流阀或调速阀时，其调速性能各有特点，同时节流阀、调速回路不同，它们的调速性能也有差别。

如图 11-25 所示为本实训回路图。本实训装置中溢流阀做安全阀使用，系统无溢流损失。本实训装置中调节节流阀的开口可以方便地改变油缸的运动速度；实训时按图示接好油路、管路，泵启动时油缸伸出，按下 SB2 按钮时，油缸缩回，按下 SB1 按钮时，油缸伸出。

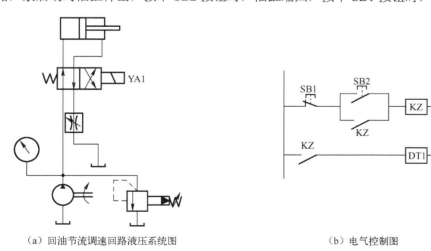

（a）回油节流调速回路液压系统图　　　　　　　　（b）电气控制图

图 11-25　采用节流阀的节流调速回路

3．主要设备及实训元件

节流调速回路实训的主要设备及实训元件见表 11-3。

表 11-3　节流调速回路实训的主要设备及实训元件

序　　号	实训设备及元件	序　　号	实训设备及元件
1	液压实训平台	6	节流阀
2	定量泵	7	溢流阀
3	单向阀	8	压力表
4	液压缸	9	油管
5	二位四通电磁换向阀	10	接线柱

4．实训内容及步骤

（1）根据液压控制回路图中的图形符号找出相应的元器件。

（2）将各元器件按照执行元件—主控阀—辅助控制阀—溢流阀的顺序，并遵循从上到下的原则有序地卡在安装板上。

（3）安装完毕后仔细检查回路连接是否正确，特别是各阀口的进、出油口与油管及液压缸的连接是否可靠。

（4）根据预先设计的电磁铁得断电连接好电气控制电路。

（5）检查正确无误后开启液压泵向系统供油。

（6）控制开关按钮，检验执行元件的动作顺序。

（7）实训完毕后，关闭所有的电源。

（8）待全部回油后，拆下各液压元器件，放到指定的位置。

5．操作技能测评

学生应能够按照实训步骤和技能测试记录表中的测评要求，进行独立思考和实训。评估不合格者，学生提出申请，允许重新评估。节流调速回路实训记录见表 11-4。

表 11-4　节流调速回路实训记录

实训操作技能训练测试记录			
学生姓名		学　号	
专　业		班　级	
课　程		指导教师	
下列清单作为测评依据，用于判断学生是否通过测评已经达到所需能力标准			
第一阶段：测量数据			
学生是否能够		分值	得分
遵守实训室的各项规章制度		10	
熟悉原理图中各液压元件的基本工作原理		10	
熟悉原理图的基本工作原理		10	
正确搭建节流调速回路		15	
正确调节液压泵、控制旋钮（开启与关闭）		20	
控制回路正常运行		10	
正确拆卸所搭接的液压回路		10	
第二阶段：处理、分析、整理数据			
学生是否能够		分值	得分
利用现有元件拟订另一种方案，并进行比较		15	

续表

实训操作技能训练测试记录				
学生姓名		学　号		
专　业		班　级		
课　程		指导教师		
下列清单作为测评依据，用于判断学生是否通过测评已经达到所需能力标准				
第二阶段：处理、分析、整理数据				
学生是否能够			分值	得分
实训技能训练评估记录				
实训技能训练评估等级：优秀（90 分以上）　□ 　　　　　　　　　　　良好（80 分以上）　□ 　　　　　　　　　　　一般（70 分以上）　□ 　　　　　　　　　　　及格（60 分以上）　□ 　　　　　　　　　　　不及格（60 分以下）　□				

指导教师签字＿＿＿＿＿＿＿＿＿　　　　　　日期＿＿＿＿＿＿＿

6．完成实训报告和下列思考题

（1）节流调速回路中的控制阀是怎样实现液压缸运动速度的变化的？

（2）叙述实训所用液压元件的功能特点。

11.4.2　平面磨床工作台液压控制回路设计

1．实训目的、要求

（1）能够理解换向阀的工作原理和中位技能。

（2）能进行换向回路的油路分析。

（3）能绘制换向回路图，并能正确选用元器件。

（4）正确连接、安装并运行基本换向回路。

2．实训原理和方法

平面磨床工作台在工作时（见图 11-26），需要自动地实现往复运动，液压泵由电动机驱动后，从油箱中吸油，油液经滤油器进入液压泵，油液在泵出口处达到高压，通过溢流阀、节流阀、换向阀进入液压缸左腔或右腔，推动活塞使工作台向右或向左移动。

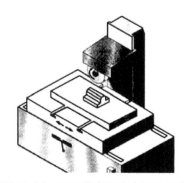

图 11-26　平面磨床工作台工作情境

（1）根据要求设计回路；

（2）调试运行回路；

（3）动作顺序符合要求。

设计回路图如图 11-27 所示。

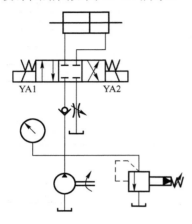

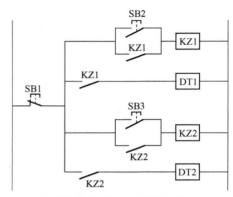

（a）平面磨床工作台液压回路　　　　（b）平面磨床工作台电气控制电路

图 11-27　平面磨床工作台液压及电气控制电路设计

3．主要设备及实训元件

平面磨床工作台液压控制回路设计实训的主要设备及实训元件见表 11-5。

表 11-5　平面磨床工作台液压控制回路设计实训的主要设备及实训元件

序　　号	实训设备及元件	序　　号	实训设备及元件
1	液压实训平台	6	节流阀
2	定量泵	7	溢流阀
3	单向阀	8	压力表
4	液压缸	9	油管
5	二位四通电磁换向阀	10	接线柱

4．实训内容及步骤

（1）熟悉液压实训台的使用方法。

（2）根据平面磨床工作台的要求设计回路。

（3）选择相应元器件，在实训台上组建回路并检查回路的功能是否正确。

（4）观察运行情况，对使用中出现的问题进行分析和解决。

（5）完成实训，经指导教师检查评估后，关闭油泵，拆下管线，将元件放回原来位置，做好实训室 5S。

5．操作技能测评

学生应能够按照实训步骤和技能测试记录表中的测评要求，进行独立思考和实训。评估不合格者，学生提出申请，允许重新评估。平面磨床工作台液压控制回路设计实训记录见表 11-6。

表 11-6　平面磨床工作台液压控制回路设计实训记录

实训操作技能训练测试记录				
学生姓名		学　号		
专　业		班　级		
课　程		指导教师		
下列清单作为测评依据，用于判断学生是否通过测评已经达到所需能力标准				
第一阶段：测量数据				
学生是否能够			分值	得分
遵守实训室的各项规章制度			10	
熟悉原理图中各液压元件的基本工作原理			10	
熟悉原理图的基本工作原理			10	
正确搭建平面磨床工作台控制回路			15	
正确调节液压泵、控制旋钮（开启与关闭）			20	
控制回路正常运行			10	
正确拆卸所搭接的液压回路			10	
第二阶段：处理、分析、整理数据				
学生是否能够			分值	得分
利用现有元件拟订另一种方案，并进行比较			15	
实训技能训练评估记录				
实训技能训练评估等级：优秀（90 分以上）　□ 良好（80 分以上）　□ 一般（70 分以上）　□ 及格（60 分以上）　□ 不及格（60 分以下）　□				
指导教师签字＿＿＿＿＿＿＿＿＿＿＿＿　　　　日期＿＿＿＿＿＿＿＿＿＿＿＿				

6．完成实训报告和下列思考题

（1）回路如果用三位四通（M 型）电磁换向阀控制，应如何设计？

（2）叙述实训所用液压元件的功能、特点。

11.5　习题与思考

1．流量控制阀节流口的常见结构形式有哪几种？

2．节流阀有哪些主要应用？

3．调速阀由什么组成？各部分的作用分别如何？

4．调速回路要满足哪些要求？

5．常见的快速运动回路有哪些？

6．常见的速度换接回路有哪些？

项目十二 典型气压与液压系统的分析与维护

教学提示：本项目内容以 M1432A 型万能外圆磨床液压系统为引子，介绍复杂气压、液压传动原理图的阅读方法和步骤，同时介绍 YB32—200 型四柱万能液压机液压传动原理图，并介绍液压系统的使用维护的基本事项。

教学目标：结合 M1432A 型万能外圆磨床液压系统和的 YB32—200 型四柱万能液压机实际应用，进一步熟悉复杂液压回路的分析读图方法，通过实训掌握常见液压、气压故障的排除方法。

12.1 任 务 引 入

M1432A 型万能外圆磨床主要用于磨削 IT5～IT7 精度的圆柱形或圆锥形外圆和内孔，表面粗糙度值在 $Ra1.25～0.08$ 之间。该机床的液压系统具有以下功能。

（1）能实现工作台的自动往复运动，并能在 0.05～4m/min 之间无级调速，工作台换向平稳，启动制动迅速，换向精度高。

（2）在装卸工件和测量工件时，为缩短辅助时间，砂轮架具有快速进退动作，为避免惯性冲击，控制砂轮架快速进退的液压缸设置有缓冲装置。

（3）为方便装卸工件，尾架顶尖的伸缩采用液压传动。

（4）工作台可作微量抖动：切入磨削或加工工件略大于砂轮宽度时，为了提高生产率和改善表面粗糙度，工作台可作短距离（1～3mm）、频繁往复运动（100～150 次/min）。

（5）传动系统具有必要的联锁动作：

① 工作台的液动与手动联锁，以免液动时带动手轮旋转引起工伤事故。

② 砂轮架快速前进时，可保证尾架顶尖不后退，以免加工时工件脱落。

③ 磨内孔时，为使砂轮不后退，传动系统中设置有与砂轮架快速后退联锁的机构，以免撞坏工件或砂轮。

④ 砂轮架快进时，头架带动工件转动，冷却泵启动；砂轮架快速后退时，头架与冷却泵电动机停转。

1．液压系统的工作原理

图 12-1 为 M1432A 型外圆磨床液压系统原理图，其工作原理如下。

（1）工作台的往复运动

① 工作台右行：如图 12-1 所示，先导阀、换向阀阀芯均处于右端，开停阀处于右位。其主油路如下。

进油路：油泵 19→换向阀 2 右位（P→A）→液压缸右腔。

回油路：液压缸左腔→换向阀 2 右位（B→T_2）→先导阀 1 右位→开停阀 3 右位→节流阀 5→油箱。液压油推动液压缸带动工作台向右运动，其运动速度由节流阀来调节。

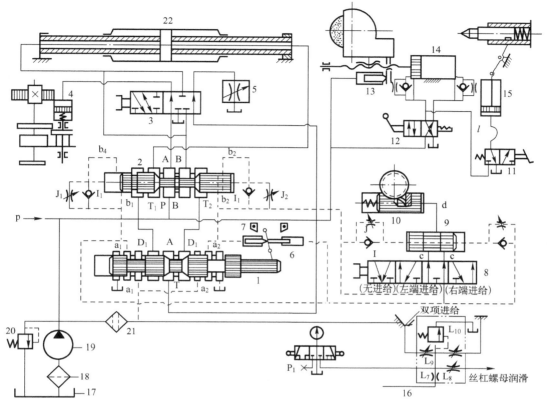

1—先导阀；2—换向阀；3—开停阀；4—互锁缸；5—节流阀；6—抖动缸；7—挡块；

8—选择阀；9—进给阀；10—进给缸；11—尾架阀；12—快动阀；13—闸缸；

14—快动缸；15—尾架缸；16—润滑稳定器；17—油箱；18—粗过滤器；

19—油泵；20—溢流阀；21—精过滤器；22—工作台进给缸

图 12-1　M1432A 型万能外圆磨床

② 工作台左行：当工作台右行到预定位置，工作台上左边的挡块拨动先导阀 1 的阀芯相连接的杠杆，使先导阀阀芯左移，开始工作台的换向过程。先导阀阀芯左移过程中，其阀芯中段制动锥 A 的右边逐渐将回油路上通向节流阀 5 的通道（$D_2 \rightarrow T$）关小，使工作台逐渐减速制动，实现预制动；当先导阀阀芯继续向左移动到先导阀阀芯右部环形槽处，使 a_2 点与高压油路 a_2' 相通，先导阀芯左部环槽使 $a_1 \rightarrow a_1'$ 接通油箱时，控制油路被切换。这时借助于抖动缸推动先导阀向左快速移动（快跳）。其油路如下。

进油路：油泵 19→精过滤器 21→先导阀 1 左位（$a_2' \rightarrow a_2$）→抖动缸 6 左端。

回油路：抖动缸 6 右端→先导阀 1 左位（$a_1 \rightarrow a_1'$）→油箱。

因为抖动缸的直径很小，上述流量很小的压力油足以使之快速右移，并通过杠杆使先导阀阀芯快跳到左端，从而使通过先导阀到达换向阀右端的控制压力油路迅速打通，同时又使换向阀左端的回油路也迅速打通（畅通）。

这时的控制油路如下。

进油路：油泵 19→精过滤器 21→先导阀 1 左位（$a_2' \rightarrow a_2$）→单向阀 I_2→换向阀 2 右端。

回油路：换向阀 2 左端回油路在换向阀芯左移过程中有三种变换。

首先，换向阀 2 左端 b_1' →先导阀 1 左位（a_1 → a_1'）→油箱。换向阀阀芯因回油畅通而迅速左移，实现第一次快跳。当换向阀阀芯快跳到制动锥 C 的右侧关小主回油路（B→T_2）通道，工作台便迅速制动（终制动）。换向阀阀芯继续迅速左移到中部台阶处于阀体中间沉割槽的中心处时，液压缸两腔都通压力油，工作台便停止运动。

换向阀阀芯在控制压力油作用下继续左移，换向阀阀芯左端回油路改为：换向阀 2 左端→节流阀 J_1 →先导阀 1 左位→油箱。这时换向阀芯按节流阀（停留阀）J_1 调节的速度左移，由于换向阀体中心沉割槽的宽度大于中部台阶的宽度，所以阀芯慢速左移的一定时间内，液压缸两腔继续保持互通，使工作台在端点保持短暂的停留。其停留时间在 0～5s 内，由节流阀 J_1、J_2 调节。

最后当换向阀阀芯慢速左移到左部环形槽与油路（b_1 → b_1'）相通时，换向阀左端控制油的回油路又变为换向阀 2 左端→油路 b_1 →换向阀 2 左部环形槽→油路 b_1' →先导阀 1 左位→油箱。这时由于换向阀左端回油路畅通，换向阀阀芯实现第二次快跳，使主油路迅速切换，工作台则迅速反向启动（左行）。这时的主油路如下。

进油路：油泵 19→换向阀 2 左位（P→B）→液压缸左腔。

回油路：液压缸右腔→换向阀 2 左位（A→T_1）→先导阀 1 左位（D_1→T）→开停阀 3 右位→节流阀 5→油箱。

当工作台左行到位时，工作台上的挡铁又碰杠杆推动先导阀右移，重复上述换向过程。实现工作台的自动换向。

（2）工作台液动与手动的互锁

工作台液动与手动的互锁是由互锁缸 4 来完成的。当开停阀 3 处于图 12-1 所示位置时，互锁缸 4 的活塞在压力油的作用下压缩弹簧并推动齿轮 Z_1 和 Z_2 脱开，这样，当工作台液动（往复运动）时，手轮不会转动。

当开停阀 3 处于左位时，互锁缸 4 通油箱，活塞在弹簧力的作用下带着齿轮 Z_2 移动，Z_2 与 Z_1 啮合，工作台就可用手摇机构摇动。

（3）砂轮架的快速进退运动

砂轮架的快速进退运动由手动二位四通换向阀（快动阀）来操纵，由快动缸来实现。在图 12-1 所示位置时，快动阀右位接入系统，压力油经快动阀 12 右位进入快动缸 14 右腔，砂轮架快进到前端位置，快进终点靠活塞与缸体端盖相接触来保证其重复定位精度；当快动缸左位接入系统时，砂轮架快速后退到最后端位置。为防止砂轮架在快速运动到达前后终点处产生冲击，在快动缸两端设缓冲装置，并设有抵住砂轮架的闸缸 13，用以消除丝杠和螺母间的间隙。

手动换向阀 12（快动阀）的下面装有一个自动启、闭头架电动机和冷却电动机的行程开关和一个与内圆磨具联锁的电磁铁（图上均未画出）。当手动换向阀 12（快动阀）处于右位使砂轮架处于快进时，手动阀的手柄压下行程开关，使头架电动机和冷却电动机启动。当翻下内圆磨具进行内孔磨削时，内圆磨具压另一行程开关，使联锁电磁铁通电吸合，将快动阀锁住在左位（砂轮架在退的位置），以防止误动作，保证安全。

（4）砂轮架的周期进给运动

砂轮架的周期进给运动是由选择阀 8、进给阀 9、进给缸 10 通过棘爪、棘轮、齿轮、丝杠来完成的。选择阀 8 根据加工需要可以使砂轮架在工件左端或右端时进给，也可在工件两端都进给（双向进给），也可以不进给，共四个位置可供选择。

图 12-1 所示为双向进给，周期进给油路：压力油从 a_1 点→J_4→进给阀 9 右端；进给阀 9 左端→I_3→a_2→先导阀 1→油箱。进给缸 10→d→进给阀 9→c_1→选择阀 8→a_2→先导阀 1→油箱，进给缸柱塞在弹簧力的作用下复位。当工作台开始换向时，先导阀换位（左移）使 a_2 点变高压、a_1 点变为低压（回油箱）；此时周期进给油路为：压力油从 a_2 点→J_3→进给阀 9 左端；进给阀 9 右端→I_4→a_1 点→先导阀 1→油箱，使进给阀右移；与此同时，压力油经 a_2 点→选择阀 8→c_1→进给阀 9→d→进给缸 10，推进给缸柱塞左移，柱塞上的棘爪拨棘轮转动一个角度，通过齿轮等推砂轮架进给一次。在进给阀活塞继续右移时堵住 c_1 而打通 c_2，这时进给缸右端→d→进给阀→c_2→选择阀→a_1→先导阀 a_1'→油箱，进给缸在弹簧力的作用下再次复位。当工作台再次换向，再周期进给一次。若将选择阀转到其他位置，如右端进给，则工作台只有在换向到右端才进给一次，其进给过程不再赘述。从上述周期进给过程可知，每进给一次是由一股压力油（压力脉冲）推进给缸柱塞上的棘爪拨棘轮转一角度。调节进给阀两端的节流阀 J_3、J_4 就可调节压力脉冲的时期长短，从而调节进给量的大小。

（5）尾架顶尖的松开与夹紧

尾架顶尖只有在砂轮架处于后退位置时才允许松开。为操作方便，采用脚踏式二位三通阀 11（尾架阀）来操纵，由尾架缸 15 来实现。由图 12-1 可知，只有当快动阀 12 处于左位、砂轮架处于后退位置，脚踏尾架阀处于右位时，才能有压力油通过尾架阀进入尾架缸推杠杆拨尾顶尖松开工件。当快动阀 12 处于右位（砂轮架处于前端位置）时，油路 L 为低压（回油箱），这时误踏尾架阀 11 也无压力油进入尾架缸，顶尖也就不会推出。

尾顶尖的夹紧靠弹簧力。

（6）抖动缸的功用

抖动缸 6 的功用有两个。第一是帮助先导阀 1 实现换向过程中的快跳，第二是当工作台需要作频繁短距离换向时实现工作台的抖动。

当砂轮作切入磨削或磨削短圆槽时，为提高磨削表面质量和磨削效率，须工作台频繁短距离换向——抖动。这时将换向挡铁调得很近或夹住换向杠杆，当工作台向左或向右移动时，挡铁带杠杆使先导阀阀芯向右或向左移动一个很小的距离，使先导阀 1 的控制进油路和回油路仅有一个很小的开口。通过此很小开口的压力油不可能使换向阀阀芯快速移动，这时，因为抖动缸柱塞直径很小，所通过的压力油足以使抖动缸快速移动。抖动缸的快速移动推动先导阀快速移动（换向），迅速打开控制油路的进、回油口，使换向阀也迅速换向，从而使工作台作短距离频繁往复换向。

2．本液压系统的特点

由于机床加工工艺的要求，M1432A 型万能外圆磨床液压系统是机床液压系统中要求较高、较复杂的一种。其主要特点如下。

（1）系统采用节流阀回油节流调速回路，功率损失较小。

（2）工作台采用了活塞杆固定式双杆液压缸，保证左、右往复运动的速度一致，并使机床占地面积不大。

（3）本系统在结构上采用了将开停阀、先导阀、换向阀、节流阀、抖动缸等组合为一体的操纵箱，结构紧凑、管路减短、操纵方便，又便于制造和装配修理。此操纵箱属于行程制动换向回路，具有较高的换向位置精度和换向平稳性。

3．阅读液压传动原理图的方法和步骤

为了正确而迅速地阅读液压传动原理图，首先要很好地掌握液压知识，熟悉各种液压元件的工作原理、功用和特性；了解和掌握液压系统的各种基本回路和油路的一些基本性质；熟悉液压系统的各种控制方法和图中的符号标记。其次要在工作中联系实际，多读多练，通过各种典型的液压系统了解系统的特点，这对于阅读新的液压传动原理图可起到触类旁通和熟能生巧的作用。

如果液压传动原理图附有说明书和动作顺序表，可按说明书逐一阅读。如果没有说明书，而只有一张系统图（图上可能附有工作循环表、电磁铁动作顺序表或简单说明），这时就要求读者通过分析各元件的作用及油路的连通情况，弄清系统的工作原理。

阅读液压传动原理图一般可按照下列步骤进行。

（1）了解液压系统的用途、工作循环、应具有的特性和对液压系统的各种要求等。

例如在阅读外圆磨床的液压传动原理图时，应当了解外圆磨床的用途是磨削外圆柱表面，因此要求液压传动系统应能实现工作台的往复运动、砂轮的进退运动和周期进给等工作循环；有的还要求能实现液压驱动工件旋转。在性能上，要求液压系统应具有使工作台换向精度高、运动平稳、往复运动速度不高、调速范围不大和砂轮进给比较恒定等特点。

（2）根据工作循环、工作性能和要求等，分析需要哪些基本回路，并弄清各液压元件的类型、性能、相互间的连接关系和功用。

首先要弄清楚用半结构图表示的元件和专用元件的工作原理及性能，其次是阅读明白液压缸或液压马达，再次要阅读和掌握辅助装置。在此基础上，根据工作循环和工作性能要求分析必具有哪些基本回路，并在液压传动原理图上逐一检查出每个基本回路。

（3）按照工作循环动作顺序，仔细分析并依次写出完成各个动作的油液流经路线。为了便于分析，在分析之前最好将液压系统中的每个液压元件和各条油路编上号码。这样，对分析复杂油路、动作较多的液压系统更加方便。

写油液流经路线时，要分清主油路和控制油路。对于主油路，应从液压泵开始写，一直写到执行元件，这就构成了进油路线；然后再从执行件回油一直写到油箱（闭式系统则回到液压泵）。这样分析，目标明确，不易混乱。

在分析各种状态时，要特别注意系统从一种工作状态转换到另一种工作状态，是由哪些元件发出的信号，使哪些元件控制动作，从而改变什么通路状态，达到何种状态的转换。在阅读时还要注意，主油路和控制油路是否有矛盾，是否相互干扰等。在分析各个动作油路的基础上，列出电磁铁和其他转换元件的动作顺序表。

12.2　YB32—200型四柱万能液压机液压系统分析

液压机是用来对金属、木材、塑料等材料进行压力加工的机械，其中四柱式的液压机（见图 12-2）应用最广。

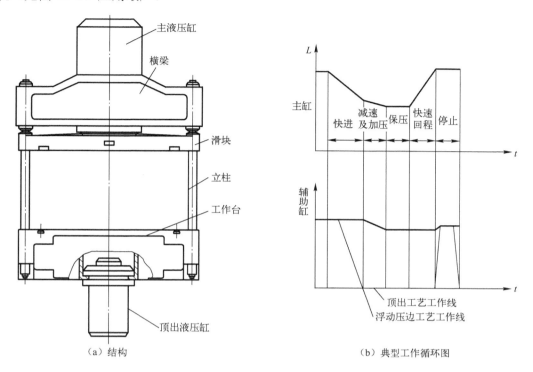

图 12-2　YB32—200 型四柱万能液压机主机功能结构

四柱式液压机的机身由横梁、工作台及四根立柱组成，如图 12-2（a）所示。滑块由置于中空横梁内的主液压缸驱动，顶出机构由置于工作台下的顶出液压缸驱动，其典型工作循环图如图 12-2（b）所示（在工作薄板拉伸时，还需要利用顶出液压缸将坯料压紧，此时顶出液压缸下腔需要保持一定的压力并随主缸一起下行）。液压机的液压传动系统也是以压力变换和控制为主的系统。

12.2.1　液压系统的组成及工作原理

1．组成及元件作用（见图 12-3）

系统的液压源为主泵 1 和辅泵 2。主泵为高压大流量压力补偿式恒功率变量泵，最高工作压力为 32MPa，由远程调压阀 5 设定；辅泵为低压小流量定量泵，主要用做电液换向阀 6 及 21 的控制油源，其工作压力由溢流阀 3 设定。系统的两个执行元件为主液压缸 16 和顶出液压缸 17，两液压缸的换向分别由电液换向阀 6 和 21 控制；带卸荷阀芯的液控单向阀 14 用做充液阀，在主缸 16 快速下行通路和快速回路通路，背压阀 10 为液压缸慢速下行时提供背压；单向阀 13 用于主缸 16 的保压；阀 11 为带阻尼孔的卸荷阀，用于主缸保压结束后换向前主泵 1 的卸荷；节流阀 19 及背压阀 20 用于浮动压边工艺过程时，保持顶出缸下腔所需的压边力，安全阀 18 用于节流阀 19 阻塞时系统的安全保护。压力继电器 12 用做保压起始的发信装置。表 12-1 所示为液压机电磁铁动作顺序。

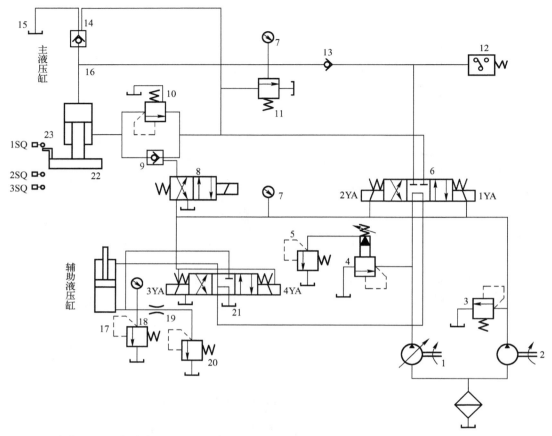

1—主液压泵；2—辅助液压泵；3、4—溢流阀；5—远程调压阀；6、21—三位四通电液换向阀；7—压力表；

8—电磁换向阀；9、14—液控单向阀；10—背压阀；11—卸荷阀；12—压力继电器；13—单向阀；15—副油箱；

16—主液压缸；17—顶出液压缸；18—安全阀；19—节流阀；20—背压阀；22—滑块；23—活动挡块

图 12-3　YB32—200 型四柱万能液压机液压系统图

表 12-1　液压机电磁铁动作顺序

工　况		电磁铁状态				
		1YA	2YA	3YA	4YA	5YA
主液压缸	快速下行	+				+
	慢速加压	+				
	保压					
	泄压回程		+			
	停止					
顶出液压缸	顶出			+		
	退回				+	
	压边	+				

2．工作原理

1）主缸及滑块

（1）快速下行。

按下启动按钮，电磁铁 1YA、5YA 通电使电液换向阀 6 切换至右位，电磁换向阀 8 切换至右位，辅泵 2 的控制压力油经阀 8 将液控单向阀 9 打开。此时，主油路的流动路线如下。

进油路：主泵 1→换向阀 6（右位）→单向阀 13→主缸 16 无杆腔。

回油路：主缸 16 有杆腔→液控单向阀 9→换向阀 6（右位）→换向阀 21 中位→油箱。

此时，主缸及滑块 22 在自重作用下快速下降。但由于变量泵 1 的流量不足以补充主缸因快速下降而上腔空出的容积，因而置于液压机顶部的副油箱 15 中的油液在大气压及液位高度作用下，经带卸荷阀芯的液控单向阀 14 进入主缸无杆腔。

（2）慢速接近工件、加压。

当滑块 22 上的活动挡块 23 压下行程开关 2SQ 时，电磁铁 5YA 断电使换向阀 8 复位至左位，液控单向阀 9 关闭。此时主缸无杆腔压力升高，阀 14 关闭，且主泵 1 的排量自动减小，主缸转为慢速节进工进及加压阶段。系统的油液流动路线如下。

进油路：同快速下行。

回油路：主缸有杆腔→背压阀 10→换向阀（右位）→换向阀 21（右位）→油箱。

从而使滑块慢速接近工件，当滑块 22 接近工件后，阻力急剧增加，主缸无杆腔压力进一步提高，变量泵 1 的排量自动减小，主缸驱动滑块以极慢的速度对工件加压。

（3）保压。

当主缸上腔的压力达到设定值时，压力继电器 12 发信，使电磁铁 1YA 断电，使电液换向阀 6 复位至中位，主缸上、下油腔封闭，系统保压。单向阀 13 保证了主缸上腔良好的密封性，主缸上腔保持高压。保压时间可由压力继电器 12 控制的时间继电器（图中未画出）调整。保压阶段，除了液压泵低压卸荷外，系统中无油液流动。

主泵→换向阀 6（中位）→换向阀 21（中位）→油箱。

（4）泄压、快速回程。

保压过程结束时，时间继电器发信，使电磁铁 2YA 通电（定程压制成形时，可由行程开关 3SQ 发信），换向阀 6 切换至左位，主缸进入回程阶段。如果此时主缸上腔立即与回油相通，保压阶段缸内液体积蓄的能量突然释放将产生液压冲击，引起振动和噪声。故系统保压后必须先泄压，然后回程。

当换向阀 6 切换至左位后，主缸上腔还未泄压，压力很高，带阻尼孔的卸荷阀 11 呈开启状态，因此有：

主泵→换向阀 6（左位）→阀 11→油箱。

此时主泵 1 在低压下运行，此压力不足以打开液控单向阀 14 的主阀芯，但能打开其内部的卸荷小阀芯，主缸上腔的高压油经此卸荷小阀芯的开口泄回副油箱 15，压力逐渐降低（泄压）。泄压过程持续至主缸上腔压力降到使卸荷阀 11 关闭时为止。泄压结束后，主泵 1 的供油压力升高，顶开阀 14 的主阀芯。此时系统的油液流动路线如下。

进油路：主泵 1→换向阀 6（左位）→液控单向阀 9→主缸有杆腔。

回油路：主缸无杆腔→阀 14→副油箱 15。

主缸驱动滑块快速回程。

（5）停止。

当滑块上的挡铁 23 压下行程开关 1SQ 时，电磁铁 2YA 断电使换向阀 6 复位至中位，主缸活塞被该阀的 M 型机能的中位锁紧而停止运动，回程结束。此时主液压泵 1 又处于卸荷状态（油液流动同保压阶段）。

2）顶出缸

主缸和顶出缸的运动应事先互锁。当电液换向阀 6 处于中位时，压力油经过电液换向阀 6 中位进入控制顶出缸 17 运动的电液换向阀 21。

（1）顶出。

按下顶出按钮，电磁铁 3YA 通电，换向阀 21 切换至左位，系统的油液流动路线如下。

进油路：主泵 1→换向阀 6（中位）→换向阀 21（左位）→顶出缸 17 无杆腔。

回油路：顶出缸 17 有杆腔→换向阀 21（左位）→油箱。

活塞上升，将工件顶出。

（2）退回。

电磁铁 3YA 断电，4YA 通电时，油路换向，顶出缸的活塞下降，此时油路如下。

进油路：主泵 1→换向阀 6（中位）→换向阀 21（右位）→顶出缸 17 有杆腔。

回油路：顶出缸 17 无杆腔→换向阀 21（右位）→油箱。

（3）浮动压边。

作薄板拉伸压边时，要求顶出缸既保持一定的压力，又能随主缸滑块的下压而下降。这时电磁铁 3YA 通电，换向阀 21 切换至左位，这时的油液流动路线与顶出时相同，从而顶出缸上升到顶住被拉伸的工件；然后电磁铁 3YA 断电，顶出缸无杆腔的油液被阀 21 封住。主缸滑块下压时，顶出缸活塞被迫随之下行，从而有：

顶出缸无杆腔→节流阀 19→背压阀 20→油箱。

12.2.2 液压系统的特点

YA32-200 型四柱万能液压机是一种液压机典型产品，其主液压缸最大压力控制为 2MN。该机的液压系统采用普通液压阀控制。根据该产品的使用要求，液压系统有以下特点。

（1）采用高压、大流量恒功率变量泵供油，既符合工艺要求，又节省能量。

（2）依靠活塞滑块自重作用实现快速下行，并通过充液阀对主缸充液。快速运动回路结构简单，使用元件较少。

（3）采用普通单向阀保压。为了减少由保压转换为"快速回程"时的液压冲击，系统采用了由卸荷阀和带卸荷阀芯的充液阀组成的泄压回路。

（4）顶出缸与主缸互锁。只有换向阀 6 处于中位，主液压缸不运动时，压力油才能经阀 21 使顶出缸运动。

12.3 液压系统常见故障诊断及排除方法

液压系统的故障是各种各样的，而产生故障的原因也是多种原因的综合结果。当液压系统出现故障的时候，绝不能毫无根据地乱拆，更不能把系统中的元件全部拆下来检查。目前工程实际应用较多的液压系统故障诊断方法有简易故障诊断法、逻辑分析法和仪器专项检查法等。

1. 简易故障诊断法

简易故障诊断法是目前液压系统故障诊断的一种简单易行、最普遍的方法，又称"四觉诊断法"，分析故障产生的部位和原因，从而决定排除故障的方法措施。

所谓四觉诊断法，即指维修人员运用触觉、视觉、听觉和嗅觉来分析判断液压系统的故障。

（1）触觉。即检修人员根据触觉来判断油温的高低（元件及其管道）和振动的大小。

（2）视觉。检修人员观察机构运动无力、运动不稳定、泄漏和油液变色等现象，做出一定的判断。

（3）听觉。即检修人员通过听觉，根据液压泵和液压马达的异常声响、溢流阀的尖叫声及油管的振动等来判断噪声和振动的大小。

（4）嗅觉。即检修人员通过嗅觉，判断油液变质和液压泵发热烧结等故障。

"四觉诊断法"是凭维修人员个人的经验，利用简单仪表，客观地按照"望→闻→问→切"的流程来进行的。这种方法可以在液压设备工作状态下进行，也可以在停车状态下进行。

2. 逻辑分析法

除了采用上述"四觉诊断法"来诊断故障外，在实际应用中还采用"逻辑分析法"来进行故障诊断和排除。

所谓液压系统故障的逻辑分析法即指根据液压系统的基本原理，进行逻辑分析，减少怀疑对象，逐渐逼近，找出故障发生部位的方法。

故障逻辑分析的基本步骤如图 12-4 所示。

（1）液压系统工作不正常，可归纳为压力、流量和方向三大问题。

（2）审核液压系统图并检查各元件，确认其性能和作用，评定其质量状况。

（3）列出与故障有关的元件清单。应当注意，要充分运用判断力，不要漏掉任何一个对故障有重大影响的元件。

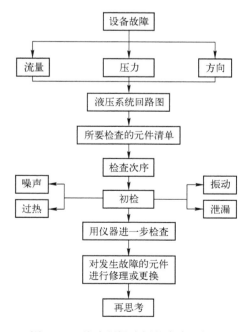

图 12-4 故障逻辑分析基本步骤框图

（4）对清单中所列出的元件，按其检查的难易程度进行排队，并列出重点检查的元件和部件。

（5）初步检查，应判断元件的选用和装配是否合理；元件的测试方法是否正确；元件的外部信号是否合适，对外部信号是否有响应等；注意元件出现故障的先兆等，如高温、噪声、振动和泄漏等。

（6）如果未检查出引起故障的元件，则应用仪器反复检查，直到检查出引起故障的元件。

（7）对发生故障的元件进行修理或更换。

（8）在重新启动设备前要认真思考这次故障的前因和后果，并预测出可能出现故障的隐患，以便采取相应的技术措施。

3．常见故障产生的原因及排除方法

液压系统工作不正常，不管表现形式如何，最后主要表现为执行机构不能正常工作。例如，没有运动、运动不稳定、运动方向不正确、运动速度不符合要求、动作循环错乱、力输出不稳定、液压卡紧及爬行等故障。这些故障无论是什么缘故，有多少影响因素，往往都可以根据压力、流量、液流方向去查找故障原因，并采取相应的对策予以排除。

液压系统常见故障产生的原因及排除方法见表12-2～表12-7。

表 12-2　系统产生噪声的原因及排除方法

故　障	原　因	排　除　方　法
液压泵吸空引起连续不断的嗡嗡声并伴随杂声	液压泵本身或其进油管密封不良、漏气	拧紧泵的连接螺栓及各管路螺母
	油箱油量不足	将油箱油量加至游标处
	液压泵进油管口过滤器堵塞	清洗过滤器
	油箱不透空气	清洗空气滤清器
	油液黏度过大	油液黏度适中
液压泵故障造成噪声	轴向间隙因磨损而增大；输油量不足	修磨轴向间隙
	泵内轴承、叶片等元件损坏或精度变差	拆开检修并更换已损坏零件
控制阀处发出有规律或无规律的、刺耳的吱嗡、吱嗡的声音	调压弹簧永久变形、扭曲或损坏	更换弹簧
	阀座磨损、密封不良	修研阀座
	阀芯拉毛、变形、移动不灵活甚至卡死	修研阀芯、去毛刺，使阀芯移动灵活
	阻尼小孔被堵塞	清洗、疏通阻尼孔
	阀芯和阀孔配合间隙大，高低压油互通	研磨阀孔，重配新阀芯
	阀开口小，流速高，产生空穴现象	应尽量减小进、出口压力差
机械振动引起噪声	液压泵与电动机安装不同轴	重新安装或更换柔性联轴器
	油管振动或互相撞击	适当加设支撑管夹
	电动机轴承磨损严重	更换电动机轴承
液压冲击声	液压缸缓冲装置失灵	进行检修和调整
	背压阀调整压力变动	进行检查、调整
	电液换向阀端的单向节流阀故障	调节节流螺钉、检修单向阀

表 12-3 系统运转不起来或压力提不高的原因及排除方法

故 障 部 位	故 障 原 因	排 除 方 法
液压泵电动机	电动机线接反	调换电动机接线
	电动机功率不足，转速不够高	检查电压、电流大小，采取措施
液压泵	泵进、出油口接反	调换吸、压油管位置
	泵吸油不畅、进气	更换密封、排气
	泵轴向、径向间隙大	检修液压泵
	泵体缺陷造成高、低压腔互通	更换液压泵
	叶片泵叶片与定子内表面接触不良或卡死	检修叶片及研修定子内表面
	柱塞泵柱塞卡死	检修柱塞泵
控制阀	压力阀主阀芯或锥阀芯卡死在开口位置	清洗、检修压力阀，使阀芯移动灵活
	压力阀弹簧断裂或永久变形	更换弹簧
	某阀泄漏严重以致高、低压路连通	检修阀，更换已损坏的密封件
	控制阀阻尼孔被堵塞	清洗、疏通阻尼孔
	控制阀的油口接反或接错	检查并纠正接错的管路
液压油	黏度过高，吸不进或吸不足油	用指定黏度的液压油
	黏度过低，泄漏太多	用指定黏度的液压油

表 12-4 运动部件速度达不到或不运动的原因及排除方法

故 障 部 位	故 障 原 因	排 除 方 法
液压泵	泵供油不足，压力不足	检查泵
控制阀	压力阀卡死，进、回油路连通	检查压力阀
	流量阀的节流小孔被堵塞	清洗、疏通节流孔
	互通阀卡在互通位置	检修互通阀
液压缸	装配精度或安装精度超差	检查，保证达到规定的精度
	活塞密封圈损坏，缸内泄漏严重	更换密封圈
	间隙密封的活塞，缸壁磨损过大，内泄漏多	修研缸内孔，重配新活塞
	缸盖处密封圈摩擦力过大	适当调松压盖螺钉
	活塞杆处密封圈磨损严重或损坏	调紧压盖螺钉或更换密封圈
导轨	导轨无润滑油或润滑不充分，摩擦阻力大	调节润滑油量和压力，使润滑充分
	导轨的楔铁、压板调得过紧	重新调整楔铁、压板，使松紧适当

表 12-5 运动部件产生爬行的原因及排除方法

故 障 部 位	故 障 原 因	排 除 方 法
控制阀	流量阀的节流口处有污物，通油量不均匀	检修或清洗流量阀
液压缸	活塞式液压缸端盖密封圈压得太死	调整压盖螺钉（不漏油即可）
	液压缸中进入的空气未排净	利用排气装置排气
导轨	接触精度不好，摩擦力不均匀	检修导轨
	润滑油不足或选用不当	调节润滑油量，选用合适的润滑油
	温度高使油黏度变小，油膜破坏	检查油温高的原因并排除

表 12-6 运动部件换向的故障及排除方法

故　障	原　因	排　除　方　法
换向有冲击	活塞杆与运动部件连接不牢固	检查并紧固连接螺栓
	不在缸端部换向，缓冲装置不起作用	在油路上设背压阀
	电液换向阀中的节流螺钉松动	检查、调整节流螺钉
	电液换向阀中的单向阀卡住或密封不良	检查及修研单向阀
换向冲出量大	节流阀口有污物，运动部件速度不均	清洗节流阀口
	换向阀阀芯移动速度变化	检查电液换向阀节流螺钉
	油温高，油的黏度下降	检查油温升高的原因并排除
	导轨润滑油量过多，运动部件"漂浮"	调节润滑油压力或油量
	系统泄漏油多，进入空气	严防泄漏，排除空气

表 12-7 工作循环不能正确实现的原因及排除方法

故　障	原　因	排　除　方　法
液压回路间互相干扰	同一个泵供油的各液压缸压力、流量差别大	改用不同泵供油或用控制阀（单向阀、减压阀、顺序阀等）使油路互不干扰
	主油路与控制油路用同一泵供油，当主油路卸荷时，控制油路压力太低	在主油路上设控制阀，使控制油路始终有一定的压力，能正常工作
控制信号不能正确发出	行程开关、压力继电器开关接触不良	检查及检修各开关接触情况
	某些元件的机械部分卡住（如弹簧、杠杆）	检查有关机械结构部分
控制信号不能正确执行	电压过低，弹簧过软或过硬使电磁阀失灵	检查电路的电压，检修电磁阀
	行程挡块位置不对或未紧固	检查挡块位置并将其紧固

12.4　气压系统主要元件常见故障及排除方法

通常，一个新设计安装的气动系统被调整好以后，在一段时间内较少出现故障。几周或几个月内不会出现过早磨损的现象，正常磨损要好几年后才会出现。一般系统发生故障的原因往往是：

（1）由于机器部件的表面故障或者是元件堵塞；

（2）控制系统的内部故障。

经验证明，控制系统故障的发生概率远远少于与外部接触的传感器或机器本身的故障。气压系统常见故障及排除方法见表 12-8。

表 12-8 气压系统常见故障及排除方法

故　障	原　因	排　除　方　法
二次压力升高	减压阀中复位弹簧损坏	更换复位弹簧
	减压阀座有伤痕或阀座橡胶剥离	更换阀体
	减压阀导向处黏附异物	清洗，检查滤清器

续表

故　　障	原　　因	排　除　方　法
二次压力升高	减压阀阀芯导向部分与阀体的密封圈损坏	更换密封圈
	膜片破裂	更换膜片
换向阀不换向	阀芯移动阻力大，润滑不良	改进润滑
	密封圈老化变形	更换密封圈
	滑阀被异物卡住	清除异物，使滑阀移动灵活
	弹簧损坏	更换弹簧
	阀操纵力小	检查操纵部分
执行件产生振动和噪声	压力阀的弹簧力减弱，或弹簧错位	更换弹力较弱的弹簧，把弹簧调整到正确位置
	阀体与阀杆不同轴	检查并调整位置偏差
	控制电磁阀的电源电压低	提高电源电压
	空气压力低	提高气控压力
	电磁铁活动铁芯密封不良	检查密封性，必要时更换铁芯
	活动铁芯的铆钉脱落，铁芯不能吸合	更换铁芯
分水滤气器压力降过大	使用的滤芯过细	更换适当的滤芯
	滤芯网眼堵塞	用净化液清洗滤芯
	流量超过滤清器的容量	换大容量的滤清器
从分水滤气器输出端溢出冷凝水和异物	未及时排除冷凝水	定期排水或安装自动排水器
	自动排水器发生故障	检修或更换
	滤芯破损	更换滤芯
	滤芯密封不严	更换滤芯密封，紧固滤芯
油雾器滴油不正常	通往油杯的空气通道堵塞	检修
	油路堵塞	检修、疏通油路
	油量调整螺钉失效	检修、调整螺钉
	油雾器反向安装	改变安装方向
元件和管路阻塞	压缩空气质量不好，水汽、油雾含量过高	检修过滤器、干燥器，调节油雾器的滴油量
元件失压或产生误动作	安装和管路连接不符合要求（信号线太长）	合理安装元件与管路，尽量缩短信号元件与主控阀的距离
流量控制阀的排气口阻塞	管路内的铁锈、杂质使阀座被黏住或堵塞	清除管路内的杂质或更换管路
元件表面有锈蚀或阀门元件严重阻塞	压缩空气中凝结水含量过高	检查、清洗滤清器、干燥器
汽缸出现短时的输出力下降	供气系统压力下降	检查管路是否有泄漏、管路连接处是否松动
活塞杆速度有时不正常	由于辅助元件的动作而引起的系统压力下降	提高压缩机供气量或检查管路是否泄漏、阻塞
活塞杆伸缩不灵活	压缩空气中含水量过高，使汽缸内润滑不好	检查冷却器、干燥器、油雾器工作是否正常
汽缸的密封件磨损过快	汽缸安装时轴向配合不好，使缸体和活塞杆上产生支承应力	调整汽缸安装位置或加装可调支承架
系统停用几天后，重新启动时，润滑部件动作不畅	润滑油结胶	检查、清洗油水分离器或调小油雾器的滴油量

12.5 实 训 操 作

12.5.1 组合机床动力滑台系统模拟故障的产生与排除

实训装置：亚龙 YL-381B 型气压、液压实训装置

1．实训目的、要求

（1）会正确使用各种液压元件，搭建组合机床动力滑台系统。

（2）利用仿真软件 Fluid SIM-H 进行仿真训练。

（3）能够对液压系统的常见故障进行排除。

2．实训原理和方法

组合机床动力滑台系统是组合机床上用以实现进给运动的一种通用部件，其运动靠液压缸驱动。它包括：快进——一工进——二工进——停留——快退——原位停止。

通过对该课题的分析、搭建、观察进一步熟悉液压系统的组成，了解各元件的作用，分析其工作原理。并以该设备的运行为例，进行简单的故障排除。

3．主要设备及实训元件

组合机床动力滑台系统模拟故障的产生与排除实训设备及元件见表 12-9。

表 12-9　组合机床动力滑台系统模拟故障的产生与排除实训设备及元件

序　号	实训设备及元件	序　号	实训设备及元件
1	液压实训平台	6	节流阀
2	定量泵	7	溢流阀
3	单向阀	8	压力表
4	液压缸	9	油管
5	电磁换向阀	10	接线柱

4．实训内容及步骤

（1）绘制液压回路图和电气电路图。

（2）利用仿真软件 Fluid SIM-H 进行仿真训练。

（3）根据液压控制回路图中的图形符号找出相应的元器件。

（4）将各元器件按照执行元件——主控阀——辅助控制阀——溢流阀的顺序，并遵循从上到下的原则有序地卡在安装板上。

（5）安装完毕后仔细检查回路连接是否正确，特别是各阀口的进、出油口与油管及液压缸的连接是否可靠。

（6）根据预先设计的电磁铁得断电连接好电气控制电路。

（7）检查正确无误后开启液压泵向系统供油。

（8）控制开关按钮，检验执行元件的动作顺序。

（9）根据实训过程中出现的异常现象进行故障分析和排除。

（10）实训完毕后，关闭所有的电源。

（11）待全部回油后，拆下各液压元器件，放到指定的位置。

5．操作技能测评

学生应能够按照实训步骤和技能测试记录表中的测评要求，进行独立思考和实训。评估不合格者，学生提出申请，允许重新评估。组合机床动力滑台系统模拟故障的产生与排除实训记录见表 12-10。

表 12-10　组合机床动力滑台系统模拟故障的产生与排除实训记录

实训操作技能训练测试记录			
学生姓名		学　号	
专　　业		班　级	
课　　程		指导教师	
下列清单作为测评依据，用于判断学生是否通过测评已经达到所需能力标准			
第一阶段：测量数据			
学生是否能够		分值	得分
遵守实训室的各项规章制度		10	
利用仿真软件 Fluid SIM-H 进行仿真训练		10	
正确安装液压系统		10	
控制回路正常运行		15	
能根据产生的异常现象进行故障排除		20	
正确拆卸所搭接的液压回路		10	
做好"5S"管理		10	
第二阶段：处理、分析、整理数据			
学生是否能够		分值	得分
及时准确记录故障产生的原因、现象及排除方法		15	
实训技能训练评估记录			
实训技能训练评估等级：优秀（90 分以上）　　□ 　　　　　　　　　　良好（80 分以上）　　□ 　　　　　　　　　　一般（70 分以上）　　□ 　　　　　　　　　　及格（60 分以上）　　□ 　　　　　　　　　　不及格（60 分以下）　□			
指导教师签字＿＿＿＿＿＿＿＿＿　　　　　　日期＿＿＿＿＿＿＿			

6．完成实训报告和故障总结

填写实训总结表（见表 12-11）。

表 12-11　实训总结表

故　障	原　因	排除方法

12.5.2　钻孔机气压传动系统的故障分析与排除

实训装置：亚龙 YL-381 型气压、液压实训装置

1．实训目的、要求

（1）会正确使用各种气压元件，搭建钻孔机气压传动系统原理图。

（2）利用仿真软件 Fluid SIM-H 进行仿真训练。

（3）能够对气压传动系统的常见故障进行排除。

2．实训原理和方法

钻孔机设备如图 12-5 所示，该设备完成工件钻孔和工件夹紧的功能。工作过程如下：用手将要钻孔的工件放到夹具中。按动启动按钮 S0 后，双作用汽缸 Z1 的活塞杆将工件夹紧。当工件被夹紧后，钻孔汽缸 Z2 的活塞杆伸出，在工件上钻孔并自动返回到后端终点位置。当汽缸 Z2 活塞杆返回到上端的终点位置时，汽缸 Z1 活塞杆也返回并松开工件。气动系统原理图如图 12-6 所示。

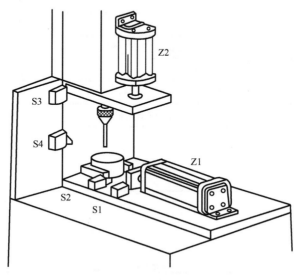

图 12-5　钻孔机设备

通过对该课题的分析、搭建、观察进一步熟悉气压传动系统的组成，了解各元件的作用，分析其工作原理。并以该设备的运行为例，进行简单的故障排除。

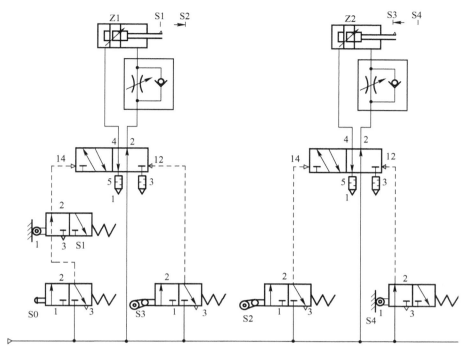

图 12-6　钻孔机气动系统原理图

3. 主要设备及实训元件

钻孔机气压传动系统的故障分析与排除实训设备及元件见表 12-12。

表 12-12　钻孔机气压传动系统的故障分析与排除实训设备及元件

序　号	实训设备及元件	序　号	实训设备及元件
1	气压实训平台	6	按钮式二位三通换向阀
2	气源装置	7	滚轮式二位三通换向阀
3	双作用汽缸	8	三联件
4	双气控二位五通换向阀	9	分配器
5	单向节流阀	10	气管

4. 实训内容及步骤

（1）根据气压传动系统原理图的图形符号找出相应的元器件。

（2）根据系统图，用塑料软管和附件将元件连接起来。

（3）正确安装滚轮式二位三通换向阀。

（4）接通压缩空气，检查汽缸动作顺序的正确性。

（5）设定气源压力为 0.6MPa，用压力表检测。

（6）控制开关按钮，检验执行元件的动作顺序。

（7）根据实训过程中出现的异常现象进行故障分析和排除。

（8）实训完毕后，关闭所有的电源。

5. 操作技能测评

学生应能够按照实训步骤和技能测试记录表中的测评要求，进行独立思考和实训。评估不合格者，学生提出申请，允许重新评估。钻孔机气压传动系统的故障分析与排除实训记录见表 12-13。

表 12-13　钻孔机气压传动系统的故障分析与排除实训记录。

实训操作技能训练测试记录			
学生姓名		学　号	
专　业		班　级	
课　程		指导教师	
下列清单作为测评依据，用于判断学生是否通过测评已经达到所需能力标准			
第一阶段：测量数据			
学生是否能够		分值	得分
遵守实训室的各项规章制度		10	
正确安装滚轮式二位三通换向阀		10	
正确安装气压传动系统		10	
控制回路正常运行		15	
能根据产生的异常现象进行故障排除		20	
正确拆卸所搭接的气压传动回路		10	
做好"5S"管理		10	
第二阶段：处理、分析、整理数据			
学生是否能够		分值	得分
及时准确记录故障产生的原因、现象及排除方法		15	
实训技能训练评估记录			
实训技能训练评估等级：优秀（90 分以上）　□ 良好（80 分以上）　□ 一般（70 分以上）　□ 及格（60 分以上）　□ 不及格（60 分以下）　□			

指导教师签字＿＿＿＿＿＿＿＿　　　日期＿＿＿＿＿＿＿

6. 完成实训报告和故障总结

填写实训总结表（见表 12-14）。

表 12-14　实训总结表

故　障	原　因	排除方法

12.6　习题与思考

1．如何阅读液压传动原理图？

2．什么是"四觉诊断法"？

3．根据在液压系统实训中出现的问题进行故障排除。

附录A 元件库

*汽缸

1. CS1FH 系列汽缸型号含义及选用

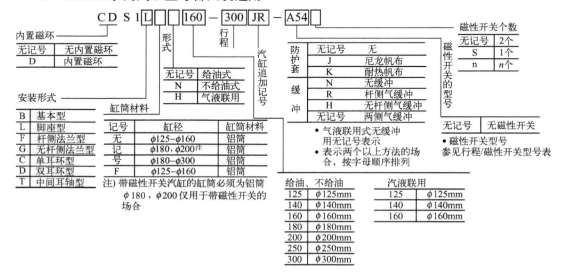

2. C95 系列汽缸

（1）C95 系列汽缸型号含义：

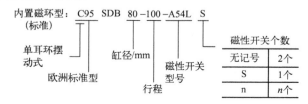

（2）C95 系列汽缸型号与规格：

缸径选择/mm	32、40、50、63、80、100
使用流体	空气
动作方式	双作用
耐压试验压力	1.5MPa
最高使用压力	1.0MPa
最高使用压力	0.05MPa
环境和流体温度	-10~60℃
缓冲	气缓冲
给油	不需要
接管口径	G1/8、G1/4、G3/8、G1/2

3. MNB 系列带锁型汽缸

（1）MNB 系列带锁型汽缸型号含义：

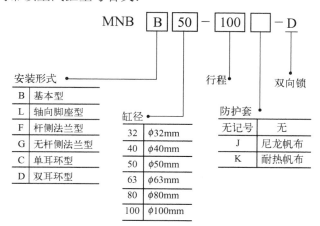

（2）MNB 系列带锁型汽缸型号与规格：

标准规格

缸径/mm	32	40	50	63	80	100
使用流体	空气					
动作方式	双作用					
最高使用压力	1.0MPa					
最低使用压力	0.08MPa					
环境和流体温度	−10～+70℃（带磁性开关为+60℃）					
活塞速度	50～1000mm/s					
缓冲	气缓冲					
行程长度公差/mm	～250: $^{+1.0}_{0}$，251～1000: $^{+1.4}_{0}$，1001～1500: $^{+1.8}_{0}$					
给油	不需要					
接管口径 Rc	1/8	1/4		3/8		1/2

锁规格

锁紧形式	无气压时弹簧锁紧
释放锁压力	0.25MPa 或以上
锁紧压力	0.25MPa 或以下
最高使用压力	1.0MPa
锁方向	双向

定位精度

（mm）

锁 紧 形 式	活塞速度/（mm/s）			
	100	300	500	1000
弹簧锁	±0.3	±0.6	±1.0	±2.0

条件（水平安装）供应气压 P：0.5MPa

负载：最大允许负载

电磁阀直接安装在释放锁气口上

弹簧锁保持力（最大静态负载）

缸径/mm	32	40	50	63	80	100
保持力/N	552	882	1370	2160	3430	5390

*电磁阀

1. VF 系列五通电磁阀

（1）VF 系列五通电磁阀型号含义：

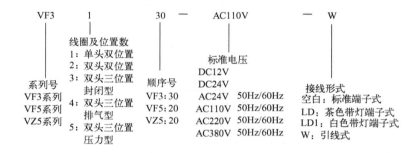

（2）VF 系列五通电磁阀型号与规格：

型　号	VF3130	VF3230	VF33(4/5)30	VF5120	VF5220	VF53(4/5)50
位置数	二位五通		三位五通	二位五通		三位五通
有效截面积	16mm²(CV=0.89)		12mm²(CV=0.67)	25mm²(CV=1.40)		9mm²(CV=0.5)
工作介质	经40微米过滤的空气					
动作方式	内部先导式					
使用压力	0.15～0.8MPa					
最大耐压力	1.2MPa					
工作温度	5～50℃					
电压范围	±10%					
耗电量	AC:5.5VA，DC:4.8W					
绝缘性及防护等级	F 级.IP65					
接线形式	出线式或端子式					
最高动作频率	每秒 5 次					
最短励磁时间	0.05 秒					

2. VFS 系列五通电磁阀

（1）VFS 系列五通电磁阀型号含义：

VFS4	5	10—	□	△	□—	02
系列号 VFS1000 VFS2000 ⋮ VFS6000	线圈及位置数 1：单头双位置 2：双头双位置 3：双头三位置（封闭型） 4：双头三位置（排气型） 5：双头三位置（加压型）	阀体形式、选项	使用电压 1=100AC 2=200AC 3=110VAC 4=220VAC 5=24VDC 6=12VDC 7=240VAC	导线引出方式 G=直接出线式 E=直接接线座式 T=导管接线座式 D·Y= DIN 形插座式	手动操作（先导阀）	接管口径 01—1/8（in） 02—1/4（in） 03—3/8（in） 04—1/2（in） 06—3/4（in） 10—1（in）

（2）VFS 系列五通电磁阀型号与规格：

系列		VFS1000	VFS2000		VFS3000		VFS4000	VFS5000	VFS6000
配管形式		直接配管	底板配管		直接配管	底板配管		直接配管	
连接口径/in		1/8	1/4 · 1/8		1/4 · 3/8		1/2 · 3/8	3/4 · 1/2 · 3/8	1 · 3/4
有效截面积 /mm²	二位阀	9	18	15	36		64.8	102.6	180
	中封式	7.2	18	12.1	36		54	86.4	—
使用压力范围/MPa	二位阀	0.1～1							
	三位阀	0.15～1	0.1～1	0.15～1	0.1～1		0.15～1	0.1～1	
环境和介质温度（℃）		−10～60							
响应时间 /ms	单电控	<15	<22	<15	<20		<40	<45	<160
	双电控	<13	<13	<13	<15		<15	<25	<60
	中封式	<20	<40	<20	<40		<50	<55	—
最大动作频度/Hz	单电控	20	20	20	20		16. 6	10	3
	双电控	20	20	20	25		20	10	3
	中封式	10	10	10	10		10	5	—
额定电压		AC100 · 200　DC24							
视在功率/VA	启动/励磁	5.6/3.4							
消耗功率/W	DC	1.8							

3．VT 系列电磁阀

（1）VT 系列电磁阀型号含义：

VT307—	□	△—	02
系列号 VT301 VT307 VT315 VT317 VT325	使用电压 3=110VAC 4=220VAC 5=24VDC 6=12VDC	导线引出方式 G=直接出线式 D=DIN 形插座式 L=L 形插座式 DZ= DIN 形插座式，带指示灯和过压抑制器	接管口径 01—1/8（in） 02—1/4（in）

（2）VT 系列电磁阀型号与规格：

型　　号	配管形式	动作方式	配管口径 Rc（PT）	有效截面积 /mm²	使用压力 /MPa	视在功率 VA(50Hz)
VT301	直接配管	直动式座阀	1/8、1/4	3.2	0～1.0	7.5
VT315			1/4	7.2		20
VT325			1/4、3/8	27		27
VT307			1/8、1/4	3.9	0～0.9	7.6
VT317			1/4	12.6		11

4．SY 系列电磁阀

（1）SY 系列电磁阀型号含义：

SY7	1	20—	□	△	D—	02
系列号 SY3 SY5 SY7	线圈及位置数 1：单头双位置 2：双头双位置 3：双头三位置（封闭型） 4：双头三位置（排气型） 5：双头三位置（加压型）	顺序号	使用电压 3=110VAC 4=220VAC 5=24VDC 6=12VDC	导线引出方式 G=直接出线式 D=DIN 形插座式 L=L 形插座式 DZ= DIN 形插座式，带指示灯和过压抑制器 LZ=L 形插座式带指示灯和过压抑制器		接管口径 01—1/8（in） 02—1/4（in） C8—配φ8mm 快换接头 C10—配φ10mm 快换接头

（2）SY 系列电磁阀型号与规格：

系列	SY3□20	SY5□20	SY7□20	SY9□20	SY3□40	SY5□40	SY3□40	SY9□40
配管形式	直接配管				底板配管			
连接口径	M5×0.8 φ6、φ4	1/8 φ8、φ6、φ4	1/4 φ10、φ8	3/8・1/4 φ12、φ10、φ8	1/8	1/4	3/8・1/4	1/2・3/8

5．AV 系列电磁阀

　　AV 系列稳定启动电磁阀实质是个组合阀，这种阀可缩小外形尺寸，节省空间和配管，便于维修和管理，是气动元件的发展方向。该阀可与空气组合元件进行模块式连接。

（1）AV 系列稳定启动电磁阀型号含义：

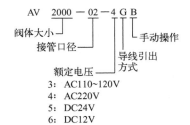

（2）AV 系列稳定启动电磁阀型号与规格：

型　　号		AV2000	AV3000	AV4000	AV5000	
接管口径		1/4	3/8	1/2	3/4	1
有效截面积 /mm²	P-A	20	37	61	113	122
	A-R	24	49	76	132	141

型　号	AV2000	AV3000	AV4000	AV5000
使用压力范围	0.2～1MPa			
环境及流体温度	0～60℃			
允许电压波动	额定电压的-15%～+10%			
消耗功率 DC	1.8W			
视在功率 AC	启动 5.6VA，保持 3.4VA			

*调压阀

1．AR 系列调压阀

AR 系列调压阀型号与规格：

型　号	规　格			
	额定流量/（L/min）	接管口径 Rc（PT）	压力表口径 Rc（PT）	质量/kg
AR1000—M5	100	M5×0.8	1/16	0.08
AR2000—02	550	1/4		0.27
AR2500—02	2000	1/4	1/8	0.27
AR3000—02	2500	1/4		0.41
AR3000—03	2500	3/8		0.41
AR4000—03	6000	3/8		0.84
AR4000—04	6000	1/2		0.84
AR4000—06	6000	3/4		0.94
AR5000—06	8000	3/4	1/4	1.19
AR5000—10	8000	1		1.19
AR6000—10	10000	1		1.55
AR825—14	18000	1 1/2		2.5
AR925—20	22000	2		4.5

2．AW 系列过滤器调压阀

（1）AW 系列过滤器调压阀型号含义：

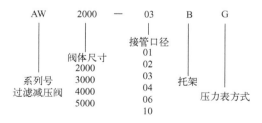

（2）AW 系列过滤器调压阀规格：

保证耐压力：1.5MPa

最高使用压力：1.0MPa

调压范围：0.05～0.85MPa

环境和流体温度：-5～60℃

过滤精度：5μm

杯防护罩：AW2001 无，AW3001～4001 有

阀型：带溢流型

3．IR 系列精密调压阀

IR 系列精密调压阀的基本指标为：灵敏度在 0.2％满度以内，重复精度在+0.5％满度以内，环境和流体温度为-5～+60℃。

标准型 IR1000-01 型号/规格：最高使用压力为 1.0MPa（合 10.2kgf/cm^2），最低使用压力为 +0.05MPa（合 0.5kgf/cm^2），设定压力范围为 0.005～0.2MPa（合 0.05～2.0kgf/cm^2），接管口径为 1/8"Rc(PT)，压力表接管口径 1/8"Rc(PT)，质量为 0.14kg，压力表型号为 G33-3-01，托架型号为 P36201023。

*流量阀

AS 系列限流器相关内容如下。

（1）AS 系列限流器型号含义：

AS3	2	01	F—	03—	□	S
系列号 AS1 AS2 AS3 AS4	形状 2：弯头形 3：万向形	节流方式 01：排气节流式 11：进气节流式	带快换接头	接管口径 01—1/8（in） 02—1/4（in） 03—3/8（in） 04—1/2（in）	软管外径代号 23=φ3.2mm 04=φ4mm 06=φ6mm 08=φ8mm 10=φ10mm 12=φ12mm	带密封剂

（2）AS 系列限流器型号与规格：

型 号				口径	流量 l/min (ANR)	有效 截面积 /mm^2	软管外径 /mm					
弯 头 型		万 向 型					3.2	4	6	8	10	12
排气节流式	进气节流式	排气节流式	进气节流式									
AS1201F-M5- □	AS1211F-M5- □	AS1301F-M5- □	AS1311F-M5- □	M5×0.8	100	1.5	●	●	●			
AS2201F-01- □S	AS2211F-01- □S	AS2301F-01- □S	AS2311F-01- □S	R(PT) 1/8	180～230	2.7～3.5	●	●	●	●		
AS2201F-02- □S	AS2211F-02- □S	AS2301F-02- □S	AS2311F-02- □S	R(PT) 1/4	260～460	4～7		●	●	●		
AS3201F-03- □S	AS3211F-03- □S	AS3301F-03- □S	AS3311F-03- □S	R(PT) 1/6	660～920	10～14			●	●	●	●
AS4201F-04- □S	AS4211F-04- □S	AS4301F-04- □S	AS4311F-04- □S	R(PT) 1/2	1580～ 1710	24～26					●	●

*真空元件

1．ZH 系列真空发生器

（1）ZH 系列真空发生器型号含义：

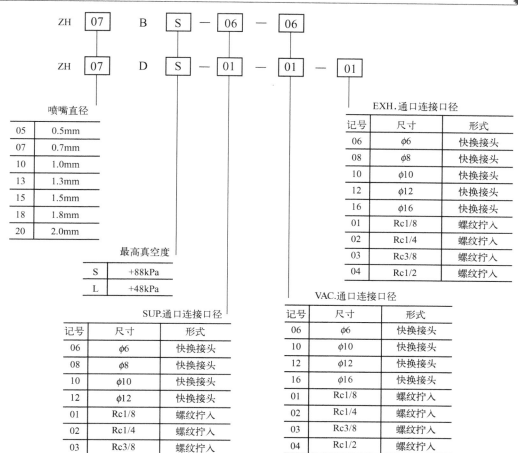

喷嘴直径

05	0.5mm
07	0.7mm
10	1.0mm
13	1.3mm
15	1.5mm
18	1.8mm
20	2.0mm

最高真空度

S	+88kPa
L	+48kPa

SUP.通口连接口径

记号	尺寸	形式
06	φ6	快换接头
08	φ8	快换接头
10	φ10	快换接头
12	φ12	快换接头
01	Rc1/8	螺纹拧入
02	Rc1/4	螺纹拧入
03	Rc3/8	螺纹拧入

EXH.通口连接口径

记号	尺寸	形式
06	φ6	快换接头
08	φ8	快换接头
10	φ10	快换接头
12	φ12	快换接头
16	φ16	快换接头
01	Rc1/8	螺纹拧入
02	Rc1/4	螺纹拧入
03	Rc3/8	螺纹拧入
04	Rc1/2	螺纹拧入

VAC.通口连接口径

记号	尺寸	形式
06	φ6	快换接头
10	φ10	快换接头
12	φ12	快换接头
16	φ16	快换接头
01	Rc1/8	螺纹拧入
02	Rc1/4	螺纹拧入
03	Rc3/8	螺纹拧入
04	Rc1/2	螺纹拧入

（2）ZH 系列真空发生器型号与规格：

型　号	喷嘴直径 /mm	主体形式	最高真空度 /kPa		最大吸入流量 /（L/min）		空气消耗量 /（L/min）	连接形式 （快换接头/螺纹拧入）		
			S 型	L 型	S 型	L 型	S 型·L 型	SUP	VAC	EXH
ZH05B□	0.5	盒型（内置消声器）	+88	+48	5	8	13	φ6/Rc1/8	φ6/Rc1/8	—
ZH07B□	0.7				12	20	23			
ZH10B□	1.0				24	34	46			
ZH13B□	1.3				40	70	78	φ8/Rc1/8	φ10/Rc1/4	
ZH05D□	0.5	直接配管型（无消声器）	+88	+48	5	8	13	φ6/Rc1/8	φ6/Rc1/8	φ6/Rc1/8
ZH07D□	0.7				12	20	23	φ6/Rc1/8	φ6/Rc1/8	φ6/Rc1/8
ZH10D□	1.0				24	34	46	φ6/Rc1/8	φ6/Rc1/8	φ8/Rc1/8
ZH13D□	1.3				40	70	78	φ8/Rc1/8	φ10/Rc1/4	φ10/Rc1/4
ZH15D□	1.5		+88	+53	55	75	95	φ10/Rc1/4	φ12/Rc3/8	φ12/Rc3/8
ZH18D□	1.8				65	110	150	φ12/Rc3/8		
ZH20D□	2.0				85	135	185	φ12/Rc3/8	φ16/Rc1/2	φ16/Rc1/2

供给压力 0.45MPa 时

2. ZFC 系列真空过滤器

（1）ZFC 系列真空过滤器型号含义：

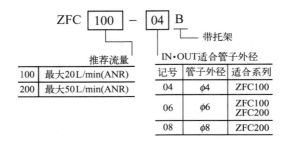

（2）ZFC 系列真空过滤器型号与规格：

型号	ZFC100-04B	ZFC100-06B	ZFC200-06B	ZFC200-08B
适合管子外径/mm	$\phi4$	$\phi6$	$\phi6$	$\phi8$
流量/（L/min）	10	20	30	50
使用流体	空气、氮气			
使用压力范围	−100～0kPa			
过滤精度	10μm			
环境及流体温度	0～60℃			
滤芯耐压差	0.15MPa			
适合软管材料	尼龙、软尼龙、PU 软管、极软 PU 管			

3. ZSE30 系列真空开关

（1）ZSE30 系列真空开关型号含义：

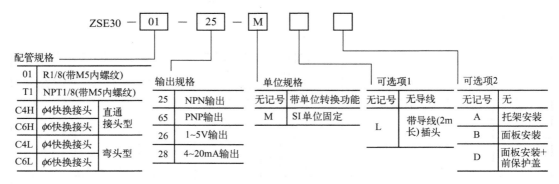

（2）ZSE30 系列真空开关型号与规格：

系　列	ZSE30
额定压力范围	−100～100kPa
设定压力范围	−101～101kPa
设定·显示分辨率	0.2kPa
使用流体	空气、惰性气体、不燃性气体
电源电压	DC12～24V±10%，脉动（P～P）10%以下（带逆接保护）

系 列	ZSE30	
消耗电流	45mA 以下（但电流输出时在 70mA 以下）	
开关输出 — 形式	NPN 或 PNP 集电极开路 1 个输出	
开关输出 — 最大负载电流	80mA	
开关输出 — 最大施加电压	30V（NPN 输出时）	
开关输出 — 残留电压	1V 以下（负载电流 80mA 时）	
开关输出 — 响应时间	2.5ms 以下（带振荡防止机能时：可选择 20ms、160ms、640ms、1280ms）	
开关输出 — 短路保护	有	
重复精度	±0.2%满刻度，±1 个单位以下	±0.2%满刻度±2 个单位以下
模拟输出 — 电压输出	输出电压：1～5V±2.5%满刻度以下（在额定压力范围） 直线度：±1%满刻度以下；输出阻抗：约 1kΩ	
模拟输出 — 电流输出	输出电流：4～20mA±2.5%满刻度以下（在额定压力范围）；直线度：±1%满刻度以下；最大负载阻抗：电流电压 12V 时为 300Ω，24V 时为 600Ω；最小负载阻抗为 50Ω	

反侵权盗版声明

电子工业出版社依法对本作品享有专有出版权。任何未经权利人书面许可，复制、销售或通过信息网络传播本作品的行为；歪曲、篡改、剽窃本作品的行为，均违反《中华人民共和国著作权法》，其行为人应承担相应的民事责任和行政责任，构成犯罪的，将被依法追究刑事责任。

为了维护市场秩序，保护权利人的合法权益，本社将依法查处和打击侵权盗版的单位和个人。欢迎社会各界人士积极举报侵权盗版行为，本社将奖励举报有功人员，并保证举报人的信息不被泄露。

举报电话：（010）88254396；（010）88258888

传　　真：（010）88254397

E - mail：dbqq@phei.com.cn

通信地址：北京市海淀区万寿路 173 信箱
　　　　　电子工业出版社总编办公室

邮　　编：100036